Gisela Otto
Angelika Peinhardt
Dr. Hannelore Poethe

# Deutsch in Wirtschaft und Verwaltung

Stam 7353

**Stam Verlag Köln · München**

# Vorwort

Das Lehr- und Arbeitsbuch wendet sich an Auszubildende in allen Fachstufen der beruflichen Ausbildung und ist auch für die Erwachsenenausbildung (Umschulung, Weiterbildung) geeignet. Es ist als Grundlagenwerk zu verstehen, das unterschiedliche Bildungsvoraussetzungen überbrücken hilft und dem Benutzer – auch durch seine gesellschaftsrelevanten Themen – Orientierungshilfen für Beruf und öffentliches Leben gibt.

- Der einleitende Teil reflektiert den Übergang von der Schule in die Arbeitswelt, erläutert die Funktionen der Sprache und leitet den Lernenden an, sich in der Anwendung von Verfahren zum selbständigen Wissenserwerb zu vervollkommnen.

- Teil II will helfen, schriftliche Äußerungen im persönlichen und geschäftlichen Bereich wirkungsvoller und normgerecht zu gestalten sowie die Lernenden über das „Nachgestalten" von Brieftexten zum „Selbstgestalten" zu befähigen.

- Die Teile III und IV orientieren auf schriftliche und mündliche Kommunikationsformen, wobei an unterschiedlichen Textsorten die Anforderungen an die sprachliche Kommunikation stets in der Einheit von „Textbetrachtung" und „Textgestaltung" dargelegt werden.

- Teil V verdeutlicht Chancen und Herausforderungen der „neuen Medien" und will zu Problemdiskussionen anregen.

- Teil VI versteht sich als ein Angebot an literarischen Texten, das in engem Zusammenhang mit Kapitel I (Inhaltsangabe, Interpretation) zu sehen ist. Die Auswahl der Themen erfolgte nach gesellschaftsrelevanten Erfordernissen. Die Themen sollen dem Leser helfen, sich kritisch mit Kunst und Kultur auseinanderzusetzen und sein Literaturverständnis weiterzuentwickeln.

- Teil VII hebt schwerpunktmäßig solche Sprachkenntnisse hervor, die für die Textgestaltung in kaufmännischen Berufen wichtig sind. Übungen und Aufgaben zum Erwerb von Verfahrens- und Sachkenntnissen im Umgang mit dem DUDEN sollen den Benutzer zum selbständigen Umgang mit Nachschlagewerken befähigen.

Das Buch ist vielseitig einsetzbar: zur Festigung tradierter Sprachbereiche, zur Erarbeitung des Stoffes und für Übungen im Unterricht, zum Systematisieren des Wissens, zum selbständigen Durcharbeiten vor Kontroll- und Prüfungsarbeiten, zum vorbereitenden Selbststudium. Wir wünschen Ihnen viel Spaß und viel Erfolg bei der Arbeit mit diesem Buch.

# Inhaltsverzeichnis

## III Sprache und Sprechen in außerberuflichen Situationen



## IV Situations- und partnerbezogenes Sprechen



## V Moderne Informations- und Kommunikationssysteme

## VI Kreativer Umgang mit Kunst und Literatur



## VII Sprachlich-kommunikative Normen

Stam Verlag
Fuggerstraße 7 . 51149 Köln

ISBN 3-8237-**7353**-4

# I
# Einstieg in den Beruf durch Sprache und Literatur

FRAU DR. FÖRSTER, ABTEILUNGSLEITERIN: Herr Berndt, Ihre Briefe können wir so leider nicht abschicken.

HERR BERNDT, AUSZUBILDENDER: Warum?

FRAU DR. FÖRSTER: Sind Ihnen beim Durchlesen der Briefe nicht verschiedene Fehler aufgefallen? Das macht keinen guten Eindruck, und das noch bei den Herren der Firma Meißner & Fischer, unseren besten Kunden!

HERR BERNDT: Das ist mir aber sehr unangenehm. Was ist denn falsch?

FRAU DR. FÖRSTER: Hier als erstes die Anrede. Die Herren sind uns bekannt. Also schreiben Sie die Namen der Herren: Sehr geehrter Herr Meißner, sehr geehrter Herr Fischer. Und hier weiter:... „Bezugnehmend auf Ihr Schreiben vom 04.11.19.. erlauben wir uns, Ihnen diesbezüglich ein günstiges Angebot zu unterbreiten." Beginnen Sie einfach: „Wir danken für Ihre Nachfrage." – Und hier noch: „Wir erwarten Ihre Rückantwort." Das ist eine unnötige Verdoppelung. Am besten, Sie lesen alles noch einmal in Ruhe durch und schreiben den Brief neu.

HERR BERNDT: Ja. Solche Briefe habe ich bisher noch nie geschrieben.

FRAU DR. FÖRSTER: Überprüfen Sie noch einmal die Rechtschreibung und Zeichensetzung. Karl-Maria-von-Weber-Platz wird mit Bindestrich geschrieben, und „Standard" hat am Schluß ein „d".

HERR BERNDT: Das habe ich nie so geschrieben. Ich bitte um Entschuldigung, aber so sicher bin ich in der Rechtschreibung nicht.

FRAU DR. FÖRSTER: Lernen Sie so etwas nicht im Deutschunterricht in der Berufsschule?

HERR BERNDT: Schon, aber…

- Welche Bedeutung hat die Sprache für das berufliche Ansehen?
- Wie können sprachliche Mängel behoben werden?
- Wie können Sie Ihre Sprachkenntnisse verbessern?

# 1
# Deutsch in kaufmännischen Berufen

Wer sein Sprachverhalten aufmerksam betrachtet, wird feststellen, daß sprachliche Kommunikation – das heißt die schriftliche und mündliche Verständigung der Menschen untereinander – wie jede andere Tätigkeit eine bewußte und zielgerichtete Tätigkeit ist.

Wer seine Sprache benutzt, um eine zweckbestimmte Aufgabe zu lösen, ist verpflichtet, die Anforderungen an das Formulieren geschriebener und gesprochener Texte zu beachten. Dazu gehören die **Sprachbereiche** Orthographie und Grammatik, Sicherheit im Ausdruck und Satzbau, aber auch Kenntnisse über die verschiedenen Möglichkeiten, einen Sachverhalt richtig darzustellen. Dieses Wissen ist Voraussetzung dafür, daß eine optimale Verständigung der Kommunikationspartner, zum Beispiel zwischen Kauffrau/Kaufmann und Kunden, zustande kommt.

Es geht aber nicht nur allein um Sprachverhalten, sondern auch um **Denkabläufe.** Das bedeutet: Sprachliches Gestalten in der beruflichen Tätigkeit setzt Sachkenntnis voraus. Im besonderen gilt das für die kaufmännischen und verwaltenden Berufe.

So verlangt zum Beispiel der Industriebetrieb vom Industriekaufmann verstärkt Vertriebsorientierung. Auch die Tätigkeit der Bankkauffrau oder des Bankkaufmannes wandelt sich in der Praxis von einem verwaltungs- zu einem verkaufsorientierten Beruf.

### „Alarmierende“ Aufnahmetests

**Düsseldorf** (dpa/vwd). Die Unzufriedenheit der deutschen Industrie über die schulische Ausbildung von Berufsanfängern nimmt zu. Zu diesem Ergebnis kommt eine Umfrage einer Düsseldorfer Beratungsgesellschaft bei den 50 größten deutschen Konzernen und Banken. Als besondere Schwachstellen der Schulabgänger stellten sich immer öfter „mangelhafte Kenntnisse in den Kulturtechniken Lesen, Schreiben und Rechnen heraus“, hieß es. Häufig kritisiert wurden von den Unternehmen auch fehlende Konzentrationsfähigkeit und mangelndes Sozialverhalten. So seien die Ergebnisse zahlreicher Aufnahmetests inzwischen als „alarmierend“ zu bezeichnen. Bei der Deutschen Bank bestünden nur noch rund 35 Prozent der Kandidaten die Prüfungen.

(Leipziger Volkszeitung vom 08./09.08.1992)

## Aufgaben

**1.** *Erklären Sie den Begriff „Kulturtechniken“. Welche Fertigkeiten werden im obenstehenden Text unter diesem Begriff zusammengefaßt?*

**2.** *Beschreiben Sie Situationen im Berufsleben, in denen die einzelnen Kulturtechniken eine Rolle spielen.*

**3.** *Schätzen Sie ein, in welchem Sprachbereich Sie Ihre Kenntnisse festigen und erweitern müssen, um Ihren beruflichen Aufgaben gerecht zu werden.*

*Notieren Sie „Problemfälle“ der Rechtschreibung, die Ihnen immer wieder Schwierigkeiten bereiten.*

**4.** *Begründen Sie an Beispielen, warum das Sprachvermögen in den einzelnen Berufen von unterschiedlicher Wichtigkeit ist.*

# 2
# Sprachliche Kommunikation in der kaufmännischen Ausbildung

*Chris Menke*

In kaufmännischen Berufen werden sowohl in schriftlicher als auch in mündlicher Form hohe Anforderungen an das Sprachvermögen der Auszubildenden gestellt.

**Sprachhandlungen in der Berufswelt**

| Schriftliche Kommunikation | Mündliche Kommunikation |
|---|---|
| • Fachtexte angemessen und sprachlich richtig formulieren<br>• Anfragen, Angebote, Mahnungen schreiben<br>• Briefe standardgerecht gestalten<br>• Protokolle schreiben<br>• Telefongespräche notieren<br>• Texte normgerecht in den Computer eingeben<br>• Formulare ausfüllen<br>• Arbeitsberichte schreiben<br>• Schreiben an Behörden und Verwaltungen formulieren | • Telefongespräche führen<br>• Vor- und Nachteile einer Dienstleistung oder eines Produktes erläutern<br>• Vorgänge, Gegenstände beschreiben<br>• mündliche Informationen aufnehmen und weitergeben<br>• über Geschäftsvorfälle Auskunft geben<br>• Vorschriften erklären<br>• Lösungsvorschläge darlegen<br>• Arbeitsabläufe beurteilen<br>• Kunden begrüßen und beraten |

In den „Grundsätzen zur Neuorientierung der bürowirtschaftlichen Berufe“[1] wird das „Prinzip der Handlungsorientierung“ in der kaufmännischen Ausbildung besonders hervorgehoben. Es besagt: „Der kaufmännisch Auszubildende wird befähigt, seine beruflichen Aufgaben selbständig zu planen, durchzuführen und zu kontrollieren.“

In der Berufsbeschreibung für Bürokaufleute wird gefordert, daß die Auszubildenden ... „die Bedeutung von Kommunikation, Koordination und Kooperation als Assistenzfunktionen erkennen und entsprechend handeln ..., die Wirkung ... verbaler und nonverbaler Kommunikation auf andere Menschen erkennen.“[2]

In der kaufmännischen Ausbildung werden nur dann optimale Ergebnisse erreicht, wenn Fachkenntnisse und Sprachvermögen gleichermaßen entwickelt werden.

Die Verbesserung des Sprachvermögens ist keine einmalige oder zeitweilige Aufgabe während der beruflichen Ausbildung, sondern dauert ein Berufsleben lang.

## Aufgaben

1. *Klären Sie mit Hilfe eines Nachschlagewerkes die Begriffe „Kommunikation“, „Koordination“, „Kooperation“ und bringen Sie diese mit Ihrer beruflichen Tätigkeit in Verbindung.*
2. *Sprachliche Kommunikation erfolgt in vielfältigen Formen. Nennen Sie Tätigkeiten, die Sie bisher in Ihrem neuen Beruf zu erledigen hatten. Vervollständigen Sie so die Übersicht von Seite 9.*
3. *Erläutern Sie mit Hilfe eines Nachschlagewerkes die Begriffe „verbale Kommunikation“ und „nonverbale Kommunikation“.*
   *Diskutieren Sie deren Wirksamkeit im Kundengespräch.*
4. *Erörtern Sie, warum gute Sprachkenntnisse auch außerhalb der beruflichen Tätigkeit für jeden Menschen von Vorteil sind.*
   *Nennen Sie typische Situationen aus Ihrem persönlichen Erfahrungsbereich (zum Beispiel Partnerbeziehungen, in der Familie, auf Reisen, unter Freunden, in Konfliktsituationen, bei Behörden).*

[1] Aus: Sonderschriftenreihe des VLW, Heft 30/1990
[2] Aus: Sonderschriftenreihe des VLW, Heft 30/1990

# 3
# Funktionen und Leistungen der Sprache

„Das haben wir davon, daß wir sprechen können."

## 3.1
## Verständigung

Das gesellschaftliche Zusammenleben der Menschen und ihre gemeinsame Tätigkeit in vielen verschiedenen Lebenssituationen erfordern auch ein Mittel zu ihrer Verständigung, und so entwickelte sich über viele Stufen hinweg die menschliche Sprache. Mit Hilfe der Sprache können Informationen ausgetauscht, Erkenntnisse festgehalten, Gedanken artikuliert und ausgetauscht, Gefühle ausgedrückt und andere Menschen zu Handlungen bewogen werden.

Diese Funktion der Sprache bei der Verständigung wird als ihre **kommunikative Funktion** bezeichnet.

**Verständigung** kommt zustande, indem sprachliche Zeichen (Laut- und Buchstabenverbindungen) mit bestimmter Bedeutung nach bestimmten Regeln miteinander zu Äußerungen verbunden werden. Diese werden von einem **Kommunikationspartner** (Sender beziehungsweise Sprecher/Schreiber) hervorgebracht, von einem anderen (Empfänger beziehungsweise Hörer/Leser) aufgenommen und verarbeitet.

Damit die Verständigung ohne größere Schwierigkeiten funktionieren kann, müssen beide Partner über einen weitgehend gemeinsamen Vorrat an Zeichen (**Kode**) verfügen, also die gleiche Sprache sprechen, und möglichst einen gemeinsamen Erfahrungshintergrund haben.

(Zu den Faktoren und Bedingungen des Kommunikationsprozesses vergleiche ausführlicher Teil IV, Kapitel 1).

## Aufgaben

1. *Welche Verständigungsprobleme können auftreten, wenn ein Fachmann einem Laien etwas erklärt und dabei sehr spezielle Fachwörter verwendet?*
2. *Welche Wirkung kann der Gebrauch stark jugendsprachlich gefärbter Wörter wie „cool", „ätzend", „affengeil", „Knete", „Tussi" und anderer im Gespräch mit Kunden, Kollegen oder Vorgesetzten haben?*

Um eine möglichst große Wirkung beim Sprechen und Schreiben zu erzielen, muß der Sprecher oder Schreiber eine Sprache finden, die dem Sachverhalt, der Situation und dem Kommunikationspartner angemessen ist.

Verständigung ist auch mit nichtsprachlichen Zeichensystemen möglich:

## Aufgaben

1. *Was bedeuten die abgebildeten Symbole?*
2. *Wie beurteilen Sie die Leistung solcher nichtsprachlicher Zeichensysteme gegenüber der Sprache (Vorteile/Nachteile)?*
3. *In welchem Verhältnis stehen solche nichtsprachlichen Zeichen zur Sprache?*

# 3.2 Gedankliche Auseinandersetzung mit der Wirklichkeit

Mit der kommunikativen Funktion der Sprache ist eine andere eng verbunden: Die Gegenstände und Erscheinungen in der Welt, die uns umgibt, müssen in unserem Bewußtsein aufgenommen und auch sprachlich faßbar gemacht werden.

Alle diese verschiedenartigen Erscheinungen in unserer Wirklichkeit kann man mit dem einen Wort *Baum* bezeichnen.

Unsere Vorstellungen und Anschauungen von den Dingen, Erscheinungen, Vorgängen und Beziehungen in der Welt verbinden wir in verallgemeinerter Weise mit den dafür gebräuchlichen Wörtern unserer Sprache. So verbindet man mit dem Wort *Baum* solche Merkmale wie „Pflanze mit Stamm, Ästen, Zweigen und Blättern beziehungsweise Nadeln". Dabei spielt es keine Rolle, wie alt und wie groß der Baum ist, welcher Art er angehört und welche Farbe und Beschaffenheit seine Blätter beziehungsweise Nadeln haben.

Die Bedeutung von Wörtern und den Umgang mit ihnen in der Kommunikation erlernt das Kind allmählich in der Phase des Erwerbs seiner Muttersprache (Erstspracherwerb).

Die Leistung der Sprache bei der gedanklichen Auseinandersetzung mit der Wirklichkeit, beim Denken, wird als **kognitive (erkenntnismäßige) Funktion** bezeichnet.

# 3.3 Veränderung, Weiterentwicklung, Anpassung

In den Wortbedeutungen sind Erkenntnisse und Erfahrungen der Sprachträger, der Menschen, gespeichert. Wenn sich diese ändern, ändern sich auch die Bedeutungsmerkmale der Wörter. So versteht man heute unter Atom nicht mehr etwas „Unteilbares“, wie das bei der ursprünglichen Prägung des Wortes angenommen wurde (griech. *átomos* = „das Unteilbare“).

Auch andere Wörter weisen in ihren Bestandteilen auf einen älteren Erkenntnisstand oder auf frühere Eigenschaften der benannten Gegenstände hin.

## Aufgabe

*Was „stimmt“ heute nicht mehr an folgenden Benennungen:*
*Manuskript (ursprünglich: „mit der Hand geschrieben“), Sonnenaufgang/Sonnenuntergang, Walfisch, Zollstock, Fledermaus, (die Uhr) aufziehen?*

Veränderungen und Entwicklungen in der Sprache sind besonders deutlich im Wortschatz zu beobachten:

Für den Laien in Sachen PC ist es oft sehr schwer, die erste Bewährungsprobe vor dem neuen Computer zu bestehen. Das fängt schon beim Zusammenstecken von Bildschirm und Tastatur an und hört bei der richtigen Haltung der Maus noch lange nicht auf. Erst recht gefrustet ist der Einsteiger, wenn sich nach langem hin und her das Betriebssystem endlich mit seinem schnöden Prompt C> meldet.
An dieser Stelle möchten wir Ihnen die absoluten Grundlagen in Kürze vermitteln, damit Sie die Arbeitsweise des Computers verstehen...

**Wie ein Computer arbeitet**

Wenn Sie mit einem Computer arbeiten, werden dabei Informationen zwischen Ihnen und dem Computer ausgetauscht. Sie als Anwender übermitteln dem Computer Informationen in Form von Eingaben über die Tastatur. Diese Eingaben erscheinen in der Regel gleichzeitig auf dem Bildschirm, so daß der Anwender etwaige Fehler korrigieren kann, bevor die entsprechende Eingabe endgültig in das Herz des Computers geschickt wird. Informationen, die der Computer an Sie ausgeben möchte, erscheinen auf dem Bildschirm. Eine andere Art von Ausgabe stellt beispielsweise ein Drucker dar. Hier werden alle Informationen zur späteren Verwendung zu Papier gebracht.
Wenn Sie dem Computer also einen Befehl über die Tastatur eingeben, und der Computer diesen ausführt, so werden Sie wahrscheinlich irgendwann über den Bildschirm darüber informiert, daß der Befehl ausgeführt wurde, und zwar in Form einer Bildschirm-Meldung. Wenn Sie über einen Befehl ein Programm starten, so erscheint dieses Programm auf dem Bildschirm. Man kann den Bildschirm daher als Oberfläche bezeichnen...

(Aus: Frater, H., Schüller, M.: Windows 3 für Einsteiger. Düsseldorf 1991.)

## Aufgaben

1. *Welche Wörter in dem Textausschnitt dürften erst in den letzten Jahren oder Jahrzehnten entstanden sein? Warum wurden diese Wörter nötig?*
2. *Finden Sie in dem Textausschnitt Beispiele für die drei Möglichkeiten der Erweiterung des Wortschatzes, die in der untenstehenden Übersicht genannt werden, und begründen Sie jeweils Ihre Entscheidung.*

### Möglichkeiten zur Erweiterung des Wortschatzes

#### Entlehnung aus anderen Sprachen

Häufig werden fremdsprachige Benennungen direkt mit der betreffenden Sache übernommen, zum Beispiel *Software, Hardware, Chip, Diskette, Kassette,* oder sie ersetzen heimische Wörter, zum Beispiel *Recycling, Styling, Outfit, Body.*
Viele Fremdwörter, besonders Fachwörter aus dem Lateinischen und Griechischen sind als sogenannte **Internationalismen** auch in anderen Sprachen verbreitet.

#### Bedeutungswandel

Vorhandene Wörter können ihre Bedeutung **erweitern** oder **einengen,** zum Beispiel *Bank* in Daten-, Blut-, Organ-, Samenbank; *Speicher* in Datenspeicher; *Schüssel* in Satellitenschüssel; *Gipfel* (für Gipfelkonferenz); *Paket* in Software-, Versicherungspaket.

#### Wortbildung

Die meisten neuen Wörter sind durch Wortbildung entstanden, zum Beispiel durch:

- **Zusammensetzung:**
  *Nadeldrucker, Bildschirmtext, Endlospapier;*
- **Ableitung mit Präfix oder Suffix:**
  *Anhalter, recyclefähig, nachnutzen, ausnullen;*
- **Wechsel der Wortart**
  *Auszubildende(r), spitze;*
- **Wortkürzung:**
  *Azubi, BAföG, CD, EDV, Aids, Laser.*

## Aufgaben

1. *Nennen Sie Wörter aus Ihrem Arbeitsbereich, die durch Wortbildung entstanden sind. Unterscheiden Sie nach Zusammensetzung, Ableitung, Wortartwechsel, Wortkürzung.*
2. *Suchen Sie aus einer Tageszeitung Wörter heraus, die Sie als neu empfinden. Handelt es sich dabei um Entlehnungen, Bedeutungswandel oder Wortbildungen?*
3. *Nennen Sie Fremdwörter aus Wissenschaft und Technik, Freizeit und Mode, und erläutern Sie deren Bedeutung.*
4. *Auf welche Weise werden Fremdwörter der deutschen Sprache angepaßt?*
5. *Suchen Sie aus einer Tageszeitung Abkürzungen heraus, und lösen Sie sie in ihre volle Form auf. Welche Vor- und Nachteile hat der Gebrauch von Abkürzungen?*
6. *Wie ist zu erklären, daß einer Sprache nie die Wörter „ausgehen“ können?*

# 4
# Funktionen von Texten

Auch wenn wir uns das nicht ausdrücklich bewußtmachen, haben wir bestimmte allgemeine Vorstellungen davon, was ein Text ist.

***Beispiel 1***

In der vergangenen Woche wurde in Berlin die Rembrandt-Ausstellung eröffnet. In ihr werden bekannte und unbekannte Werke des großen Meisters, aber auch Bilder aus seiner Werkstatt und aus seinem Umfeld gezeigt. Mehrere Milliarden Mark beträgt die Versicherungssumme für die wohl bedeutendste Kunstausstellung des Jahres.

***Beispiel 2***

Heute ist schönes Wetter. Um Brände und elektrische Schläge auszuschließen, darf das Gerät keinem Regen ausgesetzt und nicht in feuchter Umgebung betrieben werden. Mehrere Milliarden Mark beträgt die Versicherungssumme für die wohl bedeutendste Kunstausstellung des Jahres.

## Aufgaben

1. *Entscheiden Sie, welches der beiden sprachlichen Gebilde Sie als „Text“ ansehen. Begründen Sie Ihre Entscheidung.*
2. *Das Wort „Text“ kommt von lat.* ***textum,*** *was soviel bedeutet wie „das Gewebe“, „Gefüge“. Können Sie einen Zusammenhang herstellen zwischen der ursprünglichen Bedeutung des Wortes und der Bedeutung als „sprachliches Gebilde“?*

Unter einem **Text** versteht man eine relativ abgeschlossene mündliche oder schriftliche Äußerung, die in der Regel aus einer zusammenhängenden (kohärenten) Folge von Sätzen besteht, von einem Textproduzenten mit einer bestimmten Absicht für einen Textrezipienten (Hörer/Leser) verfaßt worden ist und von diesem auch als Text erkannt und akzeptiert wird.

## 4.1
## Die Grundfunktionen Informieren, Kommentieren, Appellieren, Normieren

Jede Äußerung, ob schriftlich oder mündlich, wird mit einer bestimmten Absicht hervorgebracht. Diese **Kommunikationsabsicht,** auch Kommunikationsziel genannt, ist die gedankliche Vorwegnahme dessen, was man mit seinem Text erreichen will.

In der kommunikativen Praxis lassen sich grob 4 Grundtypen von Kommunikationsabsichten unterscheiden, nach denen die vorherrschende Funktion von Texten bestimmt wird.

## Funktionen von Texten

### Informieren

KASSEL

**Fehlen ist Kündigungsgrund**

AP/JW. Unentschuldigtes Fehlen am Arbeitsplatz kann ein Kündigungsgrund sein. Das Bundesarbeitsgericht in Kassel hat jetzt in einem Musterprozeß entschieden, daß Arbeitnehmer, die durch ihr unentschuldigtes Fehlen den Betriebsablauf gefährden, nach erfolgloser Abmahnung entlassen werden können.

### Normieren

**Grundgesetz**
**Artikel 1**

1. Die Würde des Menschen ist unantastbar. Sie zu achten und zu schützen ist Verpflichtung aller staatlichen Gewalt.
2. Das Deutsche Volk bekennt sich darum zu unverletzlichen und unveräußerlichen Menschenrechten als Grundlage jeder menschlichen Gemeinschaft, des Friedens und der Gerechtigkeit in der Welt.

### Kommentieren

SÜDDEUTSCHE ZEITUNG (MÜNCHEN)

*zum Umweltschutz:*

Zum medizinkundlichen Volkswissen gehört der Satz: Vorbeugen ist besser als Heilen. Auch der Autofahrer weiß, daß rechtzeitiger Ölwechsel größere Reparaturkosten erspart. Allein in der Umweltpolitik hat es fast zwei Jahrzehnte gedauert, bis der Gedanke sich durchzusetzen begann und auch von Regierungsmitgliedern geäußert werden durfte, daß es billiger ist, Schäden zu vermeiden, als sie später wiedergutzumachen, daß man Gifte am besten an der Quelle abfängt, weil es sehr kostspielig ist, sie nachträglich aus der Zerstreuung in der Umwelt wieder einzusammeln. Umweltschutz ist teuer, lautete die stehende Rede bei Politikern, Wirtschaftlern und Gewerkschaften. Aber damit endete der Gedanke.

### Appellieren

**IMPFEN FÜRS LEBEN**

Viele schwere Kinderkrankheiten sind vermeidbar. Durch Impfen. Fragen Sie Ihren Arzt. Schützen Sie Ihr Kind.

Vorsorge-Initiative der Deutschen Behindertenhilfe Aktion Sorgenkind e.V.

## Aufgabe

*Worin unterscheiden sich die Beispieltexte hauptsächlich?*

### Texttypus

| Textfunktion | Typische Sprachhandlungen | Beispiele für Textsorten |
|---|---|---|
| **Informierende Texte**<br>sind auf die Übermittlung von Wissen, Kenntnissen, Eindrücken gerichtet. Die Informationen können sachlich-nüchtern oder gefühlsbetont wiedergegeben werden. | Berichten, Beschreiben, Mitteilen, Schildern, Erzählen, Feststellen, Behaupten, Referieren, Zitieren, Zusammenfassen. | Bericht, Protokoll, Vorgangsbeschreibung, Gegenstandsbeschreibung, Personenbeschreibung, Referat, Mitteilung, Kurzvortrag |
| **Kommentierende Texte**<br>können sachliche Erläuterungen oder Stellungnahmen sein, aber auch subjektiv wertende Beurteilungen von Ereignissen oder Sachverhalten. | Erläutern, Erörtern, Begründen, Beurteilen, Argumentieren | Leitartikel. Zeitungskommentar, Kritik, Rezension. |
| **Appellierende Texte**<br>sind auf die Herausbildung von Einstellungen, Verhaltensweisen oder das Auslösen von Handlungen gerichtet. | Bitten, Auffordern, Aufrufen, Befehlen, Anregen, Anweisen, Fragen | Antrag, Anfrage, Gesuch, Arbeitsanweisung, Werbeanzeige. |
| **Normierende Texte**<br>sind auf die Einhaltung meist verbindlich festgelegter Normen gerichtet, die das gesellschaftliche Zusammenleben im weitesten Sinne regeln. In der sprachlichen Gestaltung muß daher besonderer Wert auf Eindeutigkeit und Sachlichkeit gelegt werden. | Definieren, Fordern, Erlauben, Verbieten, Verpflichten | Gesetz, Durchführungsbestimmung, Vertrag, Verordnung. |

Neben der informierenden, der kommentierenden, der appellierenden oder der normierenden Funktion können Texte noch eine andere Funktion haben: Oft kommunizieren wir einfach nur, um zwischenmenschliche Beziehungen herzustellen oder aufrechtzuerhalten, so zum Beispiel, wenn wir Urlaubs- oder Festtagsgrüße versenden, wenn wir jemanden beglückwünschen oder jemandem unser Beileid aussprechen, wenn wir Alltagsgespräche in der Familie, mit Freunden oder Bekannten führen, uns im Wartezimmer oder im Eisenbahnabteil mit Unbekannten unterhalten. Die Funktion dieser Texte bezeichnet man als **kontaktive (kontaktherstellende) Funktion.** Diese Texte erfüllen eine wichtige soziale und psychologische Aufgabe im menschlichen Zusammenleben, auch wenn ihr Gehalt an Sachinformationen oft gering ist.

## 4.2 Mischformen

Nicht immer lassen sich Texte eindeutig einer Kommunikationsabsicht und damit einer Textfunktion zuordnen. Oft stellen sie Mischformen von kommunikativen Absichten dar. Im allgemeinen herrscht aber eine Kommunikationsabsicht vor, der die anderen untergeordnet sein können:

**„WER AUCH IMMER SIE MIT UNSAUBERER WERBUNG ÄRGERT, WIR GEHEN IHM AN DIE WOLLE."**

In einer freien Marktwirtschaft muß konsequenterweise auch die Werbung frei sein. Das bedeutet jedoch nicht: frei von Verantwortung gegenüber dem Konsumenten. Das hat die Werbewirtschaft erkannt und als freiwillige Selbstkontroll-Instanz den Deutschen Werberat ins Leben gerufen, der das Werbegeschehen beobachtet und Fälle beanstandet, in denen sich Werbung nicht an die Spielregeln von Ehrlichkeit und Anstand hält.

Sollte so ein „Ausrutscher" doch einmal vorkommen, dann werden wir das aufgreifen und dafür sorgen, daß die Sache in Ordnung kommt.

Wir sind immer für Sie da und senden Ihnen auf Wunsch gerne kostenlos die interessante Informationsbroschüre „Werbung Pro & Contra".
Der Deutsche Werberat.
Postfach 20 14 14, 5300 Bonn 2,
Telefon 02 28/8 20 92-0.

**DIE FREIHEIT DER SELBSTKONTROLLE. DER DEUTSCHE WERBERAT.**

## Aufgaben

1. *Welche Kommunikationsabsicht überwiegt in der obenstehenden Anzeige? Welche ist untergeordnet?*
2. *Lesen Sie das Vorwort dieses Lehrbuchs durch. An welche Kommunikationspartner ist es gerichtet? Welche Erwartungen verbindet der Leser mit einem Vorwort?*
3. *Belegen Sie durch eigene Erfahrungen, daß kontaktive Texte im menschlichen Zusammmenleben eine wichtige soziale und psychologische Rolle spielen.*
4. *Bestimmen Sie die Funktion folgender Texte beziehungsweise Textausschnitte nach der übergeordneten Kommunikationsabsicht. Begründen Sie Ihre Entscheidung mit den sprachlichen Merkmalen.*

### Text 1

**WAS IST?**

## *Marketing*

Alle Bemühungen und Maßnahmen, die bei der Erzeugung, Be- und Verarbeitung sowie beim Absatz unternommen werden und auf die Belange des Marktes ausgerichtet sind, kann man unter dem Begriff Marketing zusammenfassen. Eine einfache, klare Übersetzung dieses aus dem Amerikanischen entliehenen Wortes ist nicht möglich. Es geht darum, die Produktion auf die Wünsche der Verbraucher auszurichten, die Waren den Wünschen der Marktplaner entsprechend anzubieten und ihren Absatz planvoll zu gestalten und zu fördern.
Im Rahmen des Marketing werden die Märkte beobachtet, ihre Zukunftsentwicklung wird erforscht und der Absatz so organisiert, daß die Ware überall und jederzeit in einer Handel und Konsumenten ansprechenden Form greifbar ist. Zu Marketing gehört auch die Werbung. Marktforschung und Verbraucherverhalten beeinflussen die Marketingbemühungen bzw. werden von ihnen beeinflußt.

(Aus: Leipziger Volkszeitung vom 06.02.1992)

### Text 2

## Tips für eurocheque-Kunden

1
ec-Karte und eurocheques sollten Sie genauso sicher wie Bargeld verwahren. Beides sollten Sie stets sorgfältig und getrennt voneinander aufbewahren und vor allem niemals im Auto – auch nicht im abgeschlossenen Handschuhfach – liegenlassen.
Ihre eurocheques sollten Sie weder knicken noch falten. Tragen Sie nie mehr eurocheques bei sich, als Sie unbedingt benötigen; es genügen meistens 2 oder 3 Stück. Sollten Ihnen trotz aller Vorsicht Ihre ec-Karte und/oder eurocheques verlorengehen oder gestohlen werden, informieren Sie Ihre Sparkasse/Landesbank und die Polizei auf schnellstem Wege. Die Sparkassenorganisation wird unter bestimmten Voraussetzungen einen etwaigen Schaden übernehmen...

(Aus Informationsmaterial einer Sparkasse)

### Text 3

**§ 1 Wann beginnt Ihr Versicherungsschutz?**

Ihr Versicherungsschutz beginnt, wenn Sie den ersten oder einmaligen Beitrag (Einlösungsbeitrag) gezahlt und wir die Annahme Ihres Antrags schriftlich oder durch Aushändigung des Versicherungsscheins bestätigt haben. Vor dem im Versicherungsschein angegebenen Beginn der Versicherung besteht jedoch noch kein Versicherungsschutz...

(Aus einem Versicherungsvertrag)

### Text 4

**DRESDNER NEUESTE NACHRICHTEN**

*zum Asylrecht:*

Wer die politische Einigung Europas will, kann nicht klammheimlich durch die Hintertür zu borniertem Nationalismus zurückkehren. Anders gesagt: Wenn wir am Eingangstor zum „Paradies Europa" Gesichtskontrolle einführen, werden wir Wind, Seen und Sturm ernten. Und dann sage niemand, er habe das nicht gewollt. Solange sich das Wohlstandsgefälle zwischen erster und dritter Welt nicht wirksam entschärft hat, solange es menschenverachtende Diktaturen und Folter ... gibt, werden auch die Wanderungsströme in die erste Welt nicht abreißen: Ganz gleichgültig, wie nun das ... Asylrecht in Deutschland aussehen mag.

(Aus: Leipziger Volkszeitung vom 12.09.1991)

### Text 5

## Von Zuzahlung befreit

CHEMNITZ (dpa/sn). Auszubildende sind von den seit 1. Juli dieses Jahres geltenden Zuzahlungen für Arznei- und Verbandsmittel sowie andere medizinische Leistungen befreit. Wie die AOK am Montag in Chemnitz mitteilte, muß diese Zuzahlungsbefreiung beim Arzt oder in der Apotheke nachgewiesen werden. Die dafür notwendige Nachweiskarte sei in allen AOK-Geschäftsstellen erhältlich.

(Aus: Leipziger Volkszeitung vom 17.09.91)

Besonders bei Werbetexten, aber auch bei anderen Arten von Texten bemühen sich deren Verfasser aus verschiedenen Gründen, ihre eigentlichen Kommunikationsabsichten nicht so deutlich erkennen zu lassen:

*Text 1*

**Sehr geehrter Fahrgast!**

**60 DM SIND VIEL GELD ...**

Nach den Allgemeinen Beförderungsbedingungen müssen wir diesen Betrag von Ihnen erheben, wenn Sie öffentliche Verkehrsmittel ohne gültigen Fahrausweis benutzen. Kaufen Sie sich lieber etwas Schönes dafür! Sie tun sich einen großen Gefallen und ersparen uns unangenehme Arbeit.

*Text 2*

Fahrgäste ohne gültigen Fahrausweis haben 60,00 DM erhöhtes Beförderungsentgelt zu zahlen

(Aushänge in Straßenbahnen in Leipzig, Halle u.a.)

## Aufgaben

1. *Welcher Textfunktion würden Sie die beiden Texte jeweils zuordnen? Begründen Sie Ihre Entscheidung.*
2. *Welche Wirkung soll mit Text 1 erzielt werden? Welche sprachlichen Mittel werden dazu eingesetzt?*
3. *Mit welchen sprachlichen Mitteln wird im Text 2 die Kommunikationsabsicht verwirklicht?*
4. *Welchen Text würden Sie für den beabsichtigten Zweck vorziehen? Begründen Sie Ihre Meinung.*

Am Beispiel der beiden Aushänge in der Straßenbahn wird eine Erscheinung deutlich, die **zwischenmenschliche Kommunikation** so kompliziert und störanfällig, aber auch so aufregend und spannend macht.

Nach Friedemann Schulz von Thun[1] enthält jeder Text **vier Informationen** (Botschaften) gleichzeitig:

- Informationen über den Sachinhalt (das heißt, worüber man informiert);
- Informationen über die Selbstoffenbarung (das heißt, was man mit einem Text – gewollt oder unfreiwillig – von sich selbst kundgibt);
- Informationen über die Beziehung zum Kommunikationspartner (das heißt, was man vom Empfänger hält und wie man zueinander steht);
- Informationen darüber, wozu man den Empfänger veranlassen möchte.

[1] Schulz von Thun, F.: Miteinander reden: Störungen und Klärungen. Psychologie der zwischenmenschlichen Kommunikation, Hamburg 1981

So könnte ein Gespräch zwischen Vorgesetztem und Mitarbeiterin bei gleichem Sachinhalt („Die Akte war falsch eingeordnet“) und gleicher Textfunktion (Aufforderung „Ordnen Sie diese in Zukunft richtig ein“) in verschiedenen Versionen ablaufen:

(Karikatur aus: Junge Karriere. Beilage zum Handelsblatt. Wirtschafts- und Finanzzeitung. Sommersemester 1992. Nach: Schulz von Thun, F., a.a.O.)

## Aufgaben

1. *Vergleichen Sie die Versionen danach,*
   *a) welches Selbstbild der Vorgesetzte von sich vermittelt,*
   *b) was er von der Mitarbeiterin hält und wie er sie behandelt,*
   *c) wie die Mitarbeiterin wahrscheinlich reagieren wird.*
2. *Spielen Sie die Situation als Rollenspiel nach. Wählen Sie eine Version aus, die Ihnen am angemessensten erscheint, oder finden Sie eine eigene Version.*

# 4.3 Textsorten

NACHRICHTEN UND BERICHTE

LESERBRIEFE

Allgemeine Geschäftsbedingungen

Reportage

Fahrbericht

Kaufgesuche

Einladung

KOMMENTAR

Stellengesuche

Gebrauchsinformation
Bitte aufmerksam lesen und beachten!

Bedienungsanleitung

TELEFONFORUM

Interview mit Heike Henkel

TV-Kritik

TELEGRAMM

FILMTIPS

Familienanzeigen

STORY

Mitteilung

Stellenangebote

Genehmigung der Satzung des Vorhaben- und Erschließungsplanes Nr. 2

Mietgesuche

TV-TIP

Stellenausschreibung

Bekanntmachung
– Straßenbahnverkehr –
– Omnibusverkehr –

Sport-News

• Öffentliche Ausschreibung von Straßenbauarbeiten nach VOB/A

Bekanntmachung

GARANTIE-URKUNDE

Anmeldung

In der kommunikativen Praxis haben sich in den einzelnen Kommunikationsbereichen (Alltag, Wissenschaft, Presse und Publizistik, institutioneller Verkehr) verschiedene Arten von Texten herausgebildet, die besonders geeignet sind, bestimmte Kommunikationsabsichten zu verwirklichen. Diese Arten von Texten werden allgemein als **Textsorten** bezeichnet.

Da dem eindeutigen Erkennen der jeweiligen Textsorte eine wichtige Aufgabe beim Verstehen von Textfunktionen und Textinhalten zukommt, werden in der Praxis häufig Texte bereits in der Überschrift mit der Angabe der Textsorte versehen.

Textsorten, die uns geläufig sind, haben wir aufgrund unserer kommunikativen Erfahrungen in unserem Alltagswissen als Muster gespeichert. An **typischen inhaltlichen und sprachlichen Merkmalen** erkennen wir diese Muster wieder, wenn sie uns begegnen. Und wir gestalten eigene Texte mehr oder weniger bewußt nach diesem Vorbild.

**Beispiel** **Textsorte Einladung**

Sehr geehrte Damen!
Sehr geehrte Herren!

Am 01.04.19.. eröffnen wir um 10 Uhr unsere neue Geschäftsstelle in der Bahnhofstraße 5.

Wir würden uns sehr freuen, Sie bei unserer kleinen Feier begrüßen zu können.

Mit freundlichen Grüßen

...

- **Inhaltliche Merkmale**

Informationen über Thema/Anlaß, Ort und Zeitpunkt der Veranstaltung, Einladung einer oder mehrerer Personen

- **Sprachliche Merkmale**

Sprachhandlungen wie Mitteilen, Auffordern, Anregen, Bitten; bestimmte Gestaltungsmittel wie Anrede- und Grußformeln, typische Formulierungen für die Einleitungs- und Schlußsätze, Höflichkeitsfloskeln, sprachliche Mittel zur Angabe von Zeit und Ort

## Aufgaben

1. *Mit einer Reihe von Textsorten sind Sie bereits vertraut. Bestimmen Sie zu den untenstehenden Texten jeweils die Textsorte.*
2. *Nennen Sie weitere Beispiele für Textsorten, und ordnen Sie diese und die in Ihrer Lösung zu Aufgabe 1 genannten Sorten nach Textsorten mit*
   *a) informierender,*
   *b) kommentierender,*
   *c) appellierender und*
   *d) normierender Funktion.*
3. *Wo hatten Sie Schwierigkeiten bei der Zuordnung? Versuchen Sie, dies zu begründen.*
4. *Suchen Sie sich aus jeder Gruppe eine Textsorte aus, die Sie genauer nach typischen inhaltlichen und sprachlichen Merkmalen beschreiben können.*

*Text 1*

## Der Landesheimatbund Sachsen-Anhalt e. V. informiert:

Der Landesheimatbund Sachsen-Anhalt e.V. lädt alle seine Mitglieder am Sonnabend, dem 04.04.1992, um 10.00 Uhr in das „Haus am Leipziger Turm" in Halle zu einer

**Mitgliederversammlung**

ein.

Thema der Mitgliederversammlung werden eine Diskussion zur Satzungsänderung, der Geschäftsbericht sowie inhaltliche Aufgaben des Landesheimatbundes Sachsen-Anhalt e. V. sein.

**Gleichzeitig teilen wir mit, daß aus technischen Gründen die Landeskonferenz am 14.03.1992 in Halle a u s f ä l l t.**

Der neue Termin wurde für den 12.09.1992 festgelegt.

(Aus: Mitteldeutsche Zeitung Halle vom 11.03.1992)

*Text 2*

**Paragraph 2** (1) Kind im Sinne des Gesetzes ist, wer jünger ist als 14, ein Jugendlicher, der 14, aber noch nicht 18 Jahre ist. (3) Soweit es nach diesem Gesetz auf die Begleitung durch einen Erziehungsberechtigten ankommt, haben die im Absatz 2 genannten Personen ihre Berechtigung auf Verlangen darzulegen. Veranstalter und Gewerbetreibende haben in Zweifelsfällen die Berechtigung zu überprüfen.

(Aus: Leipziger Volkszeitung vom 18./19.07.1992)

*Text 3*

**WIDDER**
SUPER FÜRS LERNEN UND FÜR DIE LIEBE

**21. - 31.3.** Deine Meinung übers Lernen bestätigt sich. Das spricht für Deinen gesunden Menschenverstand und für Fortschritte. Nützliche Kontakte heben Deine Laune. Du bist unternehmungslustig und hast Erfolge.

**1. - 10.4.** Du weißt, wo es lang geht und läßt Dir nichts vormachen. In Herzensdingen bist Du zurückhaltend. Da ist eine Veränderung nicht in Sicht, eher ist eine im Job möglich. Da hast Du alle Vorteile für Dich.

**11. - 20.4.** Es ist die beste Zeit, um sich zu freuen und abzulenken. Besuch Deine Freunde, denn die Clique vermißt Dich schon. Privates (Liebe, Hobby) füllt Dich aus. Ein Treff läßt Dein Herz höher schlagen.

(Aus: Bravo Girl, Nr. 10, 1992)

*Text 4*

Unternehmen der Baubranche in München sucht dringend

**Engagierte Mitarbeiterin**

für Empfang, Korrespondenz sowie allgemeine Büroarbeiten.
Wir bieten Ihnen einen sicheren und interessanten Arbeitsplatz in unseren neuen Büroräumen in Krailling bei München.
Wohnung/Appartment kann gestellt werden.

Bitte bewerben Sie sich bei

[redacted]

(Aus: Leipziger Volkszeitung vom 18./19.07.1992)

*Text 5*

## DAS HABEN WIR UNTERSUCHT

Pro Bundesland wurden zwei Jugendherbergen (in Berlin, Bremen, Hamburg und im Saarland nur eine) ausgewählt. In den Städten über 100 000 Einwohner sowie in Städten/Gemeinden unter 10 000 Einwohner wurden diejenigen JH untersucht, die über die meisten Betten und über Familienzimmer verfügen. Auch eine als „Umweltstudienplatz" ausgewiesene JH wurde einbezogen. Von Anfang März bis Mitte April 1992 haben wir bei 29 Jugendherbergen folgende Untersuchungen durchgeführt:

- **Umfrage bei Jugendherbergsleitern**

Eine schriftliche Umfrage mit Hilfe eines standardisierten Fragebogens (Ergebnisse siehe Tabelle auf Seite 66/67).

- **Umfrage bei Jugendherbergsgästen**

Mit einer Nutzerbefragung wurden die Erfahrungen deutscher Gäste über 16 Jahre mit den ausgewählten Jugendherbergen ermittelt. Insgesamt wurden rund 3500 Fragebogen verteilt (pro JH im Durchschnitt 120). Die Zahl auswertbarer Fragebogen betrug 1130 (Netto-Rücklaufquote 32 Prozent).

- **Teilnehmende Beobachtung und Inspektion**

Projektmitarbeiter mit Jugendherbergserfahrung übernachteten in der Regel unangemeldet als „teilnehmende Beobachter" in den Jugendherbergen und führten am Folgetag mit dem/der Herbergsleiter/in eine Hausbesichtigung durch.

(Aus: Stiftung Warentest, Heft 7/1992)

*Text 6*

## FIRMEN SOLLTEN MÜLL VERMEIDEN!

„Ich möchte mal meine Meinung zu Eurem Bericht ‚Ausgepackt wird gleich an der Kasse' (GIRL! 7/91) loswerden.
Ich finde nämlich nicht, daß die neue Regelung eine Lösung für die Müllentsorgung ist. Der Kunde kauft doch trotzdem genauso ‚umweltbewußt' ein wie sonst auch. An der Kasse packt er aus und läßt die überflüssige Verpackung im Supermarkt. Zurück bleibt ein Berg Verpackungsmaterial. Aber den Kunden geht das ja jetzt nichts mehr an, denn der Müll landet ja nicht in seiner Tonne. Also was soll's?
Die Verpackung wird, glaube ich, nicht recycelt, sondern landet genau da, wo wir sie nicht mehr haben wollen: im Müll. Auch die Filialleiter können nicht allzuviel zur Müllvermeidung beitragen, weil sie ja nur das bestellen können, was im Sortiment vorhanden ist. Und das wird von den Firmen verpackt. Also, wenn Ihr mich fragt, ist das Ganze nur eine Gewissensberuhigung für die Verbraucher, aber auf Dauer keine Lösung. Man sollte dort anfangen, Müll zu vermeiden, wo er produziert wird."

**Christine** aus Bietigheim

(Aus: Bravo Girl, Nr. 10/1992)

*Text 7*

## Florida will Verbot von Bungee-Springen

**Tallahassee** (dpa) Florida will das immer beliebter werdende Bungee-Jumping verbieten, bei dem Personen, an einem starken Gummiseil befestigt, von Kränen in die Tiefe springen. Mit dem Hinweis auf einen Todesfall im US-Staat Michigan appellierte Floridas Landwirtschaftsbehörde an alle Bungee-Jumping-Unternehmer, ihre Anlagen sofort zu schließen.

(Aus: Leipziger Volkszeitung vom 13.07.1992)

*Text 8*

**Vorhersage heute:**
Bei schwachem Zwischenhocheinfluß ist es heute überwiegend wolkig. Nur ganz vereinzelt wird es einen Schauer geben. Die Temperatur steigt bis zum Nachmittag bei einem schwachen bis mäßigen, von West auf Südwest drehenden Wind auf 20 bis 22 Grad an.

(Aus: Leipziger Volkszeitung vom 13.07.1992)

# 4.4
# Sachtexte und literarische Texte

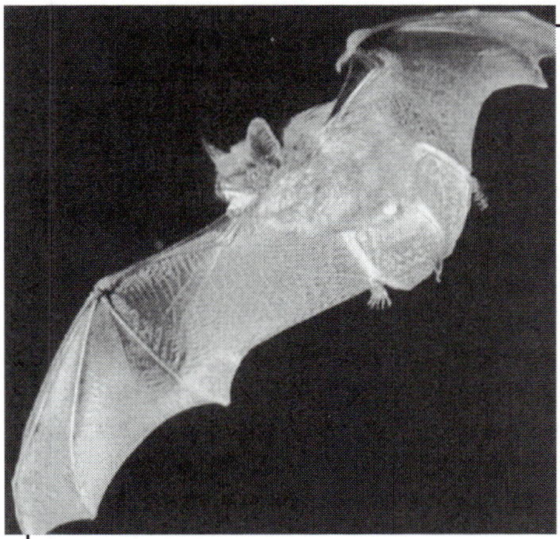

*Text 1*

**Günter Kunert**
**Die Schreie der Fledermäuse**

Während sie in der Dämmerung durch die Luft schnellen, hierhin, dorthin, schreien sie laut, aber ihr Schreien wird nur von ihresgleichen gehört. Baumkronen und Scheunen, verfallende Kirchentürme werfen ein Echo zurück, das sie im Fluge vernehmen und das ihnen meldet, was sich an Hindernissen vor ihnen erhebt und wo ein freier Weg ist. Nimmt man ihnen die Stimme, finden sie keinen Weg mehr; überall anstoßend und gegen Wände fahrend, fallen sie tot zu Boden. Ohne sie nimmt, was sonst sie vertilgen, überhand und großen Aufschwung: das Ungeziefer.

(Aus: Kunert, G.: Die Schreie der Fledermäuse. Geschichten, Gedichte, Aufsätze, Frankfurt/Main 1981, S. 205)

*Text 2*

**Fledermäuse** gehören zur Ordnung der Flattertiere innerhalb der Klasse der Säugetiere. Eine Flughaut, die sich zwischen Körper, Schwanz und langen Vordergliedmaßen ausspannt, befähigt sie zum Fliegen. Sie sind die einzigen fliegenden Säugetiere. Tagsüber hängen sie mit dem Kopf nach unten in alten Gebäuden, Felsen- und Baumhöhlen, in der Dämmerung beginnen sie, nach Nahrung zu suchen, die aus verschiedenen abends und nachts fliegenden Insekten besteht. Die Beute wird im Fluge gefangen und verzehrt. Fledermäuse orientieren sich, indem sie Ultraschalltöne ausstoßen, deren Echo ihnen kleinste Hindernisse anzeigt. Sie stehen unter Naturschutz. Zu den Flattertieren zählen unter anderem Abendsegler, Mausohrfledermaus, Großhufeisennase, Langohrfledermaus, Fliegender Hund.

(Aus: Dietrich, G., Müller-Hegemann, A., Hrsg.: Jugendlexikon Biologie, Leipzig 1984, S. 107)

## Aufgaben

1. *Welcher der beiden Texte ist ein Sachtext, welcher ein literarischer Text?*
2. *Begründen Sie zunächst, warum beide Beispiele allgemein als „Text“ aufzufassen sind. Ziehen Sie dazu die Merkmale von Texten aus Abschnitt 4 heran.*
3. *Was unterscheidet den literarischen (künstlerischen) Text vom Sachtext? Machen Sie eine allgemeine Aussage über das Verhältnis Sachtext – künstlerischer Text.*
4. *Zeigen Sie den Unterschied an einzelnen sprachlichen Mitteln (Wörter, Sätze) auf.*
5. *Beschreiben Sie die Funktionen von Sachtexten und die Funktionen von literarischen Texten.*

| **Sachtext** | **Literarischer Text** (auch: künstlerischer, fiktionaler Text) |
|---|---|
| • Im allgemeinen wird ein **Ausschnitt aus der Wirklichkeit sachlich und wahrheitsgetreu** dargestellt.<br>• Das **Anliegen des Autors** sollte möglichst **klar und eindeutig** zu erkennen sein (informierend, kommentierend, appellierend oder normierend).<br>• **Orthographische, grammatische und Textgestaltungsnormen** werden **eingehalten.** | • Meist wird eine **vorgestellte (fiktive) Welt gefühlsbetont** dargestellt.<br>• Der Autor baut eine **eigene Textwelt** auf, die nicht mit den Erfahrungen in der realen Welt übereinstimmen muß (vgl. Märchen, phantastische Erzählungen, Science-fiction).<br>• Der Autor verfolgt nicht vordergründig eine bestimmte Kommunikationsabsicht, sondern mit dem Text wird dem Leser ein **Interpretationsangebot** gemacht, das vielfältige Möglichkeiten für das Verstehen einschließt.<br>• Oft werden **sprachlich-kommunikative Normen bewußt verletzt,** um eine bestimmte Wirkung zu erzielen (zum Beispiel Kleinschreibung, fehlende Zeichensetzung, Verletzung semantischer Normen, Abwandlung von Textmustern). |

Im Teil VI werden die Besonderheiten fiktionaler Texte ausführlicher an vielen Beispielen dargestellt.

# 5
# Arbeit mit Texten

## 5.1
## Einholen von Informationen aus Texten

In bestimmten Situationen (zum Beispiel bei der Vorbereitung eines Kurzreferates, beim Anfertigen einer schriftlichen Hausarbeit, bei Unklarheiten über fachliche Begriffe und Sachverhalte) reicht unser Wissen oft nicht aus, und wir müssen zusätzliche Informationen aus Fachbüchern und Fachzeitschriften, Lehrbüchern, Nachschlagewerken und ähnlichen Informationsquellen einholen.

In vielen Haushalten finden sich allgemeine Nachschlagewerke wie ein- und mehrbändige Lexika, ein Fremdwörterbuch, die Duden-Rechtschreibung und andere nützliche Sachbücher.

Meist verfügt man aber nicht über umfangreiche und spezielle Literatur, die man nur gelegentlich benötigt. Dafür gibt es **allgemeine und speziellere Bibliotheken,** deren Bestände man nutzen sollte. Bücher, deren Verfasser bekannt sind, lassen sich im **alphabetisch nach Verfassern geordneten Katalog** auffinden. Will man sich allgemein über Veröffentlichungen zu einem bestimmten Thema oder Sachgebiet informieren, benutzt man den **systematischen oder Sachkatalog**.

Bei der Benutzung von **Bibliotheken** hat man in der Regel zwei Möglichkeiten:

- **Arbeit im Lesesaal**

Die Bücher (besonders Handbücher, Lexika, Fachbücher) werden an Ort und Stelle benutzt. Nachdem man sich im alphabetischen oder im Sachkatalog informiert hat, kann man sich die Bücher selbst aus dem Regal nehmen und damit arbeiten. Entleihen kann man die Bücher aber nicht.

- **Ausleihe**

Hier kann man auf einen Leihschein und/oder auf seinen Leseausweis beziehungsweise die Benutzerkarte Bücher entleihen und für eine befristete Zeit mit nach Hause nehmen.

**Karteikarten** von Bibliotheken enthalten **bibliographische Angaben** zu Verfasser, Titel, Verlagsort, Verlag, Erscheinungsjahr, Umfang. Die **Signatur** verweist auf den Standort des Werkes in der Bibliothek. Vor allem bei belletristischer Literatur wird oft eine knappe Inhaltsangabe zur Vorinformation gegeben.

**Beispiel: Karteikarte**

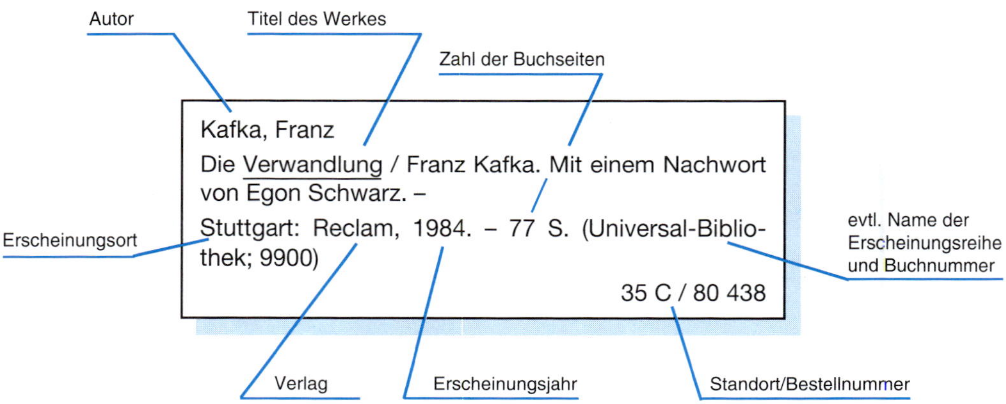


## Aufgaben

*1.* *Informieren Sie sich darüber, ob an Ihrer Schule eine Bibliothek existiert, und verschaffen Sie sich einen Überblick über deren Bestand (Belletristik, allgemeine Nachschlagewerke, Lehrbücher, Fachliteratur und so weiter).*

*2.* *Wenn Sie bereits Leser in einer Städtischen Bücherei sind, dann machen Sie sich gründlich mit deren Bestand vertraut. Informieren Sie in einem Kurzvortrag Ihre Mitschüler über Ort, Arbeitsbedingungen (zum Beispiel Lesesaal), Benutzerordnung und Bestand Ihrer Bücherei.*

# 5.2 Aufnahme von Informationen aus schriftlichen Texten

In vielfältiger Weise werden in beruflichen und privaten Situationen Informationen aus schriftlich vorliegenden Texten aufgenommen. Nicht alle Informationen sind so von Interesse, daß man sie im Gedächtnis oder in schriftlichen Aufzeichnungen bewahren muß. Eine Reihe von Texten, besonders Fachliteratur, kann aber aus verschiedenen Gründen so wichtig sein, daß ihr Inhalt intensiver aufgenommen, erschlossen und verarbeitet werden muß.

Beim Aufnehmen und Speichern von Informationen helfen verschiedene **Arbeitstechniken.**

## Lesen

Die Lesetechnik wird bestimmt von der Absicht, mit der ein Text gelesen werden soll.

**Lesetechniken**

| Orientierendes Lesen | Kursorisches Lesen | Detailliertes Lesen |
|---|---|---|
| **Überblick** über den Text durch „Überfliegen“ | Erfassen des **Wesentlichen** eines Textes | Gründliches Erfassen der **Einzelheiten** des Inhalts |
| Wichtige Hilfen: Titel, Klappentext, Vorwort, Inhaltsverzeichnis, Sachregister und Literaturverzeichnis (besonders in Lehr- und Fachbüchern) | Wichtige Hilfen: Textstruktur, graphische und sprachliche Mittel zur Ankündigung von Zusammenfassungen, Begründungen, Vergleiche, Schlußfolgerungen und Verallgemeinerungen | |

Durch **Unterstreichen** oder durch **Anmerkungen** am Rand werden wesentliche Stellen (Begriffe, Wortgruppen, in einzelnen Fällen auch ganze Sätze) gekennzeichnet. Das erleichtert das schnelle Wiederfinden wichtiger Informationen beim wiederholenden Lesen und bei der späteren Verarbeitung der Informationen. Mitunter müssen unbekannte Begriffe (Fachwörter, Fremdwörter) geklärt werden. Dazu zieht man **Nachschlagewerke** heran (zum Beispiel Lexika, Fremdwörterbücher, Fachwörterbücher, Duden).

## Aufgaben

1. *Orientieren Sie sich über Inhalt und Aufbau des Dudens (Duden, Band 1: Rechtschreibung der deutschen Sprache), indem Sie das Inhaltsverzeichnis nutzen. Nennen Sie danach aus dem Gedächtnis wichtige Bereiche.*
2. *Überfliegen Sie die „Hinweise für die Wörterbuchbenutzung“ im Duden und stellen Sie fest, welche Angaben Sie dem Wörterverzeichnis entnehmen können.*
3. *Informieren Sie sich darüber, welche Fragen im Berufsbildungsgesetz behandelt werden.*
4. *Lesen Sie einen längeren Artikel in einer Tageszeitung (zum Beispiel Kommentar, Rezension) gründlich durch, und geben Sie anschließend die Hauptinformationen wieder. Welche Haltung nimmt der Autor zum dargestellten Gegenstand ein?*
5. *Arbeiten Sie den folgenden Text gründlich durch, und notieren Sie die Hauptinformationen.*

### Informationen für den Berufsanfänger

Mit Beginn Ihrer Tätigkeit benötigen Sie für den Arbeitgeber eine Lohnsteuerkarte, auch dann, wenn Sie noch keine Steuern zahlen müssen. Die Lohnsteuerkarte erhalten Sie von der für Ihren Wohnsitz zuständigen Stadt- oder Gemeindeverwaltung.
Übergeben Sie diese dem Personalbüro gleich am ersten Tag.
Das Versicherungsnachweisheft benötigen Sie für Ihre Rentenunterlagen. Sie beantragen das Heft am besten über Ihren Arbeitgeber bei Ihrer Krankenkasse.
Mit diesem Heft erhalten Sie eine Versicherungsnummer. Sie gewährleistet, daß bei der Rentenversicherung die beitragspflichtigen Gehälter unverwechselbar im Computer gespeichert sind. Übergeben Sie das Versicherungsheft Ihrem Arbeitgeber. Trennen Sie vorher den „Ausweis" mit der Rentenversicherungsnummer heraus.
Die soziale Versicherung ist eine wesentliche Lebensgrundlage eines jeden Menschen. Als Arbeitnehmer sind sie grundsätzlich in der gesetzlichen Rentenversicherung pflichtversichert. Die Beiträge zahlen Arbeitnehmer und Arbeitgeber je zur Hälfte. Sollten Sie über das 16. Lebensjahr hinaus die Schule besucht haben, lassen Sie sich eine Schulzeitbescheinigung geben. Sie ist unter bestimmten Bedingungen für das Errechnen Ihrer späteren Rentenhöhe von Bedeutung.
Mit der Aufnahme Ihrer beruflichen Tätigkeit beginnt automatisch die Pflichtmitgliedschaft in einer gesetzlichen Krankenversicherung, und zwar dadurch, daß Ihr Arbeitgeber die gesetzlich vorgeschriebene Meldung an die Krankenkasse Ihrer Wahl vornimmt. Die Beiträge zahlen je zur Hälfte Sie und Ihr Arbeitgeber. Eine Krankmeldung hat umgehend, spätestens aber binnen 3 Tagen bei der Krankenkasse zu erfolgen.
Versicherungsschutz besteht für Sie bei einem Unfall in Ihrem Betrieb oder während Ihrer beruflichen Tätigkeit, auf dem Weg von zu Hause zu Ihrer Arbeitsstätte und zurück, auf dem Weg zur Berufsschule und zurück.
Die Beiträge zur Unfallversicherung bezahlt der Arbeitgeber allein.
Bei Arbeitslosigkeit sind Arbeiter und Angestellte pflichtversichert.
Anspruch hat, wer arbeitslos ist, der Arbeitsvermittlung zur Verfügung steht, die Anwartschaft erfüllt und Arbeitslosengeld beim Arbeitsamt beantragt hat.

(Aus: Informationen für Berufsstarter. In: Ausbildung und Beruf 1990/91, Dresdner Bank AG, Seite 99 ff.)

## Konspektieren[1] und Exzerpieren[2]

Informationen aus schriftlichen Texten müssen – dem späteren Verwendungszweck entsprechend – auch schriftlich gespeichert werden. Zum Aufzeichnen benutzt man lose Blätter einheitlichen Formats, die nur einseitig beschrieben werden sollten. Ein breiter Rand dient zum Abheften und zum Anbringen von Anmerkungen (zum Beispiel Seitenangaben). Die Auszüge müssen übersichtlich gestaltet und sprachlich knapp, aber eindeutig formuliert sein.

Bei Auszügen aus Büchern, Zeitungen, Zeitschriften, gesetzlichen Bestimmungen, Nachschlagewerken und wissenschaftlichen Arbeiten ist die Quelle anzugeben.

Zur **Quellenangabe** gehören:
- Familienname und Vorname des Verfassers/der Verfasser
- Titel des Werkes (einschließlich eines eventuellen Untertitels)
- Erscheinungsort
- Erscheinungsjahr
- Auflage (bei 1. Auflage nicht erforderlich)
- Bandangabe
- zitierte Seite(n)

**Beispiel**

Hallwass, Edith: Mehr Erfolg mit gutem Deutsch. Das Handbuch für alle sprachlichen Probleme des Alltags, München 1991, S. …

---

[1] *konspektieren:* einen Konspekt anfertigen; Konspekt, der = Zusammenfassung, Inhaltsübersicht, Aufzeichnung, allgemeiner Inhaltsauszug (lateinisch *conspicere* = hinsehen)

[2] *exzerpieren:* herausschreiben, ein Exzerpt machen; Exzerpt, das = schriftlicher Auszug aus einem Werk, spezieller Inhaltsauszug (lateinisch *excerpere* = herausnehmen, auslesen)

Bei **Zeitschriftenaufsätzen** werden nach dem Autor und dem Titel des Aufsatzes der Titel der Zeitschrift, ihr Jahrgang, das Erscheinungsjahr, die Heftnummer und die entsprechenden Seitenzahlen genannt.

**Beispiel**

Buschbeck-Wolf, Bianka: Maschinelle Übersetzung. Ein Weg, die Sprachbarriere zu überwinden? In: Sprachpflege und Sprachkultur. Zeitschrift für gutes Deutsch 40 (1991), H. 2, S. 33 – 36

**Anfertigen von Inhaltsauszügen**

**Konspektieren**

Erstellen eines zusammenfassenden Überblicks über den gesamten Inhalt eines Textes

**Exzerpieren**

Zusammenstellen von Informationen unter einem bestimmten Gesichtspunkt aus einem oder mehreren Texten

Beim **Konspektieren** werden die Hauptgedanken und der Gedankengang eines geschriebenen Textes ermittelt und in verdichteter Form festgehalten. Textaufbau und Gedankenfolge, wichtige Informationen, Problemstellungen, Lösungen, Teilergebnisse und Gesamtergebnis sollen auch nach längerer Zeit noch aus dem Konspekt ablesbar sein.

Beim **Konspektieren** sind folgende Arbeitsschritte erforderlich:

1. Detailliertes Lesen des Textes
2. Ermitteln der Hauptinformation und des Gedankengangs und Speichern in Form von nominalen Wortgruppen und Abkürzungen, in Ausnahmefällen von wörtlichen Zitaten
3. Übernehmen der Überschriften, Hervorhebungen, Quellen und Seitenangaben
4. Kennzeichnen eigener Bemerkungen

Beim **Exzerpieren** werden exakte, zum Teil wörtliche Auszüge aus geschriebenen Texten angefertigt, um Material für die Lösung einer bestimmten Aufgabenstellung zu erhalten. Der Text wird nicht mit seinen wesentlichen Gedankengängen übernommen. Ihm werden nur die Informationen entnommen, die der Behandlung eines bestimmten Themas dienen. Häufig müssen dabei auch mehrere Texte als Quellen herangezogen werden, wobei Aussagen ergänzt, Gemeinsamkeiten, aber auch Widersprüche in den Aussagen verschiedener Autoren festgestellt werden können.

Beim **Exzerpieren** sind folgende Arbeitsschritte erforderlich:

1. Orientierendes beziehungsweise kursorisches Lesen des Textes/der Texte; detailliertes Lesen einzelner Teiltexte unter dem gegebenen Gesichtspunkt
2. Speichern von Informationen, die für die Lösung der Aufgabe wesentlich sind (Feststellungen, Behauptungen, Verallgemeinerungen, Argumente, Definitionen)
3. Verzicht auf Überschriften und Hervorhebungen, aber Angabe der Quellen und Seiten
4. Kennzeichnen eigener Bemerkungen (zum Beispiel zu Übereinstimmungen oder Abweichungen in den Aussagen verschiedener Autoren)

## Aufgaben

1. *Exzerpieren Sie in übersichtlicher Form aus dem Berufsbildungsgesetz*
   *a) Rechte und Pflichten der Auszubildenden,*
   *b) Rechte und Pflichten der Ausbildenden.*
2. *Informieren Sie sich im Jugendarbeitsschutzgesetz und im Betriebsverfassungsgesetz, welche Regelungen für Sie als Auszubildende von Bedeutung sind. Exzerpieren Sie diese Regelungen.*
3. *Wählen Sie selbst ein Werk aus Ihrem persönlichen oder beruflichen Erfahrungsbereich aus, und konspektieren Sie daraus einen Abschnitt. Achten Sie auf die exakte Angabe der Quelle.*

# 5.3 Aufnahme von Informationen aus mündlichen Texten

In der beruflichen und gesellschaftlichen Tätigkeit müssen auch Informationen aus mündlichen Äußerungen anderer entnommen und verarbeitet werden: zum Beispiel aus Gesprächen, Referaten, Vorlesungen, Vorträgen, Rundfunk- und Fernsehsendungen.

Im Unterschied zum geschriebenen Text besteht in der Regel bei der mündlichen Äußerung nicht die Möglichkeit, diese mehrmals aufnehmen zu können. Zusammenhänge und Bedeutungen müssen sofort beim einmaligen Hören erfaßt und wesentliche Informationen ausgewählt werden. Besonders bei längeren monologischen Darlegungen, bei denen nicht nachgefragt werden kann, muß der Hörer sehr konzentriert sein. Das gilt auch für Diskussionen, wo im kurzen Wechsel Äußerungen anderer aufgenommen und verarbeitet und eigene Gedanken formuliert werden müssen. Ein guter Redner beziehungsweise Gesprächspartner wird sich bemühen, durch verständliche, angemessene Redeweise und durch entsprechende sprachliche Mittel (zum Beispiel aufgelockerte, verbale Gestaltung) den Zuhörern das Verstehen zu erleichtern. Auf besonders wichtige Stellen sollte er ausdrücklich aufmerksam machen (zum Beispiel durch Ankündigungen, Wiederholung, besondere Betonung). Der Hörer muß Zeit haben, das Gehörte zu durchdenken und in sein Wissen einzuordnen.

Informationen aus gesprochenen Texten können im Gedächtnis oder in schriftlicher Form gespeichert werden. Bei der schriftlichen Speicherung gilt grundsätzlich:

Schreiben Sie nur so viel wie nötig, nicht so viel wie möglich mit.

**Effektives Mitschreiben verlangt:**

- gedankliche Vorbereitung und Einstellung auf die vorgetragene Thematik, gegebenenfalls technische Vorbereitung (zum Beispiel beim Protokoll Angaben über Art der Veranstaltung, Tagesordnung, Namen und Funktion der Beteiligten);
- nach Aufnahme eines abgeschlossenen Gedankens Notieren wesentlicher Aussagen in knappen, aber eindeutigen Formulierungen (nominale Wortgruppen, Abkürzungen) auf der Grundlage der sinntragenden Begriffe;
- möglichst genaues Übernehmen von Definitionen, Schlußfolgerungen, Festlegungen, wichtigen Äußerungen.

Es empfiehlt sich, solange das Gehörte noch frisch im Gedächtnis ist, die Mitschrift noch einmal auf **Vollständigkeit, Klarheit** und **Übersichtlichkeit** zu überprüfen. Werden eigene Gedanken und Wertungen hinzugefügt, müssen sie entsprechend gekennzeichnet werden, damit keine Verwechslung mit den Äußerungen des Sprechers eintreten kann.

## 5.4 Inhaltsangabe und Textinterpretation

Für die inhaltliche und gedankliche Erschließung von Texten werden besonders folgende Verfahren genutzt:

- Inhaltsangabe
- Textinterpretation

Bei der **Inhaltsangabe** soll das Wesentliche eines Textes (Haupthandlung oder Hauptgedanke) sinngemäß in knapper Form wiedergegeben werden.

**Beispiel**

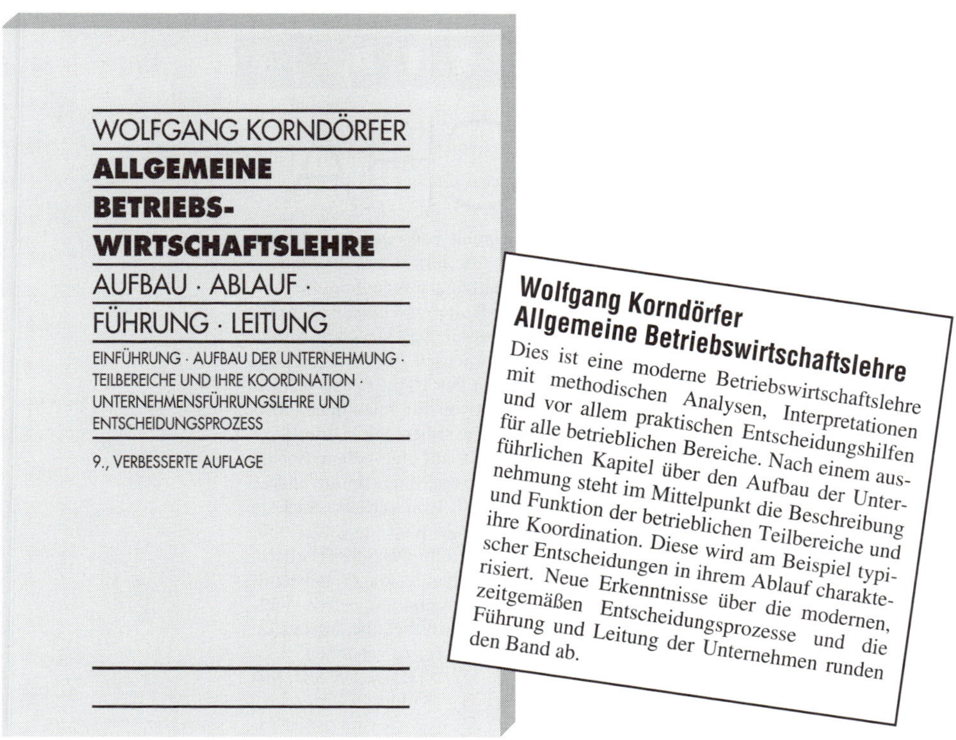


**Wolfgang Korndörfer**
**Allgemeine Betriebswirtschaftslehre**

Dies ist eine moderne Betriebswirtschaftslehre mit methodischen Analysen, Interpretationen und vor allem praktischen Entscheidungshilfen für alle betrieblichen Bereiche. Nach einem ausführlichen Kapitel über den Aufbau der Unternehmung steht im Mittelpunkt die Beschreibung und Funktion der betrieblichen Teilbereiche und ihre Koordination. Diese wird am Beispiel typischer Entscheidungen in ihrem Ablauf charakterisiert. Neue Erkenntnisse über die modernen, zeitgemäßen Entscheidungsprozesse und die Führung und Leitung der Unternehmen runden den Band ab.

(Aus: Katalog der Deutschen Buch-Gemeinschaft, Januar/Februar/März 1992, S. 35)

**Bei der Erarbeitung einer Inhaltsangabe ist folgendes zu beachten:**

| | |
|---|---|
| *Ziel:* | Eine Person, die den Text (zum Beispiel Buch, Aufsatz, Artikel) nicht kennt, soll kurz und sachlich über dessen Inhalt informiert werden. |
| *Aufbau:* | **Einleitend** werden allgemeine Angaben über den Verfasser, den Titel beziehungsweise das Hauptthema und die Art des Textes (Roman, Erzählung, Artikel und so weiter) sowie über die Absichten des Schreibers gemacht.<br>Im **Hauptteil** wird das Wesentliche des Inhalts (vor allem Ort, Zeit, Hauptperson(en), Handlungsverlauf bei literarischen Texten; Problemstellung und Ergebnisse bei Sachtexten) dargestellt. Den **Schluß** kann eine kurze Gesamtzusammenfassung oder auch eine persönliche Äußerung zum Text bilden. |
| *Sprache/Stil:* | Die Wiedergabe des Inhalts soll sachlich, weitgehend ohne Wertungen und ohne gefühlsmäßige Anteilnahme erfolgen.<br>Die Ausdrucksweise soll knapp, klar und verständlich sein.<br>Als Zeitform wird im allgemeinen Präsens verwendet. |

Inhaltsangaben finden sich in der Praxis zum Beispiel als Klappentext, in Vorankündigungen von Buchtiteln, in Zusammenfassungen (Resümees), in Roman-, Opern- und Schauspielführern.

**BUCHTIP**

# AISCHA

Das Buch „Aischa" handelt von einem 16jährigen algerischen Mädchen, das mit seiner Familie in Frankreich lebt. Die strenggläubige Familie will sich allerdings nicht der Kultur und Lebensweise ihrer zweiten Heimat anpassen. Das Mädchen Aischa ist in zwei Welten aufgewachsen. Sie wird von ihrer Familie nach den Regeln des Islam streng behütet und bewacht – besonders von den männlichen Mitgliedern. Nachdem sie es aber mit Hilfe ihrer Grundschullehrerin schafft, auf eine höhere Schule zu kommen, zieht es sie immer mehr in die andere Welt hinein. Als sie sich in Kim verliebt, muß sie sich entscheiden, in welcher Welt sie leben will. Was mir an dem Buch so gefällt: Die Schriftstellerin hat die Konflikte und Probleme junger moslemischer Mädchen gut getroffen und dargestellt. Vielleicht trägt das Buch auch dazu bei, die Ausländer, die in Deutschland leben, besser zu verstehen.

*Serife Kalender, Stuttgart*

**Frederica de Cesco: Aischa**

(Aus: AOK-Jugendmagazin jo 19 (1992), H. 1,. S. 9)

## Aufgaben

1. *Worin besteht hauptsächlich das Anliegen des obenstehenden Textes? Weisen Sie in dem Buchtip die Merkmale einer Inhaltsangabe nach. An welchen Stellen geht der Text über eine bloße Inhaltsangabe hinaus?*
2. *Fertigen Sie eine Inhaltsangabe zu einem Buch oder Film an, das/den Sie in der letzten Zeit gelesen oder gesehen haben und das/der Sie besonders beeindruckt hat.*

Beim Vergleich eines Sachtextes und eines künstlerischen (fiktionalen) Textes (siehe Abschnitt 4) wurde festgestellt, daß der Sachtext so gestaltet sein sollte, daß sein Inhalt möglichst klar und eindeutig erfaßt werden kann, also keiner Interpretation oder Auslegung bedarf. Künstlerische Texte dagegen bedürfen immer einer **Interpretation** durch den Leser oder Hörer. Der Sinn, die Bedeutung eines solchen Textes muß erschlossen werden. Die Besonderheiten künstlerischer Kommunikation bringen es dabei mit sich, daß verschiedene Leser/Hörer durchaus zu verschiedenen Interpretationen gelangen können. Man sollte daher seine eigene Interpretation nicht als die einzig mögliche und richtige betrachten, sondern auch andere Meinungen akzeptieren.

**Bei einer Textinterpretation sind besonders folgende Gesichtspunkte zu beachten:**

- **Zum Textverständnis wichtiges Wissen über den Autor**
  - Biographische Daten (Leben und Werk des Dichters)
  - Entstehungsbedingungen des Werkes, historischer und sozialer Hintergrund, Einordnung in die Literaturepoche
- **Haltung des Autors zum inhaltlichen Geschehen**
  - Erzählperspektive (Ich-Erzähler, auktorialer Erzähler, objektiver Erzähler)
  - Aufbau der Handlung, Ort, Personen und deren Charaktere
  - Wertung menschlicher Konfliktsituationen
  - Erzählhaltung (Verhältnis zum Leser, sympathielenkend für bestimmte Figuren, ironisch und so weiter)
- **Formale Gestaltung des Textes**
  - Wahl des Genres (zum Beispiel Gedicht, Anekdote, Parabel)
  - Aufbau und Struktur des Textes (Kapitel, Abschnitte, Blendentechnik)
- **Sprachliche Gestaltung des Textes**
  - Wortwahl
  - Zeitform
  - Satzbau
  - Sprachebene (zum Beispiel normalsprachlich, gehoben, feierlich, salopp)
  - Formen der Rede- und Gedankenwiedergabe (direkte Rede, indirekte Rede, innerer Monolog, erlebte Rede)
  - Besondere stilistische Mittel
- **Persönliche Stellungnahme des Interpretierenden**
  - Wertung mit Bezug auf eigene Lebensauffassung
  - Mögliche Wirkung auf den Leser

Welche Gesichtspunkte besondere Aufmerksamkeit erfahren sollen, hängt unter anderem auch vom Zweck der Interpretation, vom Text selbst sowie vom Empfinden, vom Wissen und von den Erfahrungen des Interpretierenden im Umgang mit künstlerischen Texten ab.

### *Der Autor des Textes „Die Schreie der Fledermäuse"*

## Günter Kunert

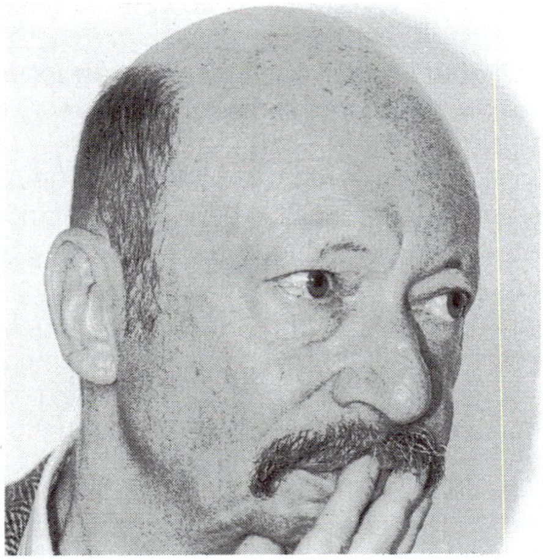

Günter Kunert wurde 1929 in Berlin geboren; durch den Erlaß der „Nürnberger Gesetze" 1935 gegen die jüdische Bevölkerung kam für ihn als Bildungsmöglichkeit nur die Volksschule in Frage, die er ab 1936 besuchte, das letzte Schuljahr fiel aus. Er arbeitete als Lehrling in einem Bekleidungsgeschäft, ausgemustert durchs Wehrbezirkskommando: „Ersatzreserve II – wehrunwürdig". Nach Kriegsende studierte Kunert in Berlin-Weißensee, 1948 folgten erste Veröffentlichungen in der Zeitschrift „Ulenspiegel". Gemeinsam mit Heiner Müller, Horst Bienek und Erich Loest nahm Kunert 1950 am ersten Schriftstellerlehrgang des „Deutschen Schriftstellerverbandes" teil, der Gedichtband „Wegschilder und Mauerinschriften" erschien. Nach seiner Mitarbeit an verschiedenen Zeitschriften war der Schriftsteller für Film, Rundfunk und Fernsehen tätig. 1972 und 1975 folgten Gastaufenthalte in den USA und in England. 1976 schloß er sich der Protestresolution gegen die Ausbürgerung Wolf Biermanns an. „Die Folgen einer restriktiven Kulturpolitik in der DDR haben dazu geführt, daß über Jahrzehnte hinweg Schriftsteller den Ort der geistigen Mumifizierung flohen, um nicht die Zahl der abgestorbenen Talente zu vergrößern ... Als für mich der Augenblick gekommen war, seelisch abgetötet zu werden, habe ich mich dieser spezifischen Liquidierung entzogen und jenen Teil Deutschlands verlassen, wo mir ein ziemlich trostloses Schicksal bevorstand. Nein, ich war nicht, wie Autoren einst, lebensgefährdet; ich hätte sicher die nächsten Jahrzehnte weiter existieren können, ökonomisch sogar über dem allgemeinen Bevölkerungsstandard; doch ich kann versichern, daß ein Schriftsteller, der um sein Schreiben gebracht wird, dadurch zum langsamen Absterben verurteilt ist." 1979 siedelte Günter Kunert mit einem mehrjährigen Visum in die Bundesrepublik über.

Werke (Auswahl): „Der ewige Detektiv" (Berlin 1954), „Tagwerke" (Gedichte; Halle 1960), „Das kreuzbrave Liederbuch" (Berlin 1961), „Tagträume" (München 1964), „Der ungebetene Gast" (Gedichte; Berlin 1965), „Verkündigung des Wetters" (Gedichte; München 1966), „Im Namen der Hüte" (Roman; München 1967), „Ortsangaben" (Berlin 1971), „Unterwegs nach Utopia" (Gedichte; München 1977), „Ein englisches Tagebuch" (Berlin 1978), „Ziellose Umtriebe" (Berlin 1979), „Mein Lesebuch" (Herausgabe; Frankfurt/M. 1983), „Fremd daheim" (Gedichte; München 1990)

(Aus: Deutschunterricht, 44. Jg., H. 1, 1991)

## Aufgaben

1. *Befassen Sie sich gründlich mit dem Text „Die Schreie der Fledermäuse" von Günter Kunert (Abschnitt 4, S. 27), und interpretieren Sie ihn. Beziehen Sie die obenstehenden Angaben zu Leben und Werk von Günter Kunert ein.*
   *Beantworten Sie sich dabei vor allem folgende Fragen:*
   *a) Wie wirkt der Text beim ersten Lesen auf mich?*
   *b) Was weiß ich über Günter Kunert?*
   *c) Welche Fähigkeit der Fledermäuse findet das besondere Interesse des Autors?*
   *d) Wem gehören die Sympathien des Autors? Woran ist das zu erkennen?*
   *e) Geht es dem Autor nur um eine Erscheinung in der Natur?*
   *f) Würde ich die Aussagen über das Verhalten der Fledermäuse auch so formulieren?*
   *g) Was fällt mir an der sprachlichen Gestaltung (Wortwahl, Satzbau) auf?*
2. *Formulieren Sie im Vergleich dazu eine Inhaltsangabe zu dem Text „Die Schreie der Fledermäuse".*

Weitere Beispiele und Aufgaben zur Interpretation literarischer Texte finden Sie im Teil VI.

# II
# Sprache und Sprechen in beruflichen Situationen

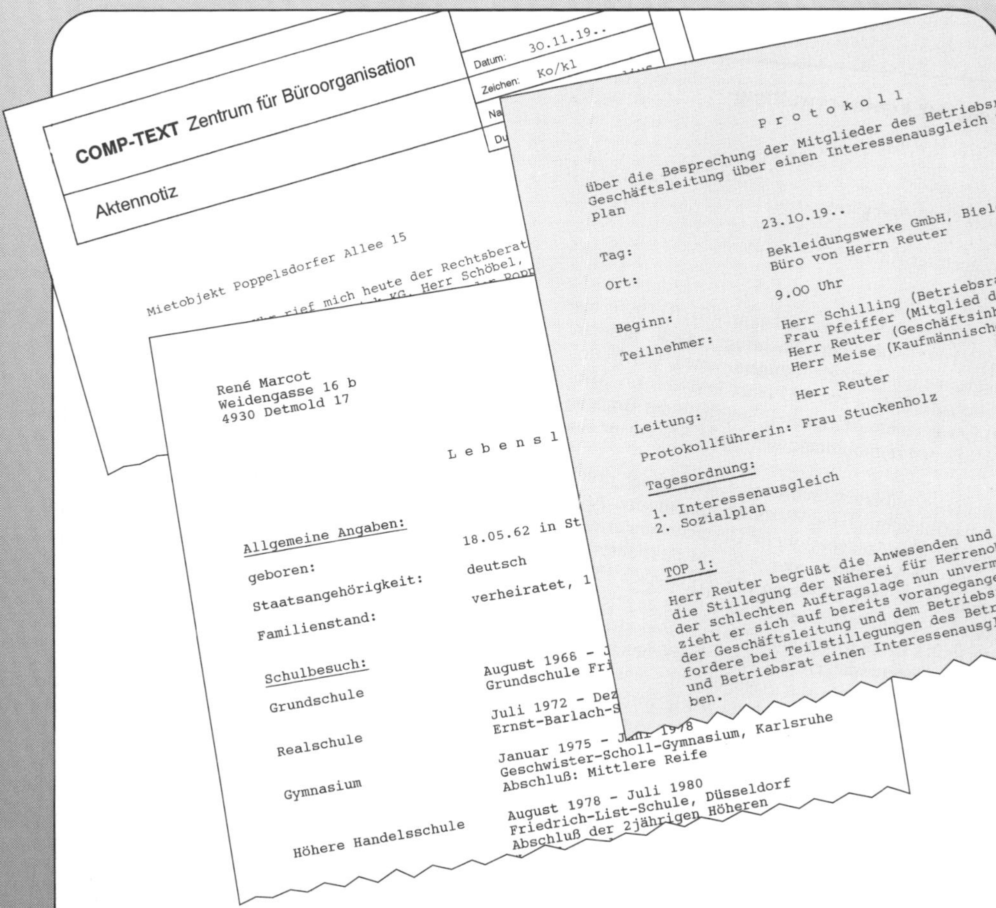


- Vergleichen Sie einen Bericht an Ihren Vorgesetzten mit einem Bericht an einen Ihrer Freunde. Welche Unterschiede lassen sich feststellen?
- Welche Funktionen haben Formulare im Berufsleben?
- Warum gibt es Normen für den Briefwechsel und für die Gestaltung anderer Schriftstücke?

# 1 Sachbezogene Darstellungen aus der Arbeitswelt

## 1.1 Berichtende Texte

**Bericht der Fondsverwaltung**

Sehr geehrte Anlegerin,

sehr geehrter Anleger,

im abgelaufenen Geschäftsjahr (01.10.1990 bis 30.09.1991) hat die Nachfrage nach unseren Fondsanteilen sprunghaft zugenommen: Der Netto-Mittelzufluß stieg von 135 Mio. DM auf 439 Mio. DM, was einem Marktanteil innerhalb der Branche der offenen Immobilienfonds von 31,5 % entspricht.

In dieser außergewöhnlichen Entwicklung drückt sich offensichtlich die Wertschätzung unserer Anleger aus. Der Anlageerfolg im Geschäftsjahr erreichte wie im Vorjahr wieder 9 %. Im Fünfjahreszeitraum 41 %, nach 10 Jahren 102 % und nach 15 Jahren 183 % (Ausschüttungen als wieder angelegt unterstellt). In allen drei längerfristigen Perioden – und nur in denen spiegelt sich nach herrschender Auffassung der Erfolg der Anlagepolitik eines Fonds wider – nimmt unser Fonds nach wie vor eine Spitzenposition der Branche ein. Für den Anleger von besonderer Bedeutung in den vergangenen Monaten: Der Anlageerfolg des Fonds vollzog – und vollzieht – sich in einer stetigen Aufwärtsentwicklung, und dies auch unabhängig von den Turbulenzen an den Wertpapiermärkten.

Das Fondsvermögen stieg um 694 Mio. DM auf 5,5 Mrd. DM, wobei sich der Liegenschaftsbestand auf 3,847 Mrd. DM (Vorjahr: 3,195 Mrd. DM) erhöhte. Die Liquidität (Wertpapiere und Bankguthaben) in Höhe von 1,653 Mrd. DM ist im wesentlichen für die im Bau befindlichen Gebäude, geplante Objektkäufe sowie die nächsten Ausschüttungen und die gesetzlich vorgeschriebene Mindestliquidität reserviert.

In der zweiten Jahreshälfte ist es dem Fonds gelungen, zwei weitere bedeutende Immobilien-Investitionen im Gesamtwert von über 400 Mio. DM zu realisieren, die die positive Entwicklung des Fonds unterstützen werden.

In S. erwarben wir gegenüber dem Hauptbahnhof eines der bekanntesten Gebäude der Stadt, den fast vollständigen Komplex Bahnhofsplatz inklusive des traditionsreichen Europa-Hotels.

Im Berichtsjahr fertiggestellt wurden das Bürogebäude Gartenstraße in M. (siehe letzter Halbjahresbericht) sowie das Hochhaus in W. (Rathausstraße). In diesem sehr verkehrsgünstig neben dem Rathaus gelegenen Bürohaus nähern wir uns der Vollvermietung (z. Z. 80 % Vermietung). Über die Restfläche wird erfolgversprechend verhandelt.

Diese solide, ertragsorientierte Bewertungspraxis der unabhängigen Gutachter („Ertragswertverfahren") ist die Basis für die Kontinuität im Anlageerfolg des Fonds – auch über das nächste Jahr hinaus. Wir empfehlen Ihnen, die Ausschüttung wieder anzulegen, um die Erträge weiterarbeiten zu lassen und gegebenenfalls Ihre Anlage aufzustocken. Schicken Sie einfach den auf Seite 41 eingedruckten Coupon an Ihr Kreditinstitut.

Mit freundlichen Grüßen

(Nach dem Rechenschaftsbericht einer Immobilien-Fonds-Gesellschaft)

Berichtende Texte sind vorwiegend informierende, sachbetonte, wahrheitsgetreue Darstellungen eines **einmaligen Geschehens, eines Vorgangs oder einer Tätigkeit** und deren **Ergebnissen.**

Berichte werden aus unterschiedlichen Anlässen, über verschiedene Sachverhalte und zu verschiedenen Zwecken geschrieben und sind an unterschiedliche Empfänger gerichtet. In unserem Beispiel handelt es sich um einen Rechenschaftsbericht einer Anlagengesellschaft über die Tätigkeit im abgelaufenen Geschäftsjahr. Absender ist die Fondsverwaltung, gerichtet ist der Bericht an die Anlegerinnen und Anleger, also die Geschäftspartner.

Je nach **Inhalt, Anlaß und Zweck** unterscheidet man verschiedene Arten des Berichts.

**Beispiele**

Rechenschaftsbericht
Geschäftsbericht
Tätigkeitsbericht
Praktikumsbericht
Arbeitsbericht
Unfallbericht
Forschungsbericht
Reisebericht
Kontrollbericht
Untersuchungsbericht
Testbericht

Als besondere Formen des Berichts sind in der beruflichen Praxis das **Protokoll** und die **Aktennotiz/Gesprächsnotiz** von Bedeutung.

Voraussetzung für das Anfertigen von Berichten sind genaue Kenntnisse über den zu berichtenden Sachverhalt. Mitunter muß man zusätzliche Unterlagen (Aufzeichnungen, Protokolle und anderes) heranziehen. Vom **Zweck** des Berichts hängt ab, wie ausführlich die Darstellung sein muß, ob Wertungen und Begründungen enthalten sein sollen, wie die formale Gestaltung sein muß.

**Beim Erstellen eines Berichts ist folgendes zu beachten:**

*Inhalt:* Ein einmaliges Geschehen, ein Vorgang oder eine Tätigkeit werden in ihrem wesentlichen Ablauf und mit ihren wesentlichen Ergebnissen sachlich dargestellt.

*Aufbau:* Beim Textaufbau kann man sich für eine chronologische Darstellung oder für die Anordnung der Fakten nach thematischen Schwerpunkten entscheiden.

*Sprache/Stil:*

- Eindeutige Substantive (häufig abstrakte Vorgangs- und Tätigkeitsbezeichnungen) und treffende Verben und verbale Wendungen dienen zur Benennung der Teilvorgänge.
- Mit Konjunktionen, Temporaladverbien und Präpositionen sowie Substantiven mit zeitlicher Bedeutung werden zeitliche Beziehungen ausgedrückt.
- Als Zeitformen werden häufig das Präteritum (in Verbindung mit dem Plusquamperfekt zur Darstellung zeitlicher Beziehungen der Vor- und Nachzeitigkeit) sowie das Perfekt gebraucht.
- Sachverhalte sowie wesentliche Inhalte von Äußerungen werden meist in indirekter Rede wiedergegeben, Äußerungen von besonderer Wichtigkeit in direkter Rede.

- Mittel der unpersönlichen Ausdrucksweise (Passivformen und Umschreibungen des Passivs) werden gewählt, wenn der Handelnde nicht bekannt ist, nicht wichtig ist oder aus anderen Gründen nicht ausdrücklich genannt werden muß.
- In geschriebenen Texten werden stärker Mittel der verdichtenden Ausdrucksweise verwendet. In gesprochenen Texten sollten sprachliche Mittel zur Auflockerung eingesetzt werden.

## Aufgaben

**1.** *Geben Sie für die verschiedenen Berichtsarten an, von wem der Bericht im allgemeinen verfaßt wird und wer der mögliche Adressat ist. Ergänzen Sie, wenn möglich, die Reihe der Berichtsarten.*

**2.** *Weisen Sie sprachliche Merkmale des Berichts am Textauszug aus dem Rechenschaftsbericht der Immobilienfondsgesellschaft (S. 40) nach.*

**3.** *Untersuchen Sie in den folgenden Auszügen aus einem Testbericht der Stiftung Warentest über Farbmonitore inhaltliche und sprachliche Merkmale eines Berichts. Sehen Sie sich die Prädikate genauer daraufhin an, mit welchen Mitteln Unpersönlichkeit ausgedrückt wird.*

### ■ Ergonomische Prüfung

Die Prüfungen erfolgten in Anlehnung an die ZH 1/618 „Sicherheitsregeln für Bildschirmarbeitsplätze im Bürobereich“ und die DIN 66 234 Teil 9/8.88 „Bildschirmarbeitsplätze, Meßverfahren“.

Einstellbereich für Neigen, Schwenken: Geprüft wurde, wie weit sich die Monitore nach vorn und hinten neigen und um die Hochachse schwenken ließen. Höhenverstellbar war keines der Geräte.

Einstellbereich für Kontrast, Helligkeit: Zur Prüfung wurden ein Graustufenmuster und ein Testbild verwendet, bei dem in Bildmitte und den Bildecken die Buchstaben m, e und c dargestellt waren. Von Fachleuten des Prüfinstituts wurde die Erkennbarkeit der Graustufen und Buchstaben bei unterschiedlichen Reglerstellungen und Lichtverhältnissen bewertet.

Reflexionen des Gehäuses: Der Glanzgrad des Gehäuses wurde mit einem Reflektometer gemessen. Der Reflexionswert wurde anhand von Reflexionswerttabellen bestimmt und beurteilt.

Reflexionen der Bildfläche: Zur Prüfung diente eine mit Symbolen (Ringsegmenten) unterschiedlicher Größe beschriftete weiße Karte, die vor den Bildschirm gehalten wurde. Anhand des kleinsten auf dem Bildschirm noch erkennbaren Symbols wurden die Reflexionen der Bildfläche vergleichend beurteilt.

(...)

### ■ Elektromagnetische Strahlung

Die elektromagnetische Strahlung wurde nach der MPR II („Test Methods for Visual Display Units“, MPR 1990:8, und „User´s Handbook for Evaluating Visual Display Unit's“, MPR 1990:10) der staatlichen Meß- und Prüfstelle Schwedens geprüft und anhand der darin enthaltenen Empfehlungen beurteilt. Bei Monitoren, die diesen Empfehlungen weder beim elektrostatischen Feld noch beim magnetischen Wechselfeld entsprachen, wurde die elektromagnetische Strahlung mit „hoch“ beurteilt.

### ■ Sicherheitsprüfung

Die Prüfung der elektrischen Sicherheit erfolgte in Anlehnung an wesentliche Teile der EN 60 950, entsprechend DIN VDE 0805/5.90 „Sicherheit von Einrichtungen der Informationstechnik einschließlich elektrischer Büromaschinen“. Gravierende Mängel wurden dabei bei keinem Gerät festgestellt.

### ■ Bedienung

Die Bedienbarkeit der Geräte wurde von fünf Prüfpersonen vergleichend beurteilt. Geprüft wurden Bedienungsanleitung (Vollständigkeit, Verständlichkeit, technische Richtigkeit, Bebilderung, Sprache), Aufstellen, Anschließen (Anschließen der Netz- und Datenleitungen, Zugänglichkeit der Anschlüsse), Neigen und Schwenken des Monitors, Einstellen des Bildes (Zugänglichkeit, Kennzeichnung, Bedienbarkeit der einzelnen Einstellelemente). Falls keine deutsche Bedienungsanleitung zur Verfügung stand, wurde in diesem Punkt ein „Mangelhaft“ vergeben.

(Aus: Stiftung Warentest, Heft 2/1992, S. 32)

**4.** *Setzen Sie in dem folgenden Bericht die eingeklammerten Verben in die richtige Zeitform.*

### Belebung des Arbeitsmarktes

Die Zahl der Arbeitslosen … im Februar sowohl im alten Bundesgebiet als auch in den neuen Ländern leicht … (zurückgehen). In ganz Deutschland … Ende vergangenen Monats 3 153 800 Frauen und Männer bei den Ämtern arbeitslos … (gemeldet sein). Für den Rückgang … nach Angaben der Bundesanstalt für Arbeit aber weniger konjunkturelle Einflüsse als vielmehr vor allem das milde Wetter und der Einsatz arbeitsmarktpolitischer Instrumente in Ostdeutschland … (verantwortlich sein). Wie der Präsident der Bundesanstalt für Arbeit am Donnerstag in Nürnberg weiter … (mitteilen), … in den neuen Bundesländern die Zahl der Arbeitslosen um 53 100 auf 1 290 400 … (zurückgehen). Mehr Arbeitslose … die Möglichkeit von Arbeitsbeschaffungsmaßnahmen oder beruflicher Weiterbildung … (nutzen). Auch das Angebot des vorzeitigen Ruhestandes … verstärkt … (in Anspruch nehmen).

(Nach einer Zeitungsmeldung)

## 1.1.1 Protokoll

**Beispiel für ein Verlaufsprotokoll**

Protokoll
über eine Besprechung der Personalabteilung

Thema: Einstellung einer Sekretariatsleiterin

Tag: 10.04.19..

Zeit: 14.30 – 16.00 Uhr

Ort: Personalabteilung, Raum 15

Teilnehmer: Herr Schütze, Personalabteilung
Frau Reißner, Betriebsrat
Herr Schneider, Organisationsabteilung

Vorsitzende: Frau Lange, Geschäftsleitung

Protokollführung: Frau Jung

Frau Lange teilt mit, daß die bisherige Leiterin des Sekretariats, Frau Rößler, altershalber am 30.05. dieses Jahres aus der Firma ausscheide. Auf Stellenausschreibungen seien 6 Bewerbungen eingegangen, von denen 3 Bewerberinnen zur engeren Wahl stünden. Sie bittet Herrn Schütze, die Anwesenden über die fachlichen und persönlichen Qualitäten der Bewerberinnen zu informieren.

Herr Schütze berichtet, daß alle 3 Bewerberinnen eine kaufmännische Ausbildung absolviert haben. Die jüngste sei 24 Jahre alt und unverheiratet. Seit 2 Jahren arbeite sie als Sekretärin bei der Firma Rosenbaum und Co. in Merseburg.

Frau Reißner zeigt sich verwundert darüber, daß die Bewerberin nach 2 Jahren schon wieder die Arbeitsstelle wechseln wolle. Sie möchte die Gründe wissen.

Herr Schütze kann dazu nichts sagen, will sich aber noch darüber informieren. Er stellt die zweite Bewerberin vor. Sie sei 35 Jahre alt, verheiratet, habe 2 Kinder und war die letzten 5 Jahre in der Verkaufsabteilung einer Textilfirma tätig. Familiäre Gründe und ein Wohnungswechsel hätten sie bewogen, die Arbeitsstelle zu wechseln. Sie wirke attraktiv und selbstbewußt und traue sich diese Tätigkeit zu.

Herr Schneider hält diese Bewerberin für geeignet. Man dürfe doch eine solche Fachkraft nicht der Konkurrenz überlassen. Wenn man ihr Gelegenheit gebe, würde sie sich bestimmt einarbeiten.

Herr Schütze stellt Frau Wege als dritte Bewerberin vor. Sie sei 45 Jahre alt, arbeite seit 8 Jahren als ausgezeichnete Schreibkraft in der Personalabteilung und sei deshalb allen Anwesenden bekannt. Sie habe in den letzten Jahren mehrmals an Weiterbildungslehrgängen teilgenommen und entscheidend bei der Neuorganisation der Textverarbeitung im Betrieb mitgewirkt.

Frau Lange ergänzt, daß Frau Wege dabei auch Organisationstalent und Leitungsfähigkeiten bewiesen habe.

Frau Reißner fügt hinzu, daß Frau Wege seit ihrer Scheidung für 3 Kinder zu sorgen habe und eine Gehaltserhöhung gebrauchen könne.

Herr Schneider befürchtet, Frau Wege werde in dieser Funktion überfordert, er traue es ihr nicht zu.

Frau Lange schätzt Frau Wege als sehr fleißige und modern denkende Mitarbeiterin ein, die auch im Umgang mit der Belegschaft und den Gästen sehr geschickt vorgehe.

Ergebnisse

1. In der Abstimmung plädierten 3 Anwesende für Frau Wege, 1 Gegenstimme von Herrn Schneider.

2. Herr Schütze wird beauftragt
   - sich mit Frau Wege in Verbindung zu setzen und einen neuen Arbeitsvertrag vorzubereiten und
   - die übrigen Bewerberinnen umgehend über die Ablehnung zu informieren.

Lange
Vorsitzende

Jung
Protokollführerin

Protokolle sind **förmliche schriftliche Aufzeichnungen** über Inhalt, Verlauf und/oder Ergebnisse von Versammlungen, Besprechungen, Verhandlungen und Vorgängen verschiedener Art.

**Funktionen des Protokolls:**

- Das Protokoll besitzt dokumentarischen Charakter, in ihm werden Festlegungen gespeichert und aktenkundig gemacht.
- Es informiert über wesentliche Inhalte von Äußerungen, über Meinungen, Beschlüsse und Anordnungen.
- Es unterstützt die betriebliche Organisation:
  Mitarbeiter, die an einer Veranstaltung (zum Beispiel Arbeitsberatung, Konferenz) nicht teilgenommen haben, können es als Informationsquelle nutzen.
  Teilnehmern ermöglicht es die Kontrolle der Beschlüsse.

Je nach **Zweck und Inhalt** unterscheidet man verschiedene **Arten des Protokolls:**

**Verlaufsprotokoll**

- Der Ablauf des Geschehens wird in seinen wesentlichen Punkten sinngemäß chronologisch festgehalten.
- Personenbezogene Beiträge werden in gekürzter Form dargestellt, wichtige Äußerungen werden wörtlich mitgeschrieben.
- Die Ergebnisse (Beschlüsse, Festlegungen, Termine) werden vollständig erfaßt.

**Kurzprotokoll**

- Sachgebundene Beiträge werden in gekürzter Form festgehalten. (Dabei ist die Erläuterung eines Sachverhalts möglich.)
- Die Ergebnisse werden vollständig erfaßt.

**Ergebnisprotokoll**

- Es werden nur die wichtigsten Ergebnisse vollständig erfaßt.

## Aufgaben

1. *Welche Ableitungen und Zusammensetzungen nennt der Duden zum Begriff „Protokoll"?*
2. *Erläutern Sie anhand von Beispielen die Funktionen des Protokolls.*
3. *Welche inhaltlichen und sprachlichen Unterschiede bestehen zwischen einem Verlaufsprotokoll, einem Kurzprotokoll und einem Ergebnisprotokoll?*
4. *Beschreiben Sie die Situation, in der sich die Protokollantin in der folgenden Abbildung befindet, und nennen Sie Lösungsmöglichkeiten.*

An den **Protokollanten** sind hohe Anforderungen gestellt:

- Er muß mit dem behandelten Sachverhalt vertraut sein.
- Er muß konzentriert zuhören, Wesentliches erfassen und entscheiden, welche Aussagen wörtlich oder nur sinngemäß festzuhalten sind.
- Beschlüsse, Festlegungen, Termine, Daten, Zahlen und Namen sind wörtlich zu übernehmen.
- Er muß bei der Niederschrift treffende Formulierungen wählen, die dem Sachverhalt entsprechen und spätere Mißverständnisse ausschließen.
- Die Mitschrift ist anschließend in bezug auf Inhalt, Ausdruck und Orthographie zu überarbeiten.
- Die Reinschrift ist nach DIN 5008[1] zu gestalten.

**Beim Erstellen eines Protokolls ist folgendes zu beachten:**

*Inhalt:* Verlauf und/oder Ergebnisse eines einmaligen Vorgangs werden dokumentarisch festgehalten, wobei man sich auf das Wesentliche konzentriert.

*Aufbau/Form:* Als dokumentarische Textsorte mit offiziellem Charakter ist das Protokoll an eine festgelegte äußere Form gebunden:

- Vor dem eigentlichen Protokolltext erscheint der **Protokollkopf**. Er enthält folgende Informationen:
  1. Anlaß des Protokolls (Arbeitsbesprechung, Sitzung und so weiter)
  2. Zeit (Datum, Beginn, Ende)
  3. Ort
  4. Vorsitz (beziehungsweise Diskussionsleitung)
  5. Namen der An- und Abwesenden (gegebenenfalls auch Gründe für Abwesenheit)
  6. Tagesordnung
- Der eigentliche **Protokolltext** enthält den Verlauf und wichtige Aussagen, chronologisch nach Tagesordnungspunkten gegliedert, sowie Ergebnisse und Beschlüsse.
- Der **Protokollfuß** schließt das Protokoll ab. Er enthält weitere formale Angaben:
  - Ort, Datum der Ausfertigung,
  - Unterschrift des Protokollanten,
  - Unterschrift des Vorsitzenden als Bestätigung der sachlichen Richtigkeit.

*Sprache/Stil:* Die sprachliche Gestaltung folgt im allgemeinen den Anforderungen an einen Bericht:

- Der Stil soll **sachlich** sein, jede persönliche Stellungnahme ist auszuschließen.
- Als Zeitform wird im allgemeinen das **Präsens** verwendet, wenn das Protokoll während der Veranstaltung niedergeschrieben wird; **Präteritum** wird verwendet, wenn das Protokoll erst nach der Veranstaltung in seine endgültige Form gebracht wird.

[1] In der vom Deutschen Institut für Normung e. V. herausgegebenen DIN 5008 sind die Regeln für die zweckmäßige und übersichtliche Gestaltung von maschinengeschriebenen Schriftstücken festgelegt.

- Zur Redewiedergabe wird die **indirekte Rede** (Konjunktiv) gebraucht. Bei Umformung von direkter in indirekte Rede ist auch das Personalpronomen zu verändern (Frau S. sagte, *sie* habe ...).
- Zur Redeeinführung verwendet man **treffende Verben beziehungsweise Wendungen** wie: „betonen", „entgegnen", „anfragen", „der Meinung sein" und andere.
- Im **Verlaufsprotokoll** überwiegt verbale Ausdrucksweise, im **Kurz- und Ergebnisprotokoll** bedient man sich stärker der nominalen, verdichtenden Ausdrucksweise. Dort finden sich häufig auch stichpunktartige Angaben.

## Aufgaben

**1.** *Aus welchen Teilen besteht ein Protokoll?*

**2.** *Welche Angaben müssen*
*a) im Protokollkopf,*
*b) im Protokollfuß*
*enthalten sein?*

**3.** *Weisen Sie an dem Textbeispiel zu Beginn des Abschnitts die Merkmale eines Verlaufsprotokolls nach.*

**4.** *Ein treffendes Verb im Einführungssatz verdeutlicht die Absicht des Sprechers. Notieren Sie 15 Beispiele zum Wortfeld „sagen" (zum Beispiel: erläutern, bedauern, ablehnen ...).*

**5.** *Ein Protokollant muß objektiv bleiben.*
*Welche Wörter in den folgenden Aussagen drücken ein Werturteil aus?*
*a) Die wertvollen Ausführungen des Abgeordneten werden mit Beifall belohnt.*
*b) Mit großem Eifer trägt Frau Müller ihre Konzeption für die Umgestaltung des Raumes vor.*
*c) Diese Konzeption wurde leider nicht angenommen.*

**6.** *Informieren Sie sich im Kapitel VII über die Zeichensetzung bei der direkten und indirekten Rede und über die richtige Anwendung der Konjunktivformen.*

**7.** *Formulieren Sie den folgenden Diskussionsbeitrag als Protokolltext.*
*Kürzen Sie auf Wesentliches, formulieren Sie in indirekter Rede, verwenden Sie den Konjunktiv.*

> Herr Dr. Naumann, Geschäftsführer: „Meine Damen und Herren, ich möchte Sie heute mit Frau Dr. Preuß von der Firma Ackermann Bürotechnik aus Potsdam bekanntmachen. Frau Dr. Preuß, ich danke Ihnen, daß Sie uns bei der weiteren Lösung unserer Probleme helfen wollen. Wie Sie alle wissen, haben wir die Absicht, unsere Zentralverwaltung völlig neu zu organisieren und eine moderne Textverarbeitung einzuführen. Wir müssen etwas unternehmen, um qualitativ bessere und auch schneller geschriebene Briefe zu erhalten. Natürlich denken wir auch an die Senkung der Kosten. Viele Briefe landen immer noch im Papierkorb. Einmal möchte der Diktant Korrekturen anbringen, ein andermal sind Tippfehler die Ursache. Ich bitte Sie also, Frau Dr. Preuß, uns Ihre neuesten Büromaschinen vorzustellen, die den Anforderungen einer modernen Büroorganisation gerecht werden und wirtschaftlich für uns vertretbar sind."

**8.** *Erarbeiten Sie aus dem Verlaufsprotokoll zu Beginn des Abschnitts (S. 43/44) ein Kurzprotokoll.*

**9.** *Schreiben Sie ein Protokoll nach einem Tonbandtext.*

# 1.1.2
# Aktennotiz/Gesprächsnotiz

| | | |
|---|---|---|
| Gesprächsnotiz | telefonisch ☒ | Datum 25.01.19.. |
| notiert von G. Steiner | persönlich ☐ | Uhrzeit 7 8 9 10 11 12 13 14 15 16 17 |
| Gesprächspartner | Frau Bremer<br>Rosenweg 4, 99734 Nordhausen | |
| Firma | Gröbers | Telefon 02 92/336 |
| Betreff | Energieabrechnung – Reklamation<br>Kunden-Nr. 443 825 | |

Inhalt
Bei der Energieabrechnung ist ein Übertragungsfehler entstanden. Es besteht eine Differenz zwischen dem Energiebestand vom 31. Dezember 19.. und dem Energieanfangsbestand vom 1. Januar 19...
Frau Bremer bittet darum, ihre Energieabrechnung zu korrigieren und den zuviel abgezogenen Betrag von 104,20 DM für das neue Jahr gutzuschreiben.

Weiterleitung an: Frau Stieler
Erledigt: 28.01.19..
Unterschrift: *Stieler*

erbittet Rückruf ☐
Kenntnisnahme ☒
__________ ☐

Im kaufmännischen Schriftverkehr gibt es neben dem Geschäftsbrief und dem Protokoll sowie den verschiedenen anderen Berichtsarten noch weitere Möglichkeiten, berufstypische Sachverhalte schriftlich zu formulieren. Eine Möglichkeit ist die **Aktennotiz** oder **Gesprächsnotiz**. Mit ihr werden in kurzer, knapper Form mündliche Absprachen und Vereinbarungen mit Geschäftspartnern festgehalten. Diese Gespräche können als persönliches Gespräch oder fernmündlich als Telefongespräch geführt werden. Bei Telefongesprächen ist auch die Bezeichnung **Telefonnotiz** gebräuchlich.

Geeignete Vordrucke erleichtern die innerbetriebliche Kommunikation.

**Eine Akten- oder Gesprächsnotiz sollte folgende Angaben aufweisen:**
- Zeitpunkt des Gesprächs (Datum, eventuell Uhrzeit),
- Namen der am Gespräch Beteiligten (gegebenenfalls Anschrift, Firma, Abteilung, Telefonnummer des Gesprächspartners),
- Inhalt/Anlaß des Gesprächs (eventuell als „Betreff" kurz zusammengefaßt),
- Ergebnis des Gesprächs (eventuell auch Gesprächsverlauf),
- Hinweise auf Weiterbearbeitung (Weiterleitung, Kenntnisnahme, Rückruf, Erledigung).

## Aufgaben

1. *Informieren Sie sich in Teil IV, Abschnitt 4.3 über die Anforderungen an ein Telefongespräch (Gesprächsvorbereitung und Gesprächsführung).*

2. *Sie haben in Ihrer Firma ein Gespräch entgegengenommen. Der gewünschte Gesprächspartner ist nicht im Hause. Notieren Sie alle Inhalte, die in einer vollständigen Gesprächsnotiz enthalten sein müssen.*

3. *Schreiben Sie eine Telefonnotiz nach einem Tonbandtext.*

4. *Erarbeiten Sie zu folgendem Telefongespräch eine vollständige Telefonnotiz.*

*Herr A.:* Grünanlagen „Südharz". Arndt.

*Frau K.:* Krumpstorf. Lufthygiene, Reideburg. Guten Tag. Ich möchte Herrn Dr. Färber sprechen.

*Herr A.:* Dr. Färber ist außer Haus. Kann ich etwas für Sie tun?

*Frau K.:* Es geht um die Immissionswerte, die Dr. Färber für seine Arbeit benötigt.

*Herr A.:* Ach so, ich weiß Bescheid, die Werte nehme ich auch entgegen.

*Frau K.:* Von welchen Tagen werden die Werte benötigt?

*Herr A.:* Vom letzten Wochenende, also von Freitag bis Sonntag.

*Frau K.:* Also vom 09.11. bis 10.11. Wert 78, vom 10.11. bis 11.11. Wert 100 und vom 11.11. bis 12.11 Wert 80.

*Herr A.:* Würden Sie mir bitte die Werte wiederholen?

*Frau K.:* Ich wiederhole die Werte: 78, 100, 80. Sagen Sie doch bitte Herrn Dr. Färber, daß er mich heute noch anrufen möchte. Ich muß etwas mit ihm besprechen. Meine Telefonnummer ist 64 84 92.

*Herr A.:* Telefonnummer 64 84 92, ich werde es Herrn Dr. Färber mitteilen. Sagen Sie mir bitte noch einmal, mit wem ich gesprochen habe.

*Frau K.:* Krumpstorf.

*Herr A.:* G wie Gustav oder K wie Kaufmann?

*Frau K.:* Wie Kaufmann.

*Herr A.:* Würden Sie mir den Namen bitte vollständig buchstabieren?

*Frau K.:* Ja, ich versuche es: Kaufmann, Radieschen, Ulrich, Marta, Pinsel, Soße, Theodor, Otto, Rollo, Friedrich. So genau kenne ich die Buchstabiertafel leider nicht.

*Herr A.:* Ich habe alles notiert. Vielen Dank für Ihren Anruf.

*Frau K.:* Bitte. Auf Wiederhören.

*Herr A.:* Auf Wiederhören.

# 1.1.3
# Berichtsheft

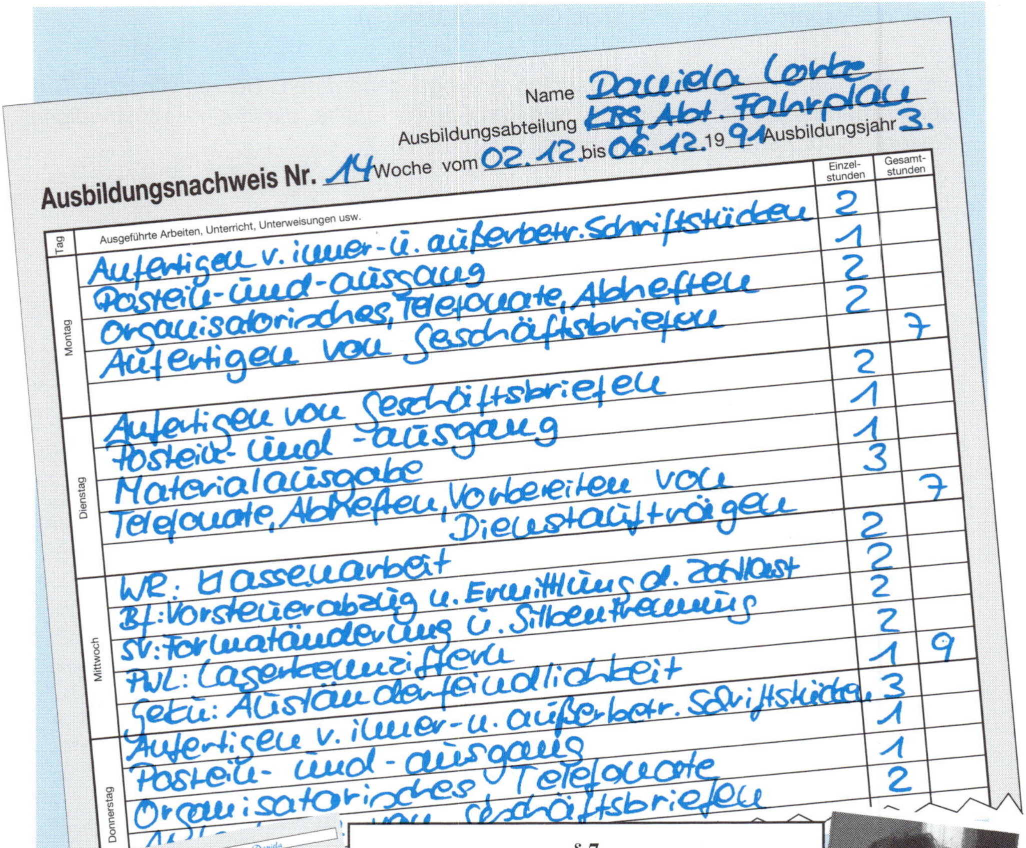

Name Daniela Corte
Ausbildungsabteilung KBS Abt. Fahrplan
Ausbildungsnachweis Nr. 14 Woche vom 02.12. bis 06.12.1991 Ausbildungsjahr 3.

| Tag | Ausgeführte Arbeiten, Unterricht, Unterweisungen usw. | Einzelstunden | Gesamtstunden |
|---|---|---|---|
| Montag | Anfertigen v. inner- u. außerbetr. Schriftstücken | 2 | |
| | Postein- und -ausgang | 1 | |
| | Organisatorisches, Telefonate, Abheften | 2 | |
| | Anfertigen von Geschäftsbriefen | 2 | 7 |
| Dienstag | Anfertigen von Geschäftsbriefen | 2 | |
| | Postein- und -ausgang | 1 | |
| | Materialausgabe | 1 | |
| | Telefonate, Abheften, Vorbereiten von Dienstaufträgen | 3 | 7 |
| Mittwoch | WR: Kassenarbeit | 2 | |
| | Bf: Vorsteuerabzug u. Ermittlung d. Zahllast | 2 | |
| | SV: Formatänderung u. Silbentrennung | 2 | |
| | PWL: Lagerkennziffern | 2 | |
| | GeKu: Ausländerfeindlichkeit | 1 | 9 |
| Donnerstag | Anfertigen v. inner- u. außerbetr. Schriftstücken | 3 | |
| | Postein- und -ausgang | 1 | |
| | Organisatorisches, Telefonate | 1 | |
| | Anfertigen von Geschäftsbriefen | 2 | |

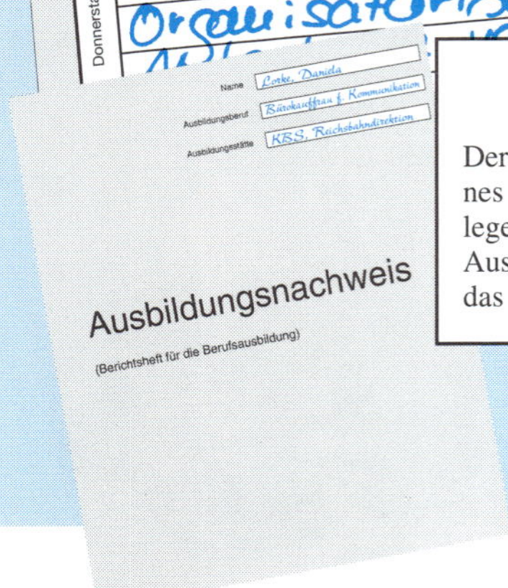

Name Corte, Daniela
Ausbildungsberuf Bürokauffrau f. Kommunikation
Ausbildungsstätte KBS, Reichsbahndirektion

Ausbildungsnachweis
(Berichtsheft für die Berufsausbildung)

**§ 7**
**Berichtsheft**

Der Auszubildende hat ein Berichtsheft in Form eines Ausbildungsnachweises zu führen. Ihm ist Gelegenheit zu geben, das Berichtsheft während der Ausbildungszeit zu führen. Der Ausbildende hat das Berichtsheft regelmäßig durchzusehen.[1]

[1] Aus der Verordnung für die Berufsausbildung zum Fachangestellten für Bürokommunikation/zur Fachangestellten für Bürokommunikation vom 12. März 1992 (Bundesgesetzblatt, Teil I, Nr. 14, vom 27. März 1992)

In vielen Ausbildungszweigen ist vom Auszubildenden ein **Berichtsheft** zu führen. Darin müssen die in der praktischen Ausbildung ausgeübten Tätigkeiten sowie der Lehrstoff der Berufsschultage genau nachgewiesen werden.

Neben der stichpunktartigen Angabe der Tätigkeiten in speziell dafür vorgesehenen **Formblättern** (Ausbildungsnachweise) enthält das Berichtsheft **Texte mit berichtenden Teilen** (ausführlichere Berichte über die Tätigkeiten in einem Ausbildungsabschnitt, an einem bestimmten Arbeitsplatz) und **beschreibenden Teilen** (zum Beispiel die Beschreibung von berufstypischen Vorgängen sowie berufstypischen Gegenständen und Einrichtungen).

**Beispiel**

**Auszug aus dem Berichtsheft einer Auszubildenden als Bürokauffrau**

**Bericht**
**über den Einsatz in der Abteilung Organisation und Informationsverarbeitung**

Aufgaben der Abteilung Organisation und Informationsverarbeitung (O/I)

Die Abt. O/I gliedert sich in drei Sachgebiete:
Information,
Organisation,
Dokumentation.

Diese drei Sachgebiete arbeiten eng zusammen, um alle Aufgaben effektiv zu erfüllen.

<u>Das Sachgebiet Information erfüllt folgende Aufgaben:</u>

- Koordinieren zentraler und dezentraler EDV-Projekte,
- Beratung der Fachdienste zu Fragen der Informationsverarbeitung,
- Vorbereiten von Entscheidungen zum Einsatz der EDV,
- Beraten und Durchsetzen von techn.-org. Maßnahmen zum Datenschutz,
- Mitwirken beim Einsatz von Bürotechnik.

<u>Aufgaben des Sachgebietes Organisation sind:</u>

- Koordinierung, Analyse und Entscheidungsvorschläge zur Organisierung der Reichsbahndirektion und Dienststellen,
- Kontrollieren und Durchsetzen von Fein- und Rahmenstrukturen,
- Dienststellenorganisation,
- Aktualisierung der Leitungsdokumente und Erstellung der Organisationsanweisung.

...

– 2 –

Das Sachgebiet Dokumentation beinhaltet folgende Aufgaben:

- Steuern und Anleiten der Arbeit der Informations- und Dokumentationsstelle sowie der Fachbibliothek,
- Anleiten der Druckerei, Planung, Bestellung, Kontrolle der Auslieferung von Drucksachen,
- Organisieren der Archivarbeit,
- Traditionsarbeit.

Mein Einsatz in der Abteilung Organisation und Informationsverarbeitung

Mein praktischer Einsatz in der Abt. O/I bezog sich auf die Aufgaben einer Sekretärin.

Dabei lernte ich Grundlagen des Umgangs mit dem Computer kennen, wie zum Beispiel Programme aufrufen, Dateien anlegen, Texte eingeben, Daten speichern, drucken.

Zu den wichtigsten Aufgaben der Sekretariatsarbeit gehören das Erledigen des Postein- und -ausgangs, Empfangen und Weiterleiten von Telefonaten, das Anwenden aller bürotechnischen Geräte, wie z. B. Kopierer.

Bei der Abarbeitung der an mich gestellten Forderungen konnte ich feststellen, daß das theoretische Wissen wesentlich zur Erfüllung der Aufgaben beigetragen hat.

Halle, 14.09.19..

## Aufgabe

*Welche Textteile des obenstehenden Berichts sind mehr beschreibender und welche sind mehr berichtender Art? Begründen Sie Ihre Aussage im Zusammenhang mit den dargestellten Sachverhalten. Ziehen Sie dazu auch Abschnitt 1.2 (Beschreibende Texte) heran.*

# 1.1.4 Diagramm/Grafik

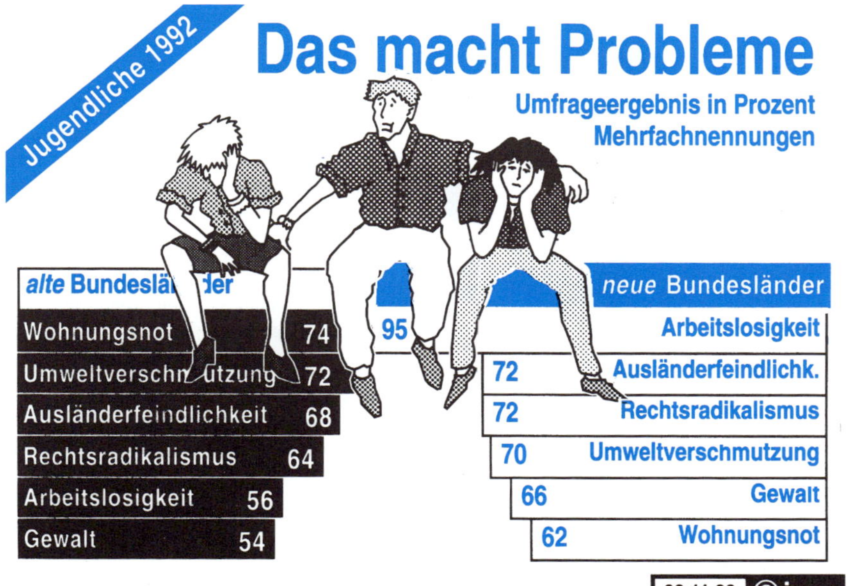


Quellen: IBM-Jugendstudie, IfEP

Ergebnisse von statistischen Erhebungen können auf knappe, übersichtliche und anschauliche Weise auch grafisch in Form von **Diagrammen** (Schaubildern) dargestellt werden.

| Darstellung von Informationen im Diagramm | |
|---|---|
| **Vorteile** | **Nachteile** |
| • Diagramme haben einen hohen Informationswert. Der Kern der Aussage wird in einer knappen, treffenden Überschrift formuliert.<br>• Besondere grafische Mittel wie Balken, Säulen, Kreise, Kurven, unterschiedliche Farbtöne, Schraffierungen und ähnliches dienen der Anschaulichkeit. Nach den jeweils eingesetzten grafischen Mitteln unterscheidet man zum Beispiel: Säulen-/Balkendiagramm, Kreisdiagramm, Kurvendiagramm.<br>• Die bildliche Darstellung erlaubt den Vergleich von statistischen Ergebnissen und Entwicklungstendenzen „auf einen Blick".<br>• Die Abbildung prägt sich meist besser ein als ein umfangreicher Text mit Nebenaussagen.<br>• Treffende bildliche Darstellungen (Personen, Gegenstände, Symbole) unterstützen dabei die Aussage und die Einprägsamkeit. | • Die sehr stark verdichtende Darstellung ist nicht immer ohne zusätzliche Erläuterungen und die Interpretation der Ergebnisse eindeutig verständlich.<br>• Bei der Verallgemeinerung statistischer Erhebungen ist es nicht möglich, Ursachen, Motive, Schlußfolgerungen im einzelnen darzustellen. |

### Beispiel: Kreisdiagramm

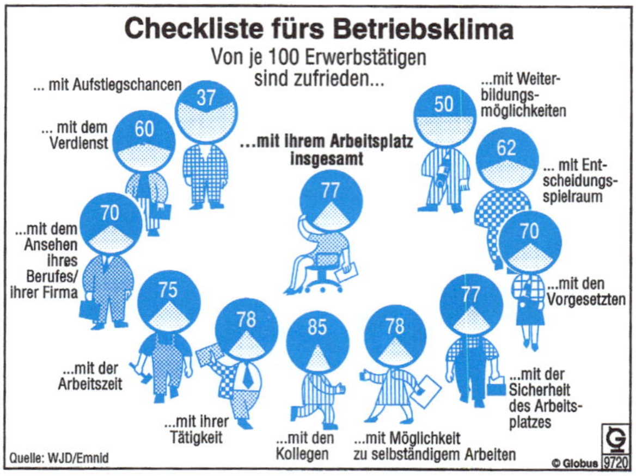


Die Deutschen sind mit ihrem Arbeitsplatz überwiegend zufrieden. Das ist das Ergebnis einer Umfrage, die das Bielefelder Emnid-Institut im Auftrag der Wirtschaftsjunioren Deutschland durchgeführt hat. Dabei gaben 44 Prozent der Berufstätigen zu Protokoll, mit ihrem Arbeitsplatz „sehr zufrieden" zu sein; weitere 33 Prozent äußerten sich „zufrieden". Den Spitzenplatz nahmen die Selbständigen ein, denn unter ihnen wurden 87 Prozent Zufriedene registriert, während der Anteil unter den Arbeitern „nur" 69 Prozent betrug. Im insgesamt freundlichen Bild gibt es allerdings Schatten, wenn nach Einzelheiten gefragt worden ist. So war nur eine Minderheit der Befragten mit den Aufstiegschancen in ihrem Beruf zufrieden. Noch differenzierter wird das Bild, wenn man dabei nach männlichen und weiblichen Arbeitnehmern unterscheidet. Der Weg der Frauen in eine Führungsposition der Chefetage ist schwerer als der der Männer.

Quelle: Emnid-Institut, Wirtschaftsjunioren Deutschland

(Aus: Leipziger Volkszeitung vom 12.08.1992)

## Aufgaben

1. *Vergleichen Sie die grafische Darstellung der Zufriedenheit der Erwerbstätigen am Arbeitsplatz in dem obenstehenden Kreisdiagramm mit dem dazugehörigen Text. Welche Informationen gehen aus der Grafik allein nicht hervor, welche Informationen vermittelt dagegen die Grafik detaillierter?*
2. *a) Vergleichen Sie die folgende grafische Darstellung zu den Brutto-Umsätzen des Werbefernsehens mit dem dazugehörigen Text. Welche Informationen werden im Text zusätzlich vermittelt?*
   *b) Stellen Sie die Werbeeinnahmen der Fernsehsender in Form eines Säulendiagramms dar, die Gesamt-Brutto-Umsätze als Kurvendiagramm.*
3. *Führen Sie in der Klasse eine Umfrage zu einem Thema Ihrer Wahl durch, und stellen Sie das Ergebnis in einer geeigneten grafischen Form dar.*

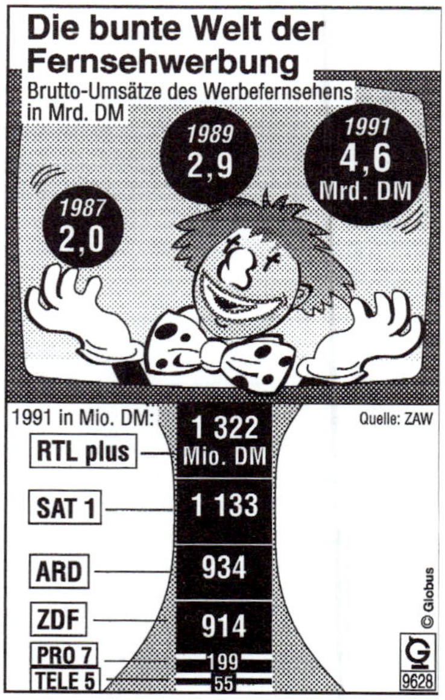


Werbespots im Fernsehen sind oft lästig. Doch für die Fernsehanstalten sind sie eine wichtige Einnahmequelle, für die Privaten die Existenzgrundlage schlechthin. Hauptwerbeträger ist RTL plus mit 1,3 Milliarden Mark Umsatz, gefolgt von SAT 1 mit 1,1 Milliarden Mark. Damit haben die privaten erstmals die öffentlich-rechtlichen Sender überrundet.

Quelle: ZAW

# 1.2 Beschreibende Texte

### *Text 1*

*Aus einer Tageszeitung*

**Räuber sprang über Ladentisch**

Zwei Unbekannte haben am Montag kurz nach 16 Uhr ein Lebensmittelgeschäft in der Oberdorfer Straße überfallen. Wie die Polizei mitteilte, hatten die Männer die 48jährige Ladeninhaberin mit einer Pistole bedroht und als sie ihr Geld nicht herausgeben wollte, sei einer kurzerhand über den Ladentisch gesprungen und habe aus der Kasse 500 Mark geraubt. Die Täter entkamen zu Fuß. Beide Räuber sind etwa 25 Jahre alt. Der eine ist rund 1,80 Meter groß, von schlanker Gestalt und trägt kurzes, glattes, schwarzes Haar. Seine Sonnenbräune fiel der beraubten Frau auf. Der Mann war mit schwarzen Sachen bekleidet. Den anderen beschrieb sie als etwa 1,70 Meter groß, untersetzt, mit kurzem, glatten, braunen Haar, einer braunen Brille, bekleidet mit weiß-grünen Bermuda-Shorts. Die Polizei bittet um Hinweise unter Rufnummer [redacted].

### *Text 2*

*Aus einem Informationsblatt*

**Bargeldlos bezahlen mit Überweisungen**

**Sie wollen einen Rechnungsbetrag überweisen:**
**Vielen Rechnungen liegt bereits ein vorbereiteter Überweisungsauftrag mit eingedruckten Empfängerangaben bei. Sie brauchen dann nur noch die offenen Felder auszufüllen. Bitte unterschreiben Sie den gelbweißen Überweisungsauftrag, und senden Sie diesen zusammen mit der rot gedruckten Gutschrift im Postgirobriefumschlag an Ihr Postgiroamt. Den Beleg für den Auftraggeber behalten Sie für Ihre Unterlagen zurück.**

### *Text 3*

*Aus einem Werbeprospekt*

Die neue Bürorechner-Generation, der sogenannte [redacted]-Rechner, besitzt einen elektronischen „Print-Screen“. Dies ist eine Anzeige, in der der Papierausdruck nachgeahmt wird, indem dort alle Rechenschritte „nachlesbar“ sind. Wurde eine Zahl falsch eingegeben und korrigiert, werden automatisch alle folgenden Daten angepaßt.

Beschreibende Texte sind vorwiegend **informierende, sachbetonte und wahrheitsgetreue Darstellungen** eines Gegenstandes, eines wiederholbaren Vorganges, eines Zustandes oder eines Lebewesens nach wesentlichen Merkmalen.

Beschreibungen können als relativ selbständige Textsorten auftreten, zum Beispiel als Bedienungsanleitungen, Gebrauchsanweisungen. Oft sind sie aber auch komplexen Texten untergeordnet, zum Beispiel als Beschreibung von Zuständen und Fehlern bei Mängelrügen oder Reklamationen, als Wegbeschreibung bei Einladungen, als Personenbeschreibung in Stellen- oder Kontaktanzeigen sowie in Suchmeldungen der Polizei.

Voraussetzung für das Beschreiben ist die **genaue Kenntnis** des Kommunikationsgegenstandes (Anordnung und Funktionsweise der Teile von Gegenständen, innere und äußere Merkmale, Teilvorgänge und Gesetzmäßigkeiten ihres Zusammenwirkens).

Hinsichtlich des **Objekts der Beschreibung** unterscheidet man:

- Gegenstandsbeschreibungen,
- Vorgangsbeschreibungen,
- Personenbeschreibungen.

## Aufgabe

*Ordnen Sie die obenstehenden Textbeispiele den Beschreibungsarten zu, und begründen Sie Ihre Entscheidung. Vergleichen Sie die Beispiele hinsichtlich der sprachlichen Gestaltung.*

# 1.2.1 Gegenstandsbeschreibung

## Wie´s drinnen aussieht …

Mäusen sieht man von außen gar nicht an, daß ihr Innenleben doch recht aufwendig ist. Man muß ja die Bewegung des Geräts auf der Unterlage in Signale umsetzen, die der Computer versteht und die das gewünschte Ergebnis auf den Bildschirm bringen. Bei den von uns untersuchten Mäusen wird die Bewegung einer Kugel in ein elektrisches Signal umgesetzt. Das Prinzip ist einfach: Auf zwei rechtwinklig angeordneten Achsen befinden sich auf der einen Seite Zylinder, die auf der Kugel liegen und von ihr angetrieben werden. Auf der anderen Seite sitzen Impulsgeber, die sich mitdrehen und dabei einen elektrischen Widerstand ändern (elektromechanische Maus) oder eine Lichtschranke unterbrechen (optomechanische Maus). Ein Mikroprozessor wertet die Impulse aus und bereitet sie für den Computer lesbar auf. Zusätzliche Informationen stammen von den Tasten (zwei oder drei), mit denen unterschiedliche Funktionen (Anklicken, Markieren) ausgelöst werden. Auch die Mauseigenschaften, wie beispielsweise die dynamische Auflösung („ballistic tracking"), lassen sich per Tastenkombination verändern. Die Auflösung, üblicherweise 400 Punkte pro Zoll, ändert sich dann mit der Geschwindigkeit, mit der die Maus bewegt wird. Bei schneller Mausbewegung verschiebt sich der Mauszeiger auf dem Bildschirm weiter als bei langsamer Bewegung. Beim Zeichnen kann dadurch der Mauszeiger langsam, aber sehr genau geführt werden, für lange Wege des Zeigers reicht jedoch eine kleine, aber schnelle Mausbewegung.

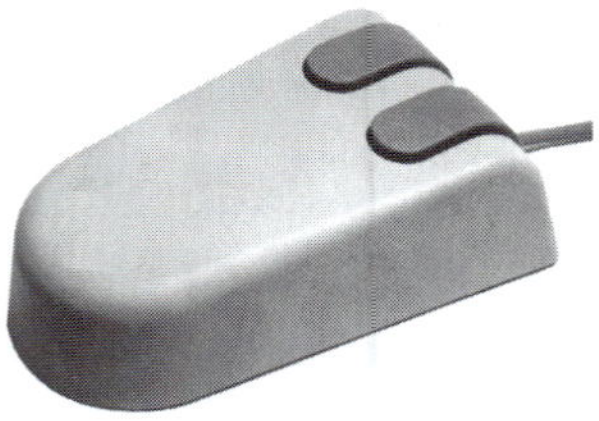

(Aus: Stiftung Warentest, Heft 3, 1992, S. 22)

**Beim Erstellen einer Gegenstandsbeschreibung ist folgendes zu beachten:**

*Inhalt:* Gegenstände mit ihren Teilen und deren Anordnung und Funktionsweise werden in ihren wesentlichen Merkmalen beschrieben.

*Aufbau:* Für den Textaufbau gibt es verschiedene Möglichkeiten:
- vom Ganzen zu den Teilen in ihrer räumlichen Anordnung,
- von äußeren Merkmalen zu Funktionen,
- von wichtigen zu weniger wichtigen Teilen oder
- von technischen Daten zu Zweck und Aufbau, Wirkungsweise und Verwendungsmöglichkeiten.

*Sprache/Stil:*
- Fachwörter beziehungsweise ihre Umschreibungen, Waren- und Typenbezeichnungen, Definitionen dienen der exakten Benennung.
- Mit treffenden Adjektiven werden Merkmale der Form, des Materials, der Funktion anschaulich beschrieben (zum Beispiel: „plastbeschichtet", „pflegeleicht", „leicht handhabbar").
- Mit treffenden Verben werden Bestandteile, Funktionen und Wirkungen benannt (zum Beispiel: „besteht aus", „enthält", „setzt sich zusammen", „bewirkt").
- Zum Ausdruck der Allgemeingültigkeit wird vorwiegend die Zeitform Präsens verwendet.
- Unpersönliche Ausdrucksweise (Passivformen und Umschreibungen des Passivs) tritt häufig auf.
- Mit Präpositionen, Adverbien und entsprechenden Adverbialbestimmungen werden lokale und kausale Beziehungen ausgedrückt.

## Aufgaben

1. *Weisen Sie an der Beschreibung „Wie's drinnen aussieht..." die inhaltlichen und sprachlichen Merkmale einer Gegenstandsbeschreibung nach.*

2. *Beschreiben Sie Ihren Arbeitsplatz/Ihr Arbeitszimmer.*

3. *Beschreiben Sie anhand der grafischen Darstellung, wie ein ergonomisch gestalteter Arbeitsplatz aussehen sollte.*
   *Klären Sie vorher den Inhalt des Begriffs „ergonomisch".*

**Zeichnung eines ergonomisch gestalteten Arbeitsplatzes**

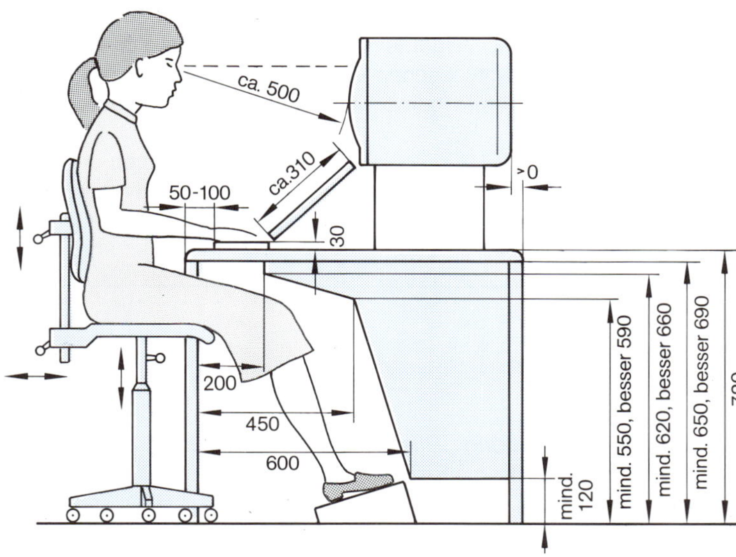


# 1.2.2 Vorgangsbeschreibung

### Pflege des Matrixdruckers

Das regelmäßige Säubern des Gerätes ist die wichtigste Maßnahme, die man selbst ausführen kann. Die Häufigkeit einer Reinigung ist von den Umgebungsbedingungen abhängig.

Vor der Reinigung des Druckers ist das Gerät abzuschalten.

Dann werden das Gehäuse und die Abdeckungen mit einem weichen Tuch abgewischt. Wenn es erforderlich ist, kann man das Tuch anfeuchten und ein mildes Reinigungsmittel verwenden. Dabei ist darauf zu achten, daß keine Flüssigkeit in das Gerät hineinläuft, was zu schweren Schäden führen könnte.

Nachdem die äußeren Teile gereinigt worden sind, werden der Deckel und die halbtransparente Kunststoffabdeckung vom Drucker genommen. Der Staub im Inneren des Gerätes wird mit einem Staubsauger entfernt oder mit Druckluft fortgeblasen. Das muß vorsichtig geschehen, damit das flexible Flachkabel und der Transportriemen nicht beschädigt werden. Die Walze darf nur mit Spiritus gereinigt werden. Die Führungsschiene des Druckschlittens kann man mit wenig sehr leichtem Öl schmieren. Empfehlungen für das Schmieren erhält man bei einem Fachhändler.

Regelmäßige und gewissenhafte Pflege verlängern die Lebensdauer des Matrixdruckers.

**Beim Erstellen einer Vorgangsbeschreibung ist folgendes zu beachten:**

*Inhalt:* Wiederholbare Vorgänge oder Teilvorgänge (Tätigkeiten, Verfahren, Prozesse) werden in ihren wesentlichen Merkmalen sowie mit Ursachen und Wirkungen beschrieben.

*Aufbau:* Der Textaufbau wird im allgemeinen durch das zeitliche Nacheinander der Teilvorgänge bestimmt.

*Sprache/Stil:*

- Die Vorgänge und Handlungen werden mit treffenden Verben genau beschrieben.
- Mit temporalen Konjunktionen, Adverbien, Präpositionen und Substantiven werden zeitliche Beziehungen ausgedrückt (zeitliches Nach- oder Nebeneinander).
- Bei sich vollziehenden Vorgängen wird zum Ausdruck der Wiederholbarkeit und Allgemeingültigkeit das Präsens verwendet, bei bereits abgeschlossenen Vorgängen das Perfekt.
- Häufig werden unpersönliche Ausdrücke gebraucht (Allgemeingültigkeit).
- In Merkzetteln, Bedienungsanleitungen, Rezepten und ähnlichem findet man häufig unvollständige Sätze zur Benennung der einzelnen Teilhandlungen (zum Beispiel: „Vor Öffnen des Gerätes Netzstecker ziehen!").

## Aufgaben

1. *Weisen Sie in der Beschreibung „Pflege des Matrixdruckers" die inhaltlichen und sprachlichen Merkmale einer Vorgangsbeschreibung nach.*
2. *Worin unterscheidet sich eine Vorgangsbeschreibung von einem Bericht über einen Vorgang?*
3. *Formulieren Sie die folgenden persönlich gestalteten Hinweise zum Ein- und Ausspannen des Papiers in die Schreibmaschine in eine unpersönlich gestaltete Vorgangsbeschreibung um.*

> Legen Sie das Papier mit der linken Hand auf die Papierauflage, und führen Sie es mit Hilfe des rechten Walzendrehknopfes in die Schreibmaschine ein, bis es den Papierhalter berührt. Richten Sie die eingespannten Blätter mit dem Papierlöser aus. Führen Sie anschließend den Papierlöser in die Ausgangsstellung zurück. Führen Sie zum Ausspannen des beschriebenen Papiers den Papierlöser auf sich zu. Nehmen Sie das Papier ebenfalls nach vorn aus der Schreibmaschine, und stellen Sie den Papierlöser in die Ausgangsstellung zurück. Führen Sie nach Abschluß der Schreibarbeiten den Wagen mit Hilfe des Wagenlösers in die Mittestellung.

4. *Beschreiben Sie die Arbeitsvorgänge bei der Arbeit mit einem Textverarbeitungsprogramm. Erarbeiten Sie dazu eine kurze, verdichtete Fassung in Form eines Handzettels.*
5. *Beschreiben Sie einen Arbeitsvorgang aus Ihrem Aufgabenbereich im Betrieb (zum Beispiel: Postbearbeitung, Kontoeröffnung, Bearbeitung einer Reklamation, Kundenberatung).*
6. *Beschreiben Sie die Zubereitung Ihres Lieblingsgerichts.*
7. *Beschreiben Sie die Schritte, die Sie unternehmen müssen, wenn Sie sich für eine Tätigkeit bewerben wollen. Erarbeiten Sie dazu ein Merkblatt.*

# 1.2.3 Personenbeschreibung und Sonderform Arbeitszeugnis

***Aus einer Reportage über den Besuch bei der südafrikanischen Schriftstellerin Nadine Gordimer, Trägerin des Nobelpreises für Literatur***

Es gibt in Afrika viel großartigere Landschaften als das „bushveld“, sagt Nadine Gordimer beinah entschuldigend. Landschaften mit Glamour sozusagen, wie die üppig grünen Dschungel, an die jeder gleich denkt. Hier, im westlichen Transvaal, erlebt man ein ganz anderes Afrika – herb und rauh, sehr trocken und sehr dornig, vor allem jetzt, im hiesigen Winter. Aber gerade darum liebe ich diese Gegend. – Mit kleinen, energischen Schritten marschiert sie vor mir her durchs hüfthohe Gras, in ihrem Khaki-Anzug und mit dem Safari-Hut überm Silberhaar getarnt wie ein Tier, das hierhergehört. Sehr zerbrechlich sieht sie aus mit ihren schmalen Einmetersechzig; sehr mädchenhaft und zugleich ganz „grande dame“ – bei ihr überleben Bügelfalten sogar im Busch. Als sie stehenbleibt und mich anschaut, mit diesem irritierend direkten Blick, bin ich wieder verblüfft, wieviel Kraft von ihren Augen ausgeht. Dazu großer Ernst, hinter dem immer wieder Humor und Ironie aufblitzen – so wie jetzt, in den schrägen Strahlen der untergehenden Sonne, die koketten Ohrringe unter dem knautschigen Hut.

„Wenn es so etwas gäbe wie eine internationale First Lady der Literatur – wir würden nicht zögern, Nadine Gordimer den Titel zukommen zu lassen“, schrieb die „Frankfurter Allgemeine“ vor sieben Jahren in einer Hommage anläßlich ihres sechzigsten Geburtstags. Jetzt zeigt die Literatin auf den Boden und sagt fachmännisch: Sehen Sie – das sind die Spuren eines Schakals. Da drüben, wo die Federn rumliegen, hat er gestern Abend offenbar einen Imbiß genommen – nicht viel, nur eine Taube. Diese kleinen Löcher in der Erde gehören zum Bau von Wieseln, und die großen stammen von Stachelschweinen – denen mit den langen grau-weißen Nadeln.

**Sie liebt Südafrika und kämpft gegen die Rassisten: Nadine Gordimer.**

(Aus: Barbara Frank u. Andrej Reiser: Unterwegs mit Nadine Gordimer, In: Saison: Das Reisemagazin von Geo, Nr. 6, Nov./Dez. 1990.)

**Personenbeschreibungen** finden sich in verschiedenen Zusammenhängen und zu verschiedenen Zwecken: in Kontaktanzeigen, in Suchanzeigen der Polizei, in Stellenangeboten, in Porträts von Persönlichkeiten des öffentlichen Lebens (Politik, Kunst, Kultur, Wissenschaft), in betrieblichen Beurteilungen von Mitarbeitern, in literarischen Texten als Personencharakteristiken.

## Aufgabe

*Wie gelingt es der Autorin, die Nadine Gordimer in deren Heimat besucht hat, uns ein anschauliches Bild von der Persönlichkeit der Schriftstellerin zu vermitteln?*

## Sonderform Arbeitszeugnis

Im beruflichen Bereich ist besonders das Arbeitszeugnis von Bedeutung. Es wird ausgestellt, wenn ein Arbeitnehmer das Unternehmen verläßt. Das **einfache Arbeitszeugnis** gibt nur Auskunft über die Art und die Dauer der Beschäftigung, während ein **qualifiziertes Arbeitszeugnis** neben den üblichen Angaben zur Person und zur Art und Dauer der Beschäftigung wertende Aussagen über die Leistungen, das Fachwissen und das Verhalten des Arbeitnehmers enthält.

**Aufbau und Inhalt eines qualifizierten Arbeitszeugnisses**

1. **Persönlicher Teil**
   (Name, Geburtsdatum, eventuell Geburtsort, Wohnort)
2. **Tätigkeitsfeld und -beschreibung, Beschäftigungszeitraum**
   (Bereiche, in denen der Arbeitnehmer tätig war, genaue Beschreibung der Tätigkeit)
3. **Leistungsbewertung**
   (Arbeitsleistung, Fachwissen, Fortbildungsinteresse, Arbeitsbereitschaft, Verhalten den Vorgesetzten und Kollegen gegenüber)
4. **Zusätze und Ergänzungen**
   (besondere Fähigkeiten und Eignung)
5. **Schlußformulierung**
   (Angabe des Grundes für das Ausscheiden aus dem Unternehmen, Grußformel, Ort, Datum, Unterschrift und Firmenstempel)

## Beispiel: qualifiziertes Arbeitszeugnis

**Zeugnis**

Frau Katja Schulze, geboren am 29. Juni 19.. in Merseburg, hat am 1. August 19.. in unserer Firma ihre Ausbildung als Einzelhandelskauffrau begonnen. Nach Beendigung ihres Berufsausbildungsverhältnisses wurde sie am 1. Juli 19.. als Einzelhandelskauffrau übernommen und war bis zum 31.08.19.. bei uns tätig.

Während der letzten drei Jahre arbeitete Frau Schulze als Abteilungsleiterin in unserer Filiale in H. Zu ihrem Aufgabenbereich gehörten der Wareneinkauf, der Warenverkauf, die Kalkulation der Waren und die Warenpräsentation.

Die ihr übertragenen Arbeiten hat Frau Schulze stets zu unserer vollsten Zufriedenheit erledigt. Sie genoß stets unser größtes Vertrauen. Ihr kaufmännisches Können hat sie mit großem Engagement für die Belange der Firma eingesetzt.

Frau Schulze hat an verschiedenen Seminaren teilgenommen, um sich in ihrem Aufgabengebiet weiterzubilden. Während ihrer Freizeit vertiefte sie ihre Sprachkenntnisse und konnte so des öfteren Firmenbelange auch gegenüber unserer ausländischen Kundschaft vertreten.

In der Zusammenarbeit mit den Mitarbeitern und im Umgang mit den Kunden war sie stets erfolgreich und beliebt. Ihr freundliches und aufgeschlossenes Wesen, ihr Fleiß und ihre Gewissenhaftigkeit haben wesentlichen Anteil am Ansehen und am geschäftlichen Erfolg unserer Firma. Ihre Führung war vorbildlich.

Frau Schulze verläßt uns auf eigenen Wunsch. Unsere allerbesten Wünsche und Empfehlungen für ihre berufliche und persönliche Zukunft begleiten sie.

Halle, 31.08.19..

Textil GmbH Chic

Susanne Hennig

(Firmenstempel)

Da ein Arbeitszeugnis einerseits möglichst wohlwollend formuliert sein soll, andererseits aber auch wahrheitsgemäß Leistungen zu bewerten sind, hat sich bei der Zeugniserteilung in Firmen und Einrichtungen eine Art **„Geheimcode"** mit bestimmten Standardformulierungen herausgebildet, mit dem Leistungen von Arbeitnehmern verschlüsselt bewertet werden. Hier ein kleiner Ausschnitt daraus:

**Formulierungen in Arbeitszeugnissen**

| *Das wird geschrieben:* | *Das ist gemeint:* |
|---|---|
| Er/Sie hat die ihm/ihr übertragenen Arbeiten stets zu unserer vollsten Zufriedenheit erledigt. | sehr gute Leistungen |
| Er/Sie hat die ihm/ihr übertragenen Arbeiten stets zu unserer vollen Zufriedenheit erledigt. | gute Leistungen |
| Er/Sie hat die ihm/ihr übertragenen Arbeiten im großen und ganzen zu unserer Zufriedenheit erledigt. | mangelhafte Leistungen |
| Er/Sie hat unseren Erwartungen entsprochen. | schlecht |
| ... hat alle Arbeiten ordnungsgemäß erledigt. | ... ist ein Bürokrat, der keine Initiative entwickelt. |
| Er/Sie hat sich im Rahmen seiner/ihrer Fähigkeiten eingesetzt. | Er/Sie hat getan, was er/sie konnte, aber das war nicht viel. |
| Durch seine/ihre Geselligkeit trug er/sie zur Verbesserung des Betriebsklimas bei. | ... neigt zu übertriebenem Alkoholgenuß. |

Dieser „Geheimcode" sollte nicht überbewertet werden, aber man sollte sein Zeugnis eingehend inhaltlich und sprachlich analysieren. So lassen zum Beispiel fehlende oder sehr knappe Angaben oder die Hervorhebung von Selbstverständlichkeiten schon Rückschlüsse auf eine Bewertung zu.

## Aufgaben

**1.** *Weisen Sie die inhaltlichen Merkmale eines Arbeitszeugnisses an dem angeführten Beispiel nach. Mit welchen sprachlichen Mitteln wird eine Wertung ausgedrückt?*

**2.** *Entwerfen Sie ein qualifiziertes Arbeitszeugnis bzw. Ausbildungszeugnis über Ihre bisherigen Leistungen im Ausbildungsbetrieb.*

**3.** *Bringen Sie die folgenden Zeugnisformulierungen in eine Reihenfolge, indem Sie mit den Noten 1 bis 5 bewerten.*
- Mit seinem Fleiß, seinen Leistungen sowie seiner Führung waren wir zufrieden.
- Seine Leistungen und seine Führung waren befriedigend.
- Mit seinem Fleiß, seinen Leistungen und seiner Führung waren wir in jeder Hinsicht zufrieden.
- Wir bestätigen Herrn ..., geboren am ..., daß er vom ... bis ... bei uns als ... beschäftigt war.
- Mit seinem Fleiß, seinen Leistungen sowie seiner Führung waren wir sehr zufrieden.
- Mit seinen Leistungen und seiner Führung waren wir zufrieden.

**4.** *Interpretieren Sie das untenstehende Arbeitszeugnis (Text 1).*

**5.** *Erarbeiten Sie eine Personenbeschreibung eines Mitschülers. Achten Sie bei der sprachlichen Gestaltung besonders auf treffende Adjektive, Substantive und Verben.*

**6.** *Welchen Zweck verfolgen die Personenbeschreibungen in den untenstehenden Anzeigen (Text 2, Text 3)? Wie drückt sich das in der sprachlichen Gestaltung aus?*

**7.** *Sehen Sie sich die Personenbeschreibung in der Suchmeldung der Polizei am Beginn des Abschnitts 1.2 an. Auf welche Angaben konzentrieren sich solche Beschreibungen von Personen?*

**Text 1**

**Zeugnis**

Herr Felix Fischer, geboren am 14. August 1950, Wohnort 97505 Geldersheim, Langestraße 98, war vom 1. Juni 19.. bis zum 30. September 19.. als Bezirksleiter im Vertriebsaußendienst unserer Filialdirektion Bad Neustadt beschäftigt.

Herr Fischer war in dieser Zeit damit beauftragt, für den regelmäßigen Zugang einwandfreier, bestandsfähiger Versicherungsverträge in allen Versicherungssparten zu sorgen.

Außerdem gehörte es zu seinem Aufgabenbereich, eine Organisation nebenberuflicher Versicherungsvermittler aufzubauen und zu betreuen.

Herr Fischer hat diese Aufgaben erfüllt.

Sein Verhalten gegenüber Vorgesetzten, Kollegen und auch Kunden war zuvorkommend und einwandfrei.

Das Vertragsverhältnis wurde zum 30.09.19.. aufgehoben.

Wir wünschen Herrn Fischer für die Zukunft alles Gute.

Karlstadt, den 30.09.19..

(Aus: Duden. Briefe gut und richtig schreiben! Dudenverlag, Mannheim/Wien/Zürich 1989, S. 236)

**Text 2**

Wir sind ein junges, expansives Leipziger Bauunternehmen, das sich mit der Instandsetzung von Wohn- und Gewerbeobjekten beschäftigt.

TEAMBAU

**Wir suchen eine**

**Chef-Sekretärin**

**Sie** verfügen über eine mehrjährige Führungserfahrung, Selbstbewußtsein und ein sicheres Auftreten!

**Sie** sind verantwortungsbewußt, entwickeln Eigeninitiative und sind es gewohnt, selbständig zu arbeiten und zu koordinieren!

**Sie** sind perfekt in der Text-Verarbeitung (EDV) am PC!

**Sie** wünschen sich ein den Anforderungen und Ihrem Einsatz entsprechendes Gehalt!

**Sie** sind zwischen 26 und 35 Jahre jung und verstehen sich auf Ihr Fach!

Ihre Bewerbung richten Sie bitte an:

**TEAMBAU GmbH-Leipzig**
[redacted] 04109 Leipzig
Telefon: [redacted] Telefax: [redacted]

**Text 3**

**Anke, 28 J., Sachbearbeiterin,** 1,63 m, ist eine süße Maus mit kastanienbraunen langen Haaren u. grün-braunen Augen, die schrecklich gerne einen Mann kennenlernen möchte, der wie sie oberflächliche Beziehungen satt hat u. sich für immer verlieben will. Anke ist humorvoll, warmherzig, ehrlich u. treu. Sie wünscht sich einen zärtlichen Mann, der einmal eine Familie gründen möchte, sich für Reisen interessiert, gerne spazieren geht, Musik hört u. ab u. zu auch mal mit ihr tanzt. Sie kocht gern u. kann mit ihren Künsten einen Mann regelrecht verzaubern. Bist Du neugierig geworden? Dann schreib unter: [redacted]

# 1.2.4 Arbeitsplatzbeschreibung

## *Arbeitsplatzbeschreibung*

**Bezeichnung des Arbeitsplatzes:**
Abteilungssekretärin Einkaufsabteilung

**Unterstellung:**
Die Abteilungssekretärin untersteht unmittelbar dem Leiter der Abteilung Einkauf.

**Verantwortungsbereich:**
Sie verantwortet die Durchführung der nachstehenden Aufgaben. Darüber hinaus steuert sie die in der Einkaufsabteilung eingesetzte Hilfskraft und den Fahrer. Die Abteilungssekretärin ist außerdem zuständig für das Arbeitsgebiet Sofortbeschaffung über Abholebestellungen.

**Aufgaben:**
Unterstützung des Einkaufsleiters in den nachfolgenden Aufgabengebieten:

- Abwicklung der Lieferantenkorrespondenz
- Vorbereitung von Reisen und Lieferantenbesuchen
- Besucherempfang und -betreuung
- Verwaltung der Abteilung, z. B. Gleitzeitabwicklung etc..
- sonstige Sekretariats- und Verwaltungsarbeiten
- Pflege der Einkaufsstatistik und des Berichtswesens
- Aufbereitung von Informationen zum Zwecke der Präsentation
- Steuerung der Hilfskraft und des Fahrers für Sofortbeschaffung
- Führen der Nebenkasse Einkauf und des Abholebestellbuches
- Einholen von Angeboten und Vergabe der Sofortbestellungen für Hilfs- und Betriebsstoffe sowie Büromaterial
- Pflege der Lieferanten-Stammdatei
- Pflege des Materialwirtschafts-Handbuches. Herausgabe der MW-Rundschreiben
- Verwaltung der Abteilungsliteratur
- Steuerung des Umlaufs von Fachzeitschriften, Rundschreiben und dergleichen
- Betreuen des Abteilungskopierers, Faxgeräts und Fernschreibers
- Organisation und Durchführung der jährlichen Materialwirtschaftstagung
- Betreuung und Abrechnung des Dienstwagens der Materialwirtschaft

**Kompetenzen:**
Die Abteilungssekretärin Einkauf unterschreibt Bestellvorgänge für Sofortbestellungen bis zur Höhe von DM 3 000 alleine mit dem Zusatz „i. A.". Höhere Bestellungen sind vom Einkaufsleiter mitzuzeichnen. Auszahlungen aus der Nebenkasse Einkauf und Erstattungsanträge kann sie bis zu einer Grenze von DM 200 unterschreiben. Die Abteilungssekretärin Einkauf erteilt an die Hilfskraft und den Fahrer fachliche Weisungen.

**Persönliche Anforderungen:**
Gewandtes, sicheres und freundliches Auftreten, Autorität und Durchsetzungsvermögen, Kooperationsbereitschaft, kreatives Arbeiten, Eigeninitiative. Bereitschaft, sich in neue Verfahren, Abläufe und Systeme einzuarbeiten.

**Fachliche Qualifikation:**
Die Abteilungssekretärin Einkauf verfügt über eine kaufmännische Ausbildung und eine längere Erfahrung im Arbeitsgebiet Materialwirtschaft, weiterhin über die Qualifikation „Geprüfte Sekretärin/Geprüfter Sekretär" (IHK). Zusätzlich sind gute Kenntnisse in Englisch und Grundkenntnisse in einer weiteren Fremdsprache (Spanisch/Französisch) erforderlich. Hinzu kommen Kenntnisse über PC-gestütztes Arbeiten im Einkauf unter Verwendung des Textverarbeitungsprogramms MS-WORD, des Programms Pagemaker und des Zeichenprogramms Designer sowie die Bedienung der Kommunikationsmittel und des Materialwirtschaftssystems MAWIS auf dem Großrechner.

(Aus: Assistenz. Zeitschrift für die Frau im Büro. H.6, Nov./Dez.1991, S. 12.)

In vielen Unternehmen und im Öffentlichen Dienst existieren für die einzelnen Arbeitsplätze beziehungsweise Stellen **Arbeitsplatzbeschreibungen.** Unter der Bezeichnung **Stellenbeschreibung** dienen sie zum Beispiel als Grundlage für die Eingruppierung in eine bestimmte Gehaltsgruppe.

Die Arbeitsplatz- beziehungsweise Stellenbeschreibung enthält vor allem Angaben

- zur Bezeichnung des Arbeitsplatzes,
- zur Unterstellung des Mitarbeiters,
- zum Verantwortungsbereich,
- zu den wichtigsten Aufgaben,
- zu Kompetenzen (Befugnissen),
- zu personellen Anforderungen,
- zur fachlichen Qualifikation.

Von Zeit zu Zeit und bei Neubesetzung sollte die Arbeitsplatzbeschreibung überprüft und gegebenenfalls ergänzt oder korrigiert werden.

Eine exakte Arbeitsplatzbeschreibung ist sowohl für den Arbeitgeber als auch für den Arbeitnehmer von Vorteil, auch wenn sie nicht zwingend vorgeschrieben ist.

| Vorteile der Arbeitsplatzbeschreibung | |
|---|---|
| **Für den Arbeitgeber** | **Für den Arbeitnehmer** |
| • Die Arbeitsplatzbeschreibung dient als Grundlage für die Verteilung der Arbeitsaufgaben.<br>• Sie kann bei der Verbesserung der Arbeitsorganisation und der Ausstattung des Arbeitsplatzes helfen.<br>• Sie hilft dabei, Schwachstellen in der Zuordnung der Aufgaben und Kompetenzen aufzudecken.<br>• Sie dient als Hilfsmittel für die Stellenausschreibung, die Personal- und Leistungsbeurteilung sowie die Abfassung eines Arbeitszeugnisses. | • Die Arbeitsplatzbeschreibung stellt eine klare Grundlage für die Arbeitsaufgabe, den Verantwortungsbereich und die Kompetenzen dar.<br>• Sie dient zur Dokumentation der beruflichen Entwicklung.<br>• Sie bildet eine nützliche Unterlage für Gespräche zu Lohn- und Gehaltsfragen, zur Leistungsbewertung und Zeugnisfindung, für Bewerbungen und bei Versetzung. |

## Aufgaben

1. *Weisen Sie an dem Textbeispiel für die Arbeitsplatzbeschreibung nach, daß diese eine Mischung aus Vorgangs-, Zustands- und Personenbeschreibung darstellt.*

2. *Informieren Sie sich in Ihrem Ausbildungsbetrieb darüber, ob dort Arbeitsplatz- beziehungsweise Stellenbeschreibungen vorliegen.*

3. *Fertigen Sie für Ihren Arbeitsplatz eine Arbeitsplatzbeschreibung an. Holen Sie sich die fehlenden Informationen in Ihrem Arbeitsbereich ein.*

4. *Vergleichen Sie die konkrete Beschreibung Ihres Arbeitsplatzes mit der allgemeinen Beschreibung Ihres Berufsbildes.*

# 2
# Formen des offiziellen Schriftverkehrs

*Text 2*

Liebe Franziska,

es ist nicht zu fassen, die neue Stadtautobahn soll nun doch durch unsere Straße führen. Du kannst Dir ja denken, daß wir das nicht so einfach hinnehmen. Der Lärm ist jetzt schon unerträglich, und die Abgase verpesten immer mehr die Luft. Sorge macht mir auch Ullis Schulweg, der ja dann 2 Kreuzungen überqueren müßte. – Und unsere Vorgärten gäbe es dann auch nicht mehr, weil die Straße breiter werden soll. Unseren Protest dazu haben wir bereits geäußert.
Nun, ich hoffe, daß unsere Verkehrsplaner doch noch eine günstigere Variante finden. – Übrigens: Ihr kommt doch Sonntag?

Liebe Grüße Deine Karin

*Text 1*

Büro für Verkehrsplanung
Am Alten Markt 4

06217 Merseburg

Stadtautobahn

Sehr geehrte Damen und Herren,

gestern wurde in der Zeitung über den Bau einer vierspurigen Stadtautobahn ab Zoo entlang der Petersberger Straße berichtet. Nehmen Sie bitte dazu zur Kenntnis, daß wir als Anwohner auf das schärfste gegen dieses Vorhaben protestieren. Bedenken Sie bitte, daß der gesamte Durchgangsverkehr in Nord-Süd-Richtung sich durch die Petersberger Straße bewegt und daß sich die Lebensqualität in unserem Wohngebiet mit zunehmendem Verkehr verschlechtert hat. Wie ernst nehmen Sie eigentlich die Beschlüsse der Stadtverordneten zur Verkehrsberuhigung und Förderung des Umweltverbundes?
Wir erwarten Ihre Antwort.

Mit freundlichen Grüßen

*Text 3*

Büro für Verkehrsplanung
Am Alten Markt 4

06217 Merseburg

Stadtautobahn

Sehr geehrte Damen und Herren,

mit großem Interesse verfolgen wir die verkehrstechnischen Veränderungen in unserer Stadt und begrüßen den Bau einer Stadtautobahn durch unser Wohngebiet.
So können in Zukunft unsere Zulieferer und Kunden ohne Umwege und schwierige Fahrbedingungen unsere Firma erreichen.
Leider entfällt nach Ihrer jetzigen Verkehrsplanung auch die Parkmöglichkeit für unsere Mitarbeiter vor dem Firmengelände.

Bitte, prüfen Sie, ob das freie Gelände in der Saalestraße als Parkplatz von uns genutzt werden könnte.

Wir hoffen, daß Sie für unsere Situation Verständnis zeigen, und bitten um eine für uns günstige Entscheidung.

Mit freundlichen Grüßen

Schreibe wie Du sprichst? Oder: Sprich wie Du schreibst?

Eine feste Regel gibt es dafür nicht, und die Meinungen über einen „guten" Stil gehen auseinander.

Der Stil eines Brieftextes wird von vielen Faktoren beeinflußt. Dazu gehören treffende Wörter, klar formulierte Sätze und ein logischer Textaufbau. Entscheidend ist das Verhältnis von Schreiber und Empfänger des Briefes. Es bestimmt nicht nur den Inhalt, sondern auch die Art und Weise, wie ein Brieftext gestaltet wird.

### Aufgaben

1. *Vergleichen Sie den Inhalt der Brieftexte.*
   *a) Wer schreibt wem? Wer ist jeweils der Absender, wer der Empfänger?*
   *b) Was wollen die Absender der Briefe jeweils erreichen (Zweck des Schreibens)?*
   *c) Diskutieren Sie über die unterschiedlichen Standpunkte der einzelnen Absender zum Bau der Stadtautobahn.*
2. *Mit welchen sprachlichen Mitteln versuchen die Schreiber der Briefe, Ihr Anliegen zu verdeutlichen?*
3. *Beurteilen Sie jeweils das Verhältnis von Absender und Empfänger der Briefe. Belegen Sie Ihre Ansicht mit treffenden Textstellen aus den Briefen.*
4. *Welchen Brieftext würden Sie dem offiziellen und welchen Brieftext dem privaten Schriftverkehr zuordnen?*

## 2.1 Bestandteile eines Geschäftsbriefes

Geschäftsbriefe werden in der Regel auf Vordrucke geschrieben. Dafür werden Blätter im Format A 4 (210 mm × 297 mm) und im Format A 5 (148 mm × 210 mm) verwendet.

Die Gestaltung des Blattes erfolgt nach den „Regeln für Maschinenschreiben", Normblatt DIN 5008. Diese Regeln verfolgen den Zweck, Schriftzeichen der Schreibmaschine einheitlicher anzuwenden und das Schriftbild übersichtlicher zu gestalten. Das Normblatt DIN 5008 enthält Schreibregeln, Anordnungsregeln sowie Beispiele und Erläuterungen.

Für den Schriftverkehr zwischen Firmen, Verwaltungen, Institutionen und Organisationen sind diese Regeln verbindlich. Für den persönlichen Schriftverkehr werden vorwiegend Blätter ohne Vordruck verwendet. Für die äußere Gestaltung eines Briefblattes sollten die „Regeln für Maschinenschreiben" sinngemäß angewendet werden.

(1) **Karl Friedrich-Bauer KG**
**Möbelfabrik**

(2) Roßbachstraße 10
06112 Halle

.
.
Kaufhaus
(3) Wenzel & Röding
Leipziger Straße 114 W 4 II r.
.
06217 Merseburg

| | | | |
|---|---|---|---|
| (4) Ihre Zeichen, Ihre Nachricht vom | Unser Zeichen, unsere Nachricht vom | ☎ | Ortsname |
| | ber-wei | 2 34 67 | 12.02.19.. |

.
.
(5) Sonderangebot
.
.
(6) Sehr geehrte Damen,
Sehr geehrte Herren,
.
(7) für die kommende Sommersaison haben wir für Sie ein besonderes Angebot:
.

> 300 Sessel mit verstellbaren Rückenlehnen,
> wetterfesten Gestellen und strapazierfähigem
> Bezugsstoff, 100 % Baumwolle,
> Sitzfläche 46 cm x 48 cm
> Preis: 42,80 DM pro Stück

.
Lassen sie sich dieses Angebot nicht entgehen!
.
Beachten Sie bitte unsere günstigen Liefer- und Zahlungsbedingungen am Ende des Prospektes.
.
Wir hoffen, daß Sie unser Angebot begeistert, und würden uns über ihren Auftrag freuen.

(8) Mit freundlichen Grüßen
.
(9) Möbelfabrik
Karl-Friedrich-Bauer KG
.
ppa. Kirsten Bergmann

(10) Kirsten Bergmann
.
(11) Anlage
Prospekt

(12) Geschäftsräume Telex Telegramm-Kurzanschrift Kontenverbindungen

## Erläuterungen zum Musterbrief

(1) Der vorgedruckte **Briefkopf** enthält Angaben des Absenders.

(2) Die **Postanschrift** des Absenders steht über dem Anschriftenfeld in einer Zeile und ist bei Verwendung von Fensterbriefhüllen am oberen Rande des Fensters sichtbar.

(3) Das **Anschriftenfeld** umfaßt 9 Schreibmaschinenzeilen. Sie beginnen auf Grad 10 und reichen bis Grad 40.

| Zeilen | Zuordnung der Zeilen |
|---|---|
| 1 | Sendungsart, Versendungsform, Vorausverfügung |
| 2 | Leerzeile |
| 3 | Empfängerbezeichnung |
| 4 | Empfängerbezeichnung |
| 5 | Postfach, Straße |
| 6 | Leerzeile |
| 7 | Postleitzahl, Bestimmungsort |
| 8 | Leerzeile |
| 9 | Bestimmungsland (nur bei Sendungen ins Ausland, wenn kein Länderkennzeichen vereinbart ist) |

**Beispiel**

Wenn unzustellbar, zurück
.
Herrn Rechtsanwalt
Dr. Klaus Friedrichs
Rosenstraße 18
.
06114 Halle

Einschreiben
.
Maschinenfabrik
Ernst Fischer & Co.
Personalabteilung
Am Tiefen Weg 80
.
33604 Bielefeld

(4) Die **Bezugszeichenzeile** besteht aus Leitwörtern und verweist auf Geschäftsvorgänge, Datenangaben, Tel.-Nr. und enthält Zeichen des Korrespondenzpartners sowie der Schreibkraft.

(5) Der **„Betreff“** ist – ähnlich einer Überschrift – die stichwortartige Angabe des Briefinhaltes. Er wird durch 2 Leerzeilen vom vorhergehenden und nachfolgenden Text abgesetzt.

(6) In Geschäftsbriefen ist die persönliche **Anrede** üblich. Sie schließt mit einem Ausrufezeichen oder einem Komma ab. Die Anrede wird durch eine Leerzeile vom nachfolgenden Text getrennt.

(7) Der **Textinhalt** wird durch Absätze gegliedert. Dabei können bestimmte Textteile durch Einrücken, Unterstreichen, Großschreibung, Sperren und so weiter hervorgehoben werden. Nach jedem Absatz erfolgt eine Leerzeile.

(8) Der **Gruß** beginnt auf Grad 10 und reicht bis Grad 45. Er wird vom Brieftext durch eine Leerzeile getrennt.

(9) Die Wiederholung der **Firmenbezeichnung** ist eine Kannbestimmung.

(10) Ihr folgt nach 3 Leerzeilen die **maschinenschriftliche Namensnennung des Unterzeichners.** Der Brief ist handschriftlich zu unterschreiben.

(11) **Anlage- und Verteilervermerke** bestehen aus der Überschrift Anlage(n) und Verteiler sowie Einzelangaben. Sie beginnen bei Grad 10, bei Platzmangel in der Höhe des Grußes bei Grad 50.

(12) **Geschäftsangaben** sind immer vorgedruckt. Sie enthalten zum Beispiel Angaben über Geschäftsräume, Kontoverbindungen, Telefax-Nr., Telex.

## Aufgaben

**1.** *Informieren Sie sich im Duden über die Bedeutung folgender Abkürzungen:*

Abt., Kto-Nr., Nachf., sen., jr., i.V., i.A., jun., ppa., gez., Anm., exkl., Gebr., Val., MWST., etc., GmbH, KG, BLZ, eG, PS, HGB, IHK, DIN

**2.** *Wie werden folgende Begriffe gekürzt?*

Bundesversicherungsanstalt für Angestellte, Bundesgesetzblatt, Companie (Handelsgesellschaft), Industrie- und Handelskammer, Doktor, Professor, am letzten des Monats, zum Beispiel, das heißt, dergleichen, folgende Seiten, Kilowattstunde, am 10. des Monats, am 15. April des nächsten Jahres

**3.** *Informieren Sie sich im Duden unter „Richtlinien für den Schriftsatz" über die Gliederung folgender Nummern, und schreiben Sie*

a) die deutsche Telexkennung 6348467 hagul;
b) die Zahl 1248 als Telefonnummer und Telefaxnummer;
c) die Zahl 2193 als Postfachnummer und
d) die Zahl 24294301 als Postgirokontonummer.

**4.** *Schreiben Sie folgende Straßennamen:*

(a)m (b)reiten Pfuhl, (a)lter Markt, (a)m (a)lten Markt, (u)nter (d)en Linden, (a)n (d)er (a)lten Waage, Lange (s)traße, Prof. Dr. Fischer Ufer, Friedrich List (s)traße, (a)m Rosen Garten, Charlotten (s)traße, Universitäts (r)ing, Berliner (s)traße, Joliot Curie Platz, Karl Maria von Weber Platz, Ecke Uhland und Weimarer (s)traße, Ecke Cottbusser und Schiller (s)traße

**5.** *Informieren Sie sich im Duden unter „Hinweise für das Maschinenschreiben" über die Gestaltung des Anschriftenfeldes in Briefen.*
*Gestalten Sie folgende Anschriften, und informieren Sie sich über die entsprechenden Postleitzahlen.*

a) Frau Gerda Meyer, Rosenthaler Str. 2, Stendal
b) Herrn Dr. Peter Grimm, Südstr. 19, Hannover 10
c) Möbelfabrik Bienert & Arnold, z. H. von Frau Luise Beyer, Am Landrain 7, Goslar, Einschreiben
d) Dipl.-Hdl. Jürgen Reichert, Postfach 142, Halle/Saale
e) Rechtsanwalt Dr. Susanne Koch, Am Rosengarten 4, Naumburg, Eilzustellung
f) Frau Hanna Weiser, Goethestr. 49, Braunschweig, Geschäftspost
g) Frau Manuela Roth, bei Reichwein, Martinsberg 5, Schwerin, Eilzustellung
h) Mrs. Mary Clark, 22 South Street, London, Großbritannien WIY 2 AA

**6.** *Gestalten Sie folgenden Brieftext auf einem Briefblatt A 4 nach den Regeln für Maschinenschreiben, DIN 5008.*

Absender: Peter Bachmann & Co, Am Halleschen Tor 12, 04109 Leipzig, heutiges Datum, Anschrift: Gebr. Winter, Max-von-Laue-Ring 4, 30627 Hannover, Eisenwarengroßhandel, Vertraulich. Text: Die Firma Müller & Sohn, Halle, Burgstr. 5, erteilt uns zum ersten Male einen Auftrag über rund 10 000,00 DM und gibt Sie als Empfehlung an. Wir bitten Sie, uns über die Geschäftsverhältnisse und Kreditwürdigkeit der Firma Müller & Sohn eine möglichst genaue Auskunft zu geben. Ihre Angaben werden wir streng vertraulich behandeln. Wir danken Ihnen für Ihre Mühe im voraus und sind gern zu Gegendiensten bereit. Mit freundlichen Grüßen

# 2.2 Inhaltliche und sprachliche Anforderungen an das Formulieren von Brieftexten

**Das Schriftwerk des Handwerkers.**
Annahme eines Lehrlings.

Magdeburg, den 7. September 19..,
Brückenstraße 10.

Herrn
Adolf Ritter,
Halle a. S.,
Markt 12.

Zufolge Ihrer Annonce in der Sonntagsnummer des Berliner Lokalanzeigers teile ich Ihnen mit, daß ich nicht abgeneigt bin, Ihren Sohn in die Lehre zu nehmen, und zwar unter folgenden Bedingungen:

1. die Lehrzeit dauert drei Jahre;
2. das Lehrgeld beträgt 200 Mk., wovon 100 Mk. beim Antritt und 100 Mk. bei Beendigung der Lehre an mich zu zahlen sind;
3. ihr Sohn erhält in meinem Hause freie Kost und Logis;
4. ein Bett und vier Bezüge hat Ihr Sohn mitzubringen; dieselben bleiben Ihr Eigentum; für die Wäsche haben Sie zu sorgen;
5. ich verpflichte mich, Ihren Sohn in allen Fächern des Handwerks theoretisch und praktisch zu unterrichten und ihn zu einem tüchtigen Gesellen heranzubilden, auch ihm in seinem ferneren Fortkommen behilflich zu sein.

Wenn Sie mit diesen Bedingungen einverstanden sein sollten, so bitte ich Sie, mir umgehend Nachricht zu geben, wann Sie mich mit Ihrem Sohn besuchen wollen.

(Aus: Meyers Konversationslexikon, Band 5. Bibliographisches Institut Leipzig und Wien 1894, Seite 252)

Sprache und Stil haben sich im Laufe der Zeit sowohl im privaten als auch im geschäftlichen Bereich gewandelt. Wortwahl und Stil, also die Art und Weise, *wie* etwas formuliert wird, lassen die Beziehungen der Briefpartner zueinander, aber auch ihren gemeinsamen oder unterschiedlichen Status (Rechtslage) erkennen.

**SPORTWAREN Halle GmbH**

SPOWA

Super
Preise
Optimales
Waren-
Angebot

SPOWA Halle GmbH, Charlottenstr. 15, 06118 Halle

Frau
Annette Schreiber
Rosengasse 4

06618 Naumburg

| Ihre Zeichen, Ihre Nachricht vom | Unser Zeichen, unsere Nachricht vom | (0 46) 2 53 24 | Halle |
|---|---|---|---|
| | ba-kl | | 14.04.19.. |

Ihre Bewerbung als Industriekaufmann

Sehr geehrte Frau Schreiber,

wir beziehen uns auf Ihre Bewerbung und Vorstellung in unserer Firma und teilen Ihnen mit, daß wir bereit sind, Sie ab 1. September 19.. als Auszubildende einzustellen.

Unsere Firma bietet Ihnen auf der Grundlage des Berufsbildes für Industriekaufleute eine solide kaufmännische Ausbildung.

Den theoretischen Unterricht erhalten Sie in der Berufsbildenden Schule II in Merseburg.

Wir freuen uns auf eine gute Zusammenarbeit und bitten Sie, demnächst in unserer Personalabteilung vorzusprechen, um den Ausbildungsvertrag abzuschließen

Mit freundlichen Grüßen

i. A Werner Bachmann

Werner Bachmann

Bankverbindung
Dresdner Bank
BLZ 800 800 00
Konto-Nr. 999 999 999

Stadt- und Saalkreissparkasse
BLZ 800 537 62
Konto-Nr. 888 888 888

Postgiroamt Halle
Konto-Nr. 77 77-777

Geschäftsführerin: Marianne Strenge

Tfx (0 46) 2 53 24

## Aufgaben

1. *Vergleichen Sie die Brieftexte auf den Seiten 70 und 71*
   *a) nach ihrem Inhalt,*
   *b) nach ihrer Sprache,*
   *c) nach ihrer äußeren Gestalt.*
2. *An welchen sprachlichen Formulierungen erkennen Sie die unterschiedlichen sozialen Beziehungen der Briefpartner?*
3. *Vergleichen Sie die Rechtslage der Auszubildenden früher und heute. Nennen Sie wesentliche Unterschiede.*

**Vor dem Formulieren eines Geschäftsbriefes sollten folgende Arbeitsschritte beachtet werden:**

| | **Beispiele** |
|---|---|
| **1. Orientierung auf den Sachverhalt**<br>*Welche Situation ist vorhanden?*<br>*Welche Absicht wird mit dem Schreiben verfolgt?*<br>*Welche Aufgaben werden daraus abgeleitet?* | Betriebswirtschaftliche, rechtliche, technische und persönliche Überlegungen |
| **2. Planungsphase**<br>*Was soll gesagt werden?* | Inhalt des Briefes: Angebot, Anfrage, Bewerbung |
| *Wem soll es gesagt werden?* | Briefempfänger |
| *Wie soll es gesagt werden?* | Psychologische Überlegungen zum Sachverhalt |
| **3. Formulierung des Brieftextes**<br>*Wie erfolgt der Textaufbau?* | Sachlogisch |
| *Welche stilistischen Mittel sind am wirksamsten?* | Sachbetont, emotional, bewegt, freundlich, sehr freundlich, distanziert |
| **4. Äußere Form des Brieftextes**<br>*Wie erfolgt die äußere Gestaltung?* | Normblatt DIN 5008 |
| **5. Reinschrift und Textkorrektur**<br>*Nach welchen Gesichtspunkten erfolgt die Textkorrektur?* | Sachliche Richtigkeit, Angemessenheit im Ausdruck, Grammatik und Interpunktion, Orthographie |

Kaufmännische Briefe im geschäftlichen Bereich können nur sachlich richtig geschrieben werden, wenn der Verfasser über die notwendigen betriebswirtschaftlichen, technischen und rechtlichen Grundlagen verfügt und mit den entsprechenden Fachausdrücken vertraut ist.

Damit ein Geschäftsbrief bewirkt, was sein Verfasser erreichen will, bedarf es einiger psychologischer Erfahrungen. Der Schreiber muß imstande sein, sich in die Situation des Empfängers zu versetzen. So sollten die eigenen Wünsche und Absichten niemals im Vordergrund des Briefes stehen. Die Erfolgsaussichten erhöhen sich, wenn der Schreiber den Sachverhalt vom Standpunkt des Empfängers betrachtet, im Detail über die Ware oder Dienstleistung Auskunft geben kann und den Nutzen für den Briefpartner in den Mittelpunkt des Briefes rückt.

**Beim Verfassen eines Geschäftsbriefs ist folgendes zu beachten:**

*Inhalt:*

Sachliche Richtigkeit
Zweckentsprechende und partnerbezogene Informationsauswahl
Begriffliche Klarheit

*Textaufbau:*

- Angabe des Betreffvermerkes
- Anrede
- logische Gliederung des Sachverhaltes (Abhängig von der Kommunikationsabsicht)
- Unterschrift, eventuell Anlage

Konkrete Empfehlungen und Beispiele zum Inhalt und Textaufbau werden in den Abschnitten 2.3 und 2.4 angeboten.

*Sprache/Stil:*

**Die Anrede**

| Sachlich | Persönlich |
|---|---|
| Sehr geehrte Frau Rothe, | Lieber Herr Schröder! |
| Sehr geehrte Damen und Herren! | Liebe Freunde, |
| Sehr geehrte Damen,<br>sehr geehrte Herren, | Liebe Angelika, |
| Sehr verehrter Herr Dr. Baumann! | Hallo Fans! |

Die Anrede schließt mit einem Komma oder mit einem Ausrufezeichen ab.

**Die Grußformel**

Sie soll weder geschwollen noch unterwürfig klingen.
Möglich sind: Mit freundlichen Grüßen
Mit freundlichem Gruß
Hochachtungsvoll

Die Formulierung hängt vom Ermessen des Absenders und auch von seinem Verhältnis zum Briefempfänger ab.

**Der Betreffvermerk**

In Briefen ohne Vordruck wird das Wort „Betreff" nicht mitgeschrieben. Der Betreff lenkt die Aufmerksamkeit des Lesers auf das Wesentliche des Briefinhaltes: Bitte um Auskunft, Antrag auf ..., Einladung zum Firmenjubiläum, Einspruch gegen ..., Bitte um Vertreterbesuch, Ihre Bestellung vom...

**Ausdruck und Stil**

- **Verben statt Substantive**

| Nicht so | Sondern so |
|---|---|
| Zwecks Terminvereinbarung bitten wir Sie, sich mit uns telefonisch in Verbindung zu setzen. | Wir bitten Sie, uns anzurufen und mit uns einen Termin zu vereinbaren. |
| Die Zahlung der Miete erfolgt durch Überweisung auf Ihr Konto. | Ich überweise die Miete auf Ihr Konto. |

- **Kurze, klar formulierte Sätze**

| Nicht so | Sondern so |
|---|---|
| Erhielt heute Ihren geschätzten Auftrag. | Ich erhielt heut Ihren Auftrag. |
| Ihren Kreditantrag haben wir erhalten und danken wir Ihnen dafür. | Wir haben Ihren Kreditantrag erhalten, und wir danken Ihnen dafür. |

- **Treffende Wortwahl**

| Nicht so | Sondern so |
|---|---|
| Wir bieten billige Preise. | Wir bieten niedrige Preise. |
| Die bisher gemachten Erfahrungen geben Anlaß ... | Die bisherigen Erfahrungen veranlassen uns ... |

## Aufgaben

1. *Vergleichen Sie die beiden folgenden Textbeispiele nach ihrem Textaufbau, ihrer begrifflichen Klarheit und dem Einsatz der sprachlichen Mittel.*
   *Begründen Sie Ihre Meinung.*
2. *Formulieren Sie selbst einen Geschäftsbrief mit ähnlichem Inhalt.*

**Text 1**

Vertreterbesuch

Hochverehrte Frau Schmidt,

wir senden Ihnen unseren neuesten Bestellkatalog und nehmen an, daß Sie sicher etwas finden werden, was dem Charakter Ihres Geschäftes entsprechen könnte, und teilen Sie uns gleich auf beiliegender Antwortkarte mit, wann Herr Bauer Sie besuchen darf.
So künden wir Ihnen hiermit unseren Vertreter Herrn Peter Bauer an, der sich vom 14.04. bis 18.04.19.. in Weißenfels aufhält und Sie besuchen soll, und Ihnen Muster für die Sommerkollektion vorlegen wird.

Mit allerbester Empfehlung

**Text 2**

Vertreterbesuch

Sehr geehrte Frau Schmidt,

Sie warten schon sicher auf unseren Vertreter, der Ihnen die Muster für die kommende Sommerkollektion vorlegen soll.

Nun ist es soweit!
Wir kündigen Ihnen den Besuch von Herrn Peter Bauer an, der sich in der Woche vom 14.04. bis 18.04.19.. in Weißenfels aufhält und bei Ihnen vorsprechen wird. Gleichzeitig übersenden wir Ihnen unseren neuesten Bestellkatalog, in dem Sie sicher Modellvorschläge finden, die dem Charakter Ihres Geschäftes entsprechen. Teilen Sie uns bitte auf beiliegender Antwortkarte mit, an welchem Tage Sie Herrn Bauer empfangen können.

Mit besten Empfehlungen

# Aufgaben

1. *Ersetzen Sie die unterstrichenen Substantive durch Verben, und formulieren Sie neu.*
   a) Bei Verhinderung bitten wir Sie um telefonische Benachrichtigung.
   b) Nach erfolgter Schadensermittlung kann sofort mit der Beseitigung der Trümmer begonnen werden.
   c) Wir fordern Sie zur sofortigen Räumung des Schrankfaches auf.
   d) Nach eingehender Beratung über die Finanzierung ihres Bauvorhabens vertreten wir die Auffassung, daß der Gewährung eines Kredits unsererseits nichts im Wege steht.
   e) Wir bitten Sie um Überweisung des Rechnungsbetrages.
   f) Die Klärung dieses Sachverhaltes bedarf einer erneuten Überprüfung.
   g) Nach der Erläuterung durch Herrn Müller über die Vor- und Nachteile der gleitenden Arbeitszeit gaben alle Anwesenden ihre Zustimmung zu ihrer Einführung.

2. *Überprüfen Sie folgende Sätze auf Fehler im Ausdruck und Satzbau. Begründen Sie Ihre Meinung, und formulieren Sie gegebenenfalls neu.*
   a) Wir müssen noch einen Termin aushandeln.
   b) Falls Ihnen unser Angebot gefällt, melden Sie sich bitte.
   c) Wir wollen Ihnen einen Kredit einräumen.
   d) Der Termin Ihres Erscheinens muß noch vereinbart werden.
   e) Da Sie ein langjähriger Geschäftskunde sind ...
   f) Am Freitag findet der Vortrag über elegante und pflegeleichte Nachtwäsche von Frau Ratmann statt.
   g) Wir teilen Ihnen mit, daß die von Ihnen bestellten Gartenzwerge leider ausgegangen sind.
   h) Erfahrener Fachverkäufer in Damenkleidern sucht neuen Wirkungskreis.
   i) Wir suchen junge, attraktive Bürokauffrau, die sich auch zum Verkauf eignet.
   j) Da weiße Sandaletten im Herbst nicht mehr gehen, bitten wir Sie, diese umgehend verbilligt abzustoßen.

# 2.3 Geschäftsbriefe im privaten Bereich

## 2.3.1 Bewerbung

### Stellenangebot

**Text 1**

STRABAG

Die STRABAG ist eine der größten Baufirmen in Deutschland und weltweit tätig. Ca. 12 000 Mitarbeiter beschäftigt das Unternehmen.

In unserer Zweigniederlassung Halle/Bitterfeld (Sitz Halle) stellen wir eine

**Sekretärin der Geschäftsleitung**

ein.

**Selbständiges engagiertes Arbeiten, ausgeprägtes Verantwortungsbewußtsein, Beherrschung von Stenografie und Schreibmaschine unter PC-Einsatz**

setzen wir voraus.

Branchenkenntnisse sind wünschenswert.

**Wir bieten:**

- eine interessante und abwechslungsreiche Tätigkeit
- gute Bezahlung
- alle großzügigen Sozialleistungen eines Großunternehmens
- sicheren Arbeitsplatz

Wenn Sie sich für diese Position interessieren, senden Sie bitte Ihre aussagefähigen Bewerbungsunterlagen, die wir selbstverständlich vertraulich behandeln, an

**Text 2**

**Junge Leute**

bis 28 J.

**für leicht erlernbare Tätigkeit**

gesucht.

Gute Einarbeitung, Unterkunft und Starthilfe werden geboten.

Bedingung: Unabhängig und reiselustig.

Vorzustellen Montag bis Freitag von 10 bis 16 Uhr, Tel.

**Text 3**

**Arbeitslos, beruflich unzufrieden?**

Dann suchen wir Sie!

Arbeiter, Handwerker, kaufm. Angestellte.

Bewerbungen an [redacted] MZ-Anz.-Ann., Hallbergbreite 9, 06120 Halle

**Text 4**

**Getränkefachgroßhandlung sucht zum sofortigen Eintritt eine**

**AUFTRAGSSACHBEARBEITERIN**

**Wir erwarten von Ihnen:**

- eine kaufmännische Ausbildung
- gute Schreibmaschinenkenntnisse
- Sicherheit in Rechtschreibung und Grammatik
- selbständiges Arbeiten und ein hohes Maß an Verantwortungsbewußtsein sowie die Bereitschaft an einer modernen EDV-Anlage zu arbeiten

Wenn Sie Spaß am Umgang mit Menschen haben, das Telefonieren beherrschen, Ihre zukünftige Tätigkeit mit viel Engagement betreiben wollen, dann erwartet Sie ein sicherer Arbeitsplatz.

Ihre aussagefähige Bewerbung mit Lichtbild und handgeschriebenem Lebenslauf senden Sie bitten an:

**Text 5**

Freundliche, zuverlässige

**Bürokauffrau**

mit Steno für vielseitiges und interessantes Aufgabengebiet zum baldigen Eintritt gesucht.

**KIRCHHOFF, Baumaschinen**

**Text 6**

**Hallenser Rechtsanwalt und Notar in Tübingen sucht**

**Anwaltsgehilfin oder intelligente Schreibkraft**

ab 1. Januar 1992

1-Zimmer-Appartement kann gestellt werden. Die Universitätsstadt Tübingen hat u. a. infolge Nähe zu Schwarzwald, Bodensee und Schwäbische Alb hohen Freizeitwert.

Angebote unter [redacted] MZ-Anzeigenannahme, Taxusweg 7, 06118 Halle

Stellenangebote unterscheiden sich in ihrer äußeren Form, in der Größe, in der Textgestaltung sowie im Druckverfahren. Größere Unterschiede sind meist im Informationsgehalt zu verzeichnen.

**Inhalt und Textaufbau eines Stellenangebotes**

1. Aussagen zur Firma oder Behörde
2. Beschreibung des Arbeitsbereiches
3. Anforderungen an den Bewerber
4. Hinweis zu sozialen Leistungen
5. Art und Weise der Kontaktaufnahme

## Aufgaben

1. *Vergleichen Sie die Stellenangebote auf der Seite 76 nach ihrem Inhalt und ihrer äußeren Gestaltung.*
2. *Welche Anzeigen sind nach ihrem Informationsgehalt*
   *a) besonders aussagefähig,*
   *b) eher dürftig?*
   *Begründen Sie Ihre Meinung an den Textbeispielen.*

## Bewerbungsschreiben

Arbeitssuchende bewerben sich auf Empfehlung bei einer Firma, bei einer Behörde oder schreiben auf Stellenangebote aus Zeitungen.

Eine vollständige Bewerbung besteht aus

- dem Bewerbungsschreiben,
- dem Lebenslauf mit einem aktuellen Lichtbild und
- Kopien von Zeugnissen.

Das Bewerbungsschreiben vermittelt den **ersten Eindruck** vom Bewerber. Es dient mit als Grundlage dafür, ob er in die engere Auswahl der Mitbewerber einbezogen wird oder ob er sofort eine Absage erhält. Auf den Inhalt und Textaufbau sowie auf die äußere Form ist deshalb größte Sorgfalt zu verwenden.

**Inhalt und Textaufbau eines Bewerbungsschreibens**

1. Hinweis auf eine Empfehlung oder Anzeige
2. Begründung einer Bewerbung
3. Besondere Eignung für den angegebenen Tätigkeitsbereich
4. Angabe von Referenzen
5. Möglicher Einstellungstermin
6. Bitte um Vorstellungsgespräch
7. Eventuell Vertraulichkeit der Angaben

**Beispiel**

Petra Meißner
Am Hang 2
06484 Quedlinburg

Quedlinburg, 15.07.19..

Bienert & Söhne AG
Geschwister-Scholl-Str. 42

06118 Halle

Bewerbung als Bürokauffrau

Sehr geehrter Herr Dr. Bienert,

aus Ihrer Anzeige in der „Mitteldeutschen Zeitung" ersehe ich, daß Sie eine Bürokauffrau suchen. Ich bewerbe mich um diese Stelle.

Vom 01.08.19.. bis 31.07.19.. absolvierte ich im GRAVO-Druck Halle eine 3jährige kaufmännische Lehre als Bürokauffrau und bestand die Prüfung vor der Industrie- und Handelskammer in Halle mit guten Ergebnissen. Während meiner Ausbildung habe ich solide kaufmännische Grundkenntnisse erworben und betriebliche Informations- und Kommunikationstechniken kennengelernt.

Zur Zeit besuche ich an der Volkshochschule einen Lehrgang zur Textverarbeitung, in dem die praktische Arbeit an Computern und modernen Textsystemen behandelt wird.

Leider habe ich in meiner jetzigen Stellung auf dem Gebiet der Textverarbeitung kaum Entwicklungsmöglichkeiten, so daß ich einen Arbeitsplatzwechsel anstrebe. Ich befinde mich in ungekündigter Stellung und könnte die neue Tätigkeit frühestens am 01.06.19.. antreten. Mein Abteilungsleiter, Herr Bachmann, ist darüber informiert und bereit, über mich Auskunft zu geben.

Bitte geben Sie mir Gelegenheit zu einem persönlichen Gespräch.

Mit freundlichen Grüßen

Anlagen
2 Zeugnisabschriften
1 Lebenslauf
1 Lichtbild

## Stoffsammlung zum Textaufbau eines Bewerbungsschreibens

### *Gründe für die Bewerbung*

Neue Arbeitsbereiche kennenlernen, eigene Fähigkeiten besser einsetzen, sich weiterentwickeln, berufliche Kenntnisse vertiefen, leistungsabhängig bezahlt werden, sich auf einem bestimmten Arbeitsgebiet spezialisieren;
Wohnort wechseln, familiäre Gründe, in der bisherigen Firma kein Arbeitsplatz vorhanden, arbeitslos ...

### *Besondere Eignung für den angegebenen Tätigkeitsbereich*

*Der Bewerber begründet, warum er sich für die ausgewiesene Arbeitsstelle geeignet hält:*

Bezeichnung des Lehrberufes, Berufserfahrung im Lehrberuf (Kundenberatung, Materialverwaltung, Sekretariatsarbeit und anderes), spezielle Fachkenntnisse in einem bestimmten Arbeitsbereich, Beherrschen von Informations- und Kommunikationstechniken, Erfahrungen in der Text- und Datenverarbeitung, Umschulungen ...

*Zusätzliche Informationen unterstützen den Gesamteindruck des Bewerbers:*

Kenntnisse in Maschinenschreiben und Stenografie, Sprachkenntnisse, Auslandsaufenthalt, Besuch von Kursen an der Volkshochschule oder anderen Weiterbildungsinstitutionen ...

## Aufgaben

1. *Beurteilen Sie das Bewerbungsschreiben auf Seite 78 in bezug auf Inhalt und Textaufbau. Werden die empfohlenen Gliederungspunkte beachtet?*
2. *Welche Informationen vermitteln die Anlagen?*
3. *Welche Bedeutung haben Referenzen (von Vertrauenspersonen gegebene Auskünfte, die man als Empfehlung vorweisen kann)?*
4. *Beurteilen Sie Inhalt, Ausdruck und Satzbau in den folgenden Sätzen. Formulieren Sie neu.*

*Aus Bewerbungen*

*a)* Ich bitte Sie höflichst, meine Unterlagen vertraulich zu behandeln und diese bei einer negativen Entscheidung Ihrerseits zurückzusenden.

*b)* Viel Spaß hatte ich immer bei der Kundenbetreuung, deshalb möchte ich mich um diese Stelle bewerben.

*c)* Ich bin gern bereit, Verantwortung zu tragen, und möchte deshalb in Ihrer Kreditabteilung tätig werden.

*d)* Ich bin sicher, daß ich Ihren Wünschen und Forderungen gerecht werde, und bitte Sie um eine Gelegenheit zu einem persönlichen Gespräch.

*e)* Ich bewerbe mich um die Ihrerseits ausgeschriebene Stelle, denn ich suche einen vielseitigen Wirkungskreis.

*f)* Ich habe Freude am permanenten Lernen, Offenheit für Neues, Zielstrebigkeit und Risikobereitschaft bleiben auch in Zukunft wichtige Erfolgsbedingungen für mich.

*g)* Ich habe einen Abschluß als Bürokauffrau.

*h)* Kunden individuell betreuen und das richtige Produkt für Sie auszuwählen macht mir schon immer viel Freude.

*i)* Ich möchte Ihnen treu bleiben und bewerbe mich deshalb in unserer Firma um die Stelle in der Sekretariatsabteilung.

*j)* Ich danke Ihnen für Ihre Aufmerksamkeit. (Schlußsatz eines Bewerbungsschreibens)

5. *Verfassen Sie ein Bewerbungsschreiben zu einer Anzeige aus Ihrem Berufsbereich.*

## Lebenslauf

Der Lebenslauf unterstützt die Bewerbung. Er informiert über persönliche Lebensumstände und über die berufliche Entwicklung. Beides muß wahrheitsgetreu und lückenlos dargestellt werden.

**Beispiel: tabellarischer Lebenslauf**

Rolf Reichert
Lönsweg 34
06231 Bad Dürrenberg

Lebenslauf

Persönliche Angaben

| | |
|---|---|
| Geburtsdatum | 10.05.19.. in Bad Dürrenberg |
| Familienstand | ledig |

Schulbildung

| | |
|---|---|
| 01.09.19.. bis 30.06.19.. | Polytechnische Oberschule in Bad Dürrenberg |
| 01.09.19.. bis 30.06.19.. | Erweiterte Oberschule in Merseburg |
| 01.09.19.. bis 30.06.19.. | Kaufmännische Berufsschule Friedrich List in Halle |

Berufsausbildung

| | |
|---|---|
| 01.09.19.. bis 30.06.19.. | Ausbildung zum Bankkaufmann bei der Deutschen Bank in Halle |

Besondere Kenntnisse und Fähigkeiten

| | |
|---|---|
| | EDV-Grundkenntnisse im Bereich Textverarbeitung |
| | Kaufmännischer Schriftverkehr in Englisch, VHS-Zertifikationskurs |

Bad Dürrenberg, 04.06.19..

Rolf Reichert

Der Lebenslauf kann in Textform oder als tabellarischer Lebenslauf geschrieben werden. Er enthält das aktuelle Datum und die Unterschrift und kann sowohl mit der Maschine als auch – wenn gefordert – mit der Hand geschrieben werden:

- Alle Daten müssen in chronologischer (zeitlich geordneter) Reihenfolge aufgeführt werden.
- Heben Sie besonders die Dinge hervor, die für die angestrebte Berufstätigkeit wichtig sind.
- Lassen Sie keine wichtigen Angaben weg.
- Gliedern Sie Ihren Lebenslauf nach persönlichen Daten, Schulbildung, Berufsweg und besonderen Kenntnissen und Fähigkeiten.
- Ihr Lebenslauf zeigt Ihrem künftigen Arbeitgeber auch, ob Sie in der Lage sind, Sachverhalte logisch, sauber geordnet und aussagekräftig darzustellen.

### Aufgaben

1. *Welche Informationen erhält der Leser aus einem Lebenslauf?*
2. *Schreiben Sie Ihren Lebenslauf in tabellarischer Form.*

## 2.3.2 Mitteilung, Antrag, Reklamation

Für Schreiben, die offiziellen oder „halbamtlichen" Charakter tragen, sollten die Regeln für Maschinenschreiben sinngemäß angewendet werden. Vor dem Schreiben des Briefes muß der Verfasser folgendes durchdenken:

- Wem schreibe ich?
- Warum schreibe ich?
- Mit welchen Argumenten kann ich den Empfänger meines Briefes überzeugen?
- Was will ich erreichen?

Auch Beschwerden und Reklamationen sollten in einem angemessenen und sachlichen Ton formuliert werden. Unsachliche Äußerungen rufen eher den Widerstand des Empfängers hervor und können die Bearbeitung verzögern.

Ein eindeutiger Hinweis in der Betreffzeile und die Angabe des Aktenzeichens, Geschäftszeichens oder der Kundennummer erleichtern die Bearbeitung.

### Aufgabe

*Vergleichen Sie die folgenden Brieftexte. Schätzen Sie ein, ob alle Beispieltexte in ihrem Inhalt und Textaufbau den genannten Anforderungen entsprechen. Begründen Sie Ihre Meinung.*

### Text 1: Mitteilung

Feuchte Kinderzimmerdecke

Sehr geehrte Frau Riesler,

am 10.02. und am 05.06. dieses Jahres habe ich Sie auf die feuchte Kinderzimmerdecke und auf das schadhafte Dach aufmerksam gemacht und Sie gebeten, für die Beseitigung des Schadens zu sorgen.
Ein Mitarbeiter der Firma Leukert GmbH hat beides begutachtet, aber darauf hingewiesen, daß er keinen Auftrag für eine Reparatur von Ihnen habe.
Inzwischen regnet es an 4 Stellen im Kinderzimmer durch.
Ich teile Ihnen vorsorglich mit, daß ich erstmals am 01.08.19.. die Miete um 20% kürzen werde, weil das Kinderzimmer nicht mehr benutzt werden kann.
Sobald der Schaden beseitigt ist, zahle ich meine Miete wieder in voller Höhe.

Mit freundlichen Grüßen

### Text 2: Antrag

Urlaubsantrag

Sehr geehrter Herr Renner,

am 15. Dezember dieses Jahres feiern meine Eltern ihre silberne Hochzeit. Die Feier findet bei meinen Großeltern in Bad Dürrenberg statt und beginnt bereits vormittags um 10.00 Uhr. Deshalb bitte ich Sie, mich für diesen Tag vom Unterricht zu beurlauben.

Den Unterrichtsstoff hole ich selbstverständlich nach.

Mit freundlichen Grüßen

### Text 3: Reklamation

Ausgleich meines Kontos

Sehr geehrte Damen und Herren,

zu Beginn des 2. Quartals dieses Jahres habe ich mein Abonnement für die Zeitschrift „Unsere Haustiere“ gekündigt. Seit dem 01. April wird mir diese Zeitschrift auch nicht mehr zugestellt.
Leider mußte ich feststellen, daß im Juli immer noch die Gebühren für die Zeitschrift von meinem Konto abgebucht wurden.

Bitte prüfen Sie umgehend den Sachverhalt, und überweisen Sie mir den fälschlich abgebuchten Betrag auf mein Konto.

Vielen Dank.

Mit freundlichen Grüßen

## Aufgaben

**1.** *Bei Schreiben an Behörden sind dem Absender die Namen der zuständigen Sachbearbeiter meist nicht bekannt.*
*In welcher Situation bevorzugen Sie eine der folgenden Anreden? Welche lehnen Sie ab?*

a) Sehr geehrte Damen und Herren,
b) Hochverehrter Herr ...,
c) Sehr geehrte Frau Bayer,
d) Sehr geehrtes Ordnungsamt,
e) keine Anrede
f) Liebes Grünflächenamt

**2.** *Aufgaben zum Geschäftsbrief aus dem persönlichen Bereich:*

*a) Beantragen Sie bei Telekom den Einbau eines Telefonanschlusses.*
*b) Beantragen Sie bei Ihrer Bank ein Darlehen. Geben Sie die Höhe des gewünschten Betrages, den Zweck und die Laufzeit an.*
*c) Beschweren Sie sich beim Ordnungsamt über das unerlaubte Parken auf dem Bürgersteig in Ihrer Straße. Begründen Sie Ihre Forderung nach Veränderung des jetzigen unzumutbaren Zustandes.*
*d) Beschreiben Sie in einem Brief an die Stadtverwaltung*
*– den katastrophalen Zustand der Gehwege und Straßen in Ihrem Wohngebiet,*
*– das Parken auf Rasenflächen und Spielplätzen in Ihrer Nachbarschaft,*
*– die ungenügende Straßenbeleuchtung in Ihrer Straße.*
*Machen Sie in jedem der Beispiele auf die Folgen aufmerksam. Bitten Sie um geeignete Maßnahmen. Unterbreiten Sie eigene Vorschläge.*
*e) Bitten Sie Ihre Polizeibehörde um die Einführung eines Tempolimits auf 30 km/h in Ihrer Straße. Begründen Sie Ihre Forderung.*
*f) Reklamieren Sie*
*– eine nicht korrekt ausgeführte Dienstleistung,*
*– die Lieferung einer fehlerhaften Ware.*

**3.** *Schreiben Sie einen Brief an das Stadtbauamt. Schildern Sie den folgenden Sachverhalt:*
Das Energiewerk beabsichtigt, in Ihrem Wohngebiet, speziell in der Waldstraße, in einer Parkanlage ein Umspannwerk zu errichten. Die Anwohner der Waldstraße 10-35 lehnen dieses Vorhaben ab und bitten Sie, die Gründe dem Stadtbauamt mitzuteilen.

*Bringen Sie die Einwände der Bürger zum Ausdruck:*

- Gestaltung der Parkanlage in freiwilligen Arbeitseinsätzen der Anwohner – vorher ein wilder Müllplatz,
- Parkanlage einzige Grünfläche im Wohngebiet – starke Luftverschmutzung durch Industriebetriebe,
- Nutzung als Kinderspielplatz – nächster Spielplatz circa 15 Minuten entfernt, dabei Überquerung einer Kreuzung,
- Erholungsmöglichkeit für ältere Bürger.

*Machen Sie einen Alternativvorschlag:*
Verwendung einer nicht genutzten Freifläche am Ende der Waldstraße.

*Formulieren Sie eine Bitte:*
Überprüfung des Sachverhalts und Benachrichtigung der Anwohner über die Entscheidung des Stadtbauamtes.

# 2.4 Geschäftsbriefe im kaufmännischen Bereich

## 2.4.1 Anfrage

KAUFMÄNNISCHE BERUFSSCHULE
„Friedrich List"

Kaufmännische Berufsschule „Friedrich List"
Charlottenstraße 15, 06118 Halle (Saale)

Rudolf Neubert GmbH
Abteilung Büroorganisation
Alter Markt 8

06108 Halle

| Ihre Zeichen, Ihre Nachricht vom | Unsere Zeichen, unsere Nachricht vom | Telefon 2 53 24 | Halle |
|---|---|---|---|
| | se-ha | | 27.11.19.. |

Bitte um ein unverbindliches Angebot über die Lieferung von Büromöbeln

Sehr geehrter Herr Neubert,

wir haben die Absicht, für die Schüler unserer Berufsfachschule ein Übungsbüro einzurichten. Dafür ist ein Arbeitsraum für etwa 15 Arbeitsplätze vorgesehen.

Wir bitten Sie, uns Büromöbel in guter Qualität anzubieten. Darunter verstehen wir Produkte, die solide und robust gebaut sind, den neuesten Anforderungen an die technische Ausstattung eines modernen Schreibbüros entsprechen und für die praktische berufliche Ausbildung der Schüler geeignet sind.

Benötigt werden voraussichtlich

10 Büromaschinentische
15 Bürodrehstühle
5 Schreibtische.

Bitte senden Sie uns möglichst bald ein Angebot mit Abbildungen und eine Preisliste zu, und teilen Sie uns Ihre Lieferungs- und Zahlungsbedingungen mit.

Mit freundlichem Gruß

I. Senge

Ingrid Senge
Schulleiterin

Anfragen werden mit der Absicht geschrieben, sich zu informieren, um eventuell eine Geschäftsverbindung einzugehen. Man unterscheidet **allgemeine** und **bestimmte** Anfragen. Bei allgemeinen Anfragen verschafft man sich einen Überblick über Angebote, Bezugsquellen oder Leistungen. Man bittet um Informationsmaterial, Preislisten, Kataloge, Muster oder um den Besuch eines Vertreters.

Häufiger werden Anfragen geschrieben, in denen gezielt nach bestimmten Waren oder Leistungen gefragt wird. Je genauer das Anliegen dargestellt wird, um so ausführlicher wird der Anbieter antworten.

**Inhalt und Textaufbau der Anfrage**

1. Begründung der Anfrage
2. Genaue Beschreibung der gesuchten Ware
3. Angabe der Bezugsmenge und Lieferzeit
4. Preis und Zahlungsbedingungen

## Aufgaben

**1.** *Ihre Firma wünscht 200 Vordrucke für Telefonnotizen.*
*Schreiben Sie an die Druckerei Max Schneidewind, Magdeburger Str. 11, 39576 Stendal. Bitten Sie um ein Angebot von Mustervordrucken, Preisen und Lieferzeit. Formulieren Sie den Brieftext so, daß ein zielgerichtetes Angebot erwartet werden kann.*

**2.** *Sie arbeiten in einer neu gegründeten Firma.*
*Erkundigen Sie sich bei einer von Ihnen selbstgewählten Firma nach Preisen, Lieferungs- und Zahlungsbedingungen für eine Ware, die Ihre Firma dringend benötigt. Das Angebot sollte Abbildungen enthalten. Auch ein Vertreterbesuch ist angenehm.*

**3.** *Beurteilen Sie Inhalt, Textaufbau, Umfang und sprachliche Gestaltung des folgenden Brieftextes.*
*Schreiben Sie den folgenden Brieftext sprachlich fehlerfrei, stilistisch angemessen und normgerecht. Formulieren Sie Absender, Betreff, Datum, Anrede und Gruß selbst.*

Ich habe die Absicht, mein Textilgeschäft in Bad Köstritz Am neuen Markt 4 neu einzurichten. Es genügt weder in seiner Größe noch in seinem Bedienungskomfort heutigen Ansprüchen. Die Möglichkeit die Verkaufsfläche zu vergrößern ist unter den räumlichen Bedingungen wie sie jetzt bestehen nicht gegeben. Ich beabsichtige deshalb mein Haus, in dem sich unten auch das Geschäft befindet umzubauen. Die Verkaufsfläche und der Lagerraum sollen vergrößert und die Wohnfläche im oberen Stockwerk umgebaut werden.
Der voraussichtliche Kapitalbedarf beträgt 150 000,00 DM. Ich habe dafür 85 000,00 DM Eigenkapital und ein Darlehen von 35 000,00 DM von der Bürogroßhandlung Gbr. Winter, Fritz Reuterstr. 12, Gera. Für die mir noch fehlenden 20 000,00 DM bitte ich Sie mir einen Kredit zu gewähren, und zwar für die Laufzeit von 12 Monaten. Falls Sie eine Sicherheit von mir erwarten, verweise ich auf meine in den letzten Jahren steigenden Umsätze und auf mein Warenlager. Ich erwarte Ihre Endscheidungen.

## 2.4.2
## Angebot

### Beispiel: verlangtes Angebot

**Dessauer Fensterbau**

Innsbrucker Str. 3
06849 Dessau

Herrn
Dr. Günther Meinhardt
Heideallee 6

06120 Halle

Ihre Zeichen, Ihre Nachricht vom | Unsere Zeichen, unsere Nachricht vom | ☎ | Ortsname | Datum

Angebot

Sehr geehrter Herr Dr. Meinhardt,

wir danken Ihnen für Ihre Nachfrage und bieten Ihnen nachfolgend an:

Brühl Kunststoff-Fenster, Baureihe Serie 81
Diese Fenster werden aus hochwertigem, lichtechtem Material gefertigt und besitzen das RAL-Gütezeichen.

| Stck. | Artikelnummer | Größe | E-Preis | G-Preis |
|---|---|---|---|---|
| 2 | Fenster 1fl weiß | 640 x 1270 | 311,39 | |
| | Glas Iso 4.15.4 | | 54,70 | |
| | Fensterbank-Anschluß | | 11,92 | |
| | Montage | | 150,00 | |
| | | Element: | 548,01 | 1 096,02 |
| | | 15 % Mehrwertsteuer | | 164,40 |
| | | | DM gesamt | 1 260,42 |

Wir hoffen, Ihnen mit diesem Angebot gedient zu haben, und würden gern Ihren Auftrag annehmen.

Mit freundlichen Grüßen

Dessauer Fensterbau

Wichmann

Wichmann

Geschäftsräume | Telex | Telegramm-Kurzanschrift | Konten

Eines der wichtigsten Schriftstücke im kaufmännischen Schriftverkehr ist das Angebot. Es ergibt in Verbindung mit einer Zusage oder Bestellung den Kaufvertrag. Auf Anfrage eines Kunden reagiert der Lieferer mit einem **verlangten Angebot.**

In einem **unverlangten Angebot** wirbt der Lieferer für sein Produkt oder eine Dienstleistung.

**Inhalt und Textaufbau eines Angebots**

1. Dank für Interesse an einem Produkt oder einer Dienstleistung (bei verlangtem Angebot)
2. Genaue Beschreibung der Ware oder Leistung, Beschaffenheit, Menge, Maße, (Bestellnummer)
3. Liefer- und Zahlungsbedingungen
4. Angabe des Preises
5. Erfüllungsort und Gerichtsstand
6. Eventuell Befristung oder Einschränkung des Angebotes

## Aufgaben

**1.** *Vergleichen Sie die Angebote von Seite 67 und Seite 86*
*a) nach ihrem Inhalt,*
*b) nach den eingesetzten sprachlichen Mitteln*

**2.** *Schreiben Sie ein Angebot, in dem Sie einem Kunden typische Waren oder eine typische Dienstleistung Ihrer Firma anbieten*

*a) als verlangtes Angebot,*
*b) als unverlangtes Angebot.*

*Gliedern Sie nach Möglichkeit Ihren Text nach den empfohlenen Gesichtspunkten.*

**3.** *Analysieren Sie den folgenden Brieftext nach Inhalt, Textaufbau und sprachlichen Fehlern. Formulieren Sie den Brief so, daß die Leistungsfähigkeit der Firma werbewirksam und stilistisch angemessen zum Ausdruck kommt.*

Sehr geehrter Kunde. Unter Bezugnahme auf Ihre Nachfrage vom 10.8.19.. möchten wir Ihnen einen kurzen Überblick von unserem Betrieb verschaffen. Wir sind ein mittelständischer Betrieb der Metall verarbeitenden Industrie, wovon 3 Damen im Büro sitzen. Unsere Produktionsballette beinhaltet: Wohnraumleuchten und zwar Wand, Steh- und Tischleuchten aber auch Kamping geschirr und andere, diverse Metalldrückerarbeiten. In unserem beiliegenden Prospekt finden Sie auch Preisangebote und sie sehen Ausschnitte aus unserem Licht- und Leuchtenprogramm. Diese Leuchten sind besonders für den Wohnbereich geeignet und auch für Büros und gastronomische Einrichtungen. Sie zeichnen sich durch hohe Qualität, Formschönheit und eine breite Farbenvielfalt aus. Sollten Ihrerseits spezielle Anfertigungswünsche vorliegen, werden wir diese berücksichtigen. Wenn es die Technologie zuläßt. Wir wären an einen Auftrag von Ihnen sehr interessiert.

## 2.4.3 Mängelrüge

**Roland Bauer GmbH**
**Textil- und Lederwaren**

**Hauptmannstr. 137**
**04109 Leipzig**

Lederwarenfabrik
Rolf Brenner KG
Forststr. 18

38108 Braunschweig

| Ihre Zeichen, Ihre Nachricht vom | Unsere Zeichen, unsere Nachricht vom | ☎ | Ortsname | Datum |
|---|---|---|---|---|

Mängel an Reistaschen

Sehr geehrter Herr Brenner,

heute erhielt ich die von mir am 15.05.19.. bestellten 50 Reisetaschen Modell „Südseeträume" R8. Bestell-Nr. 8843.

Leider stellte ich fest, daß die Ware erhebliche Mängel aufweist.

An 5 Schulterriemen fehlen die im Katalog abgebildeten Rutschsicherungen. Bei 11 Reisetaschen sind die Reisverschlüsse an den Vortaschen beschädigt, so daß sie nicht geschlossen werden können.

Die Lieferung erhält ausschließlich schwarze Reisetaschen. Im Katalog wird das Modell „Südseeträume" R8 jedoch in den Farben schwarz-lila dargestellt und angeboten.

Falls Sie mir nichts anderes mitteilen, schicke ich Ihnen die gesamte Lieferung auf Ihre Kosten zurück.

Mit freundlichen Grüßen

Roland Bauer GmbH
Textil- und Lederwaren

Roland Bauer

Roland Bauer

| Geschäftsräume | Telex | Telegramm-Kurzanschrift | Konten |
|---|---|---|---|

Eine Mängelrüge wird dann nötig, wenn der Kunde mit der Leistung oder Lieferung des Verkäufers nicht einverstanden ist.
Im HGB § 377 heißt es dazu: „Ist der Kauf für beide Teile ein Handelsgeschäft, so hat der Käufer die Ware unverzüglich nach der Lieferung zu untersuchen und, wenn sich ein Mangel zeigt, dem Verkäufer unverzüglich Anzeige zu machen."
Mängel können in der **Art, Menge, Beschaffenheit** und **Qualität** der Ware auftreten. Dem Käufer stehen bei rechtzeitig erteilter Mängelrüge nach dem BGB §§ 459-493 und dem HGB §§ 377, 378 folgende gesetzliche Ansprüche zu: Er kann eine **Wandlung** verlangen, er kann einen **Preisnachlaß** fordern, den **Umtausch** der Ware verlangen oder **Schadenersatz** erhalten.

### Aufgaben

1. *Informieren Sie sich in der berufsbildenden Fachliteratur sowie im BGB und HGB über die Rechte des Käufers.*
2. *Welche Rechtsansprüche kann ein Kunde in einer Mängelrüge geltend machen?*

**Inhalt und Textaufbau einer Mängelrüge**

1. Bestätigung der Warenlieferung
2. Genaue Beschreibung der Mängel
3. Rechtsanspruch geltend machen

### Aufgaben

1. *Prüfen Sie, ob die drei Gliederungspunkte im Beispieltext beachtet wurden.*
2. *Welche Lösung wäre unter rechtlichen Gesichtspunkten im Schlußteil des Briefes noch möglich?*
3. *Versetzen Sie sich in die Lage des Lieferers Roland Bauer, und antworten Sie dem Kunden.*
   Brieftext: Beanstandung der Ware geprüft, Anerkennung der Mängelrüge, Bedauern ausdrücken, Vorschläge zur Klärung des Sachverhaltes, Entschuldigung.
4. *Ihr Ausbildungsbetrieb erhielt statt der 200 bestellten Fensterbriefhüllen nur einfache Briefumschläge, aber eine Rechnung für Fensterbriefhüllen. Teilen Sie dem Lieferer die Mängel mit, und stellen Sie dar, welche Rechte Sie geltend machen wollen.*

## 2.4.4 Mahnung

Es gibt verschiedene Gründe, warum ein Kunde nicht zahlt. Ein Versehen, Zahlungsunfähigkeit oder mangelnder Zahlungswille können die Ursachen sein. Je nach Bedeutsamkeit des Kunden und der Beziehungen zwischen den Geschäftspartnern legt die Firma oder ein Geldinstitut fest, in welcher zeitlichen Folge und wieviele Mahnbriefe geschrieben werden. In diesen Mahnbriefen kann der Kunde stufenweise von der höflich-vorsichtig formulierten Erinnerung über Mahnungen (Beispiele 1 und 2) bis zur Drohung mit einem Gerichtsbescheid (Beispiel 3) auf seine Zahlungspflicht hingewiesen werden.

**Inhalt und Textaufbau der *ersten* Mahnung**

1. Hinweis auf offenstehende Rechnung
2. Angabe von Rechnungsnummer, Betrag und Fälligkeit
3. Festlegen eines Zahlungstermins
4. Eindringliche Bitte um Überweisung des Betrages

**Beispiel: erste Mahnung**

Mein Guthaben: 4 280,50 DM

Sehr geehrter Herr Großmann,

leider haben Sie auf unsere Zahlungserinnerung vom ... nicht reagiert. Wir bitten Sie, den Betrag von 4 280,50 DM laut Rechnung 22/14 vom ... auf das Konto Nr. ..., BLZ 883 664 29 zu überweisen.
Sollten Sie inzwischen die Rechnung beglichen haben, betrachten Sie bitte dieses Schreiben als gegenstandslos.

Mit freundlichen Grüßen

H. Fehse

Hans Fehse

**Inhalt und Textaufbau der *zweiten* Mahnung**

1. Hinweis auf die erste Mahnung
2. Nennen einer erneuten Frist
3. Hinweis auf Verzugszinsen und Mahnkosten

**Beispiel: zweite Mahnung**

Mein Guthaben von 4 280,50 DM

Sehr geehrter Herr Großmann,

Sie sind unserer Bitte, den fälligen Betrag von 4 280,50 DM zu begleichen, immer noch nicht nachgekommen. Auch haben Sie unser Mahnschreiben vom ... nicht beantwortet. Wir machen Sie darauf aufmerksam, daß wir berechtigt sind, Verzugszinsen und Mahnkosten zu berechnen.
Da zwischen uns eine langjährige, vertrauensvolle Geschäftsverbindung besteht, gewähren wir Ihnen eine weitere Frist von ... Tagen, und bitten Sie nochmals, den Betrag umgehend zu überweisen.

Mit freundlichen Grüßen

H. Fehse

Hans Fehse

**Inhalt und Textaufbau der *letzten* Mahnung**

1. Bezug auf vorangegangene Mahnungen
2. Angabe des Betrages zuzüglich Verzugszinsen und Mahnkosten
3. Festlegen eines letzten Zahlungstermines
4. Ankündigung eines Mahnbescheides

**Beispiel: letzte Mahnung**

Mein Guthaben von 4 280,50 DM

Sehr geehrter Herr Großmann,

es ist uns unverständlich, daß Sie auf unsere 1. Mahnung vom ... und auf die 2. Mahnung vom ... weder geantwortet noch die Rechnung bezahlt haben.
Wir fordern Sie letztmalig auf, den Betrag von 4 280,50 DM zuzüglich ... DM Verzugszinsen und ... DM Mahnkosten auf unser Konto zu überweisen.
Sollte der Betrag bis zum ... nicht eingegangen sein, wird unser Rechtsanwalt ein gerichtliches Mahnverfahren gegen Sie einleiten.

Hochachtungsvoll

H. Fehse

Hans Fehse

## Aufgaben

1. *Ein Kunde schuldet Ihrer Firma 1 250,00 DM.*
*Schreiben Sie in angemessener sprachlicher Form eine erste und eine zweite Mahnung. Beachten Sie die Anforderungen an den Inhalt und Textaufbau sowie an die äußere Gestaltung.*

2. *Herr Frank Neubert, Inhaber eines Sparkontos (keines Girokontos), hat in Ihrem Kreditinstitut ein Schrankfach gemietet und zahlt im voraus eine Jahresmiete von 120,00 DM. In diesem Jahr stellten Sie fest, daß die Jahresmiete nicht eingegangen ist. Herr Neubert wurde inzwischen zweimal durch Ihr Kreditinstitut gemahnt, seinen Verpflichtungen nachzukommen, jedoch bisher ohne Erfolg.*
*Teilen Sie Herrn Neubert in einer letzten Mahnung mit, daß das Schrankfach mit sofortiger Wirkung gekündigt wird. Fordern Sie von ihm die umgehende Einzahlung der rückständigen Miete, die sofortige Räumung des Schrankfaches und die Rückgabe des Schrankschlüssels.*
*Gewähren Sie ihm eine Frist von 3 Monaten.*
*Teilen Sie Herrn Neubert weiter mit, daß Sie Ihre Forderungen gerichtlich geltend machen, falls der Schrankfachinhalt für Ihre Forderungen nicht ausreicht.*
*Formulieren Sie Absender, Anschrift, Betreff, Anrede, Grußformel, Unterschrift und Datum selbst, und gestalten Sie den Text nach der Norm DIN 5008.*

## 2.4.5 Schriftliche Einladung

Schriftliche Einladungen werden sowohl in persönlichen als auch in geschäftlichen Bereichen geschrieben. Inhalt, sprachliche Formulierung und äußere Form sollten immer dem gegebenen Anlaß entsprechen.

### *Textbeispiel 1*

**Vortragsveranstaltung der Industrie- und Handelskammer Leipzig**

Sehr geehrter Herr Direktor,

wir erlauben uns, Sie zu unserer ersten Vortragsveranstaltung in diesem Jahr einzuladen. Sie findet am Mittwoch, dem 04.02.19..,
10.00 Uhr im Hotel „Merkur“ statt. Es spricht Herr Dr. Eberlein von der Martin-Luther-Universität Halle zum Thema
„Die kaufmännische Berufsschule im Bildungssystem der 90er Jahre.“
Wir würden uns freuen, wenn wir Sie zu dieser Veranstaltung begrüßen dürften. Gäste sind ebenfalls herzlich willkommen.

Mit freundlichen Grüßen

### *Textbeispiel 2*

**Zur Geschäftseröffnung**

Sehr geehrte Frau Hübner,
sehr geehrter Herr Hübner,

wir würden uns freuen, Sie am kommenden Sonnabend zu unseren Gästen zählen zu dürfen.
Wir geben aus Anlaß unserer Geschäftseröffnung ein kleines Gartenfest, das gegen 16.30 Uhr beginnt.
Wir hoffen sehr, daß Sie kommen können.

Mit herzlichen Grüßen

### *Textbeispiel 3*

**An alle Mitarbeiter einer Firma**

Liebe Mitarbeiterinnen, liebe Mitarbeiter,

es ist wieder Reisezeit.
Wir haben vor, unseren Betriebsausflug in diesem Jahre am 10. Juli durchzuführen.
Es soll eine Überraschungsfahrt werden. Wir möchten aber verraten, daß wir unter anderem die Wartburg besichtigen wollen.
Ein Reisebus steht 7.00 Uhr vor dem Haupteingang des Betriebes für uns zur Abfahrt bereit. Um 12.00 Uhr essen wir zu Mittag. Auch eine Kaffeetafel und ein Abendessen stehen bereit. Gegen 22.00 Uhr soll unser Ausflug beendet sein.
Humor und gute Laune sind mitzubringen. Wir hoffen, daß alle an unserem Ausflug teilnehmen.

Mit freundlichem Gruß

Von der Art der Einladung schließt der Gast auf die Art der Veranstaltung oder Feier und stellt sich darauf ein. Er sollte möglichst genau informiert werden.

**Inhalt und Textaufbau einer Einladung**

1. Anlaß der Einladung
2. Angabe von Ort und Zeit
3. Inhalt, Thema, Schwerpunkte, möglicher Ablauf
4. Mögliche Hinweise zum Kreis der Gäste, zum Erreichen des Tagungsortes, zur Übernachtung, zu Arbeitsmaterialien, zur Kleidung, Bitte um Zu- oder Absage.

## Aufgaben

**1.** *Vergleichen Sie die drei Textbeispiele für Einladungen. Unterscheiden Sie nach offizieller, zwangloser und persönlicher Einladung.*
*Welche Unterschiede erkennen Sie*

*a) im Textaufbau und Informationsgehalt,*
*b) in der sprachlichen Formulierung?*

**2.** *Ihre Klasse/Ihre Firma plant einen Ausflug.*
*Schreiben Sie eine Einladung in zwangloser Form. Geben Sie eine exakte Reiseroute an. Informieren Sie über kulturelle Vorhaben, mögliche Aufenthalte, über den zeitlichen Ablauf und die Art des Verkehrsmittels.*

**3.** *Beantworten Sie in angemessener schriftlicher Form die Textbeispiele 1 und 2 der Einladungen*

*a) mit einer Zusage,*
*b) mit einer Absage.*

**4.** *Der Kunde hat in Ihrer Bank einen Kredit beantragt. Laden Sie ihn schriftlich zu einem Kundengespräch ein. Sie wollen Ihn über geeignete Finanzierungsmöglichkeiten, Rückzahlungsvarianten und Laufzeiten informieren. Bitten Sie ihn, die Geschäftsunterlagen mitzubringen. Raten Sie ihm zu einer telefonischen Terminvereinbarung mit Ihrer Kreditabteilung. Danken Sie Ihm für das Ihrem Kreditinstitut entgegengebrachte Vertrauen.*

**5.** *Schreiben Sie als Mitarbeiter einer Krankenkasse im Auftrag Ihrer Geschäftsstelle eine Einladung an interessierte Kunden, um auf allgemeine Probleme der Versicherten Antwort zu geben.*
*Inhalt: Leistungen Ihrer Krankenkasse, Beiträge, Vorteile gegenüber anderen Krankenkassen. Absender, Anschrift, Betreff, Anrede, Datum, Unterschrift formulieren.*

# 3 Rationelle Textverarbeitung mit Textbausteinen

Viele Schriftstücke, die in Unternehmen oder Verwaltungen geschrieben werden, unterscheiden sich kaum nach Inhalt und Textaufbau. Dazu gehören unter anderem Angebote, Mitteilungen, Zwischenbescheide, Werbebriefe, Einladungen. Es hat sich bewährt, immer wiederkehrende, also konstante Sätze und Textteile aus Geschäftsbriefen zu sammeln und einmal im voraus zu formulieren.

Sie werden als **Textbausteine,** nach Sachgebieten geordnet, in einem **Texthandbuch** zusammengestellt. Jedem Textbaustein wird eine **Selektionsnummer** (Selektion = Auswahl) zugeordnet. Diese Informationen werden auf Datenträgern gespeichert. Im Rahmen der rationellen Textverarbeitung können die immer wiederkehrenden Texte zu jeder Zeit abgerufen werden. Der Sachbearbeiter formuliert nicht mehr jeden Brief neu, sondern fügt – selbständig oder nach Schreibauftrag – variable Textblöcke zusammen. Die Verwendung von Briefbausteinen gewinnt für den Schriftverkehr in den Firmen als Rationalisierungsmethode eine immer größere Bedeutung. Sie schließt aber in jedem Fall die geistige Leistung des Menschen, nämlich Sachkenntnis und das normgerechte, angemessene sprachliche Formulieren sowie die manuell-technische Leistung, das Schreiben, mit ein.

**Beispiel: Auszug aus einem Texthandbuch ...**

| **Personalabteilung** | | |
|---|---|---|
| Antwortschreiben auf Bewerbungen | | |
| **Textbaustein** | Sel.-Nr. | Kurzname |
| Ihre Bewerbung vom * | 10 | Betreff |
| Sehr geehrte *, | 11 | Anrede |
| besten Dank für Ihre Bewerbung und das Interesse an einer Mitarbeit in unserem Hause. | 12 | Dank für Bewerbung |
| vielen Dank für die Zusendung Ihrer Bewerbungsunterlagen, die wir mit Interesse gelesen haben. | 13 | für Unterlagen |
| mit Interesse haben wir Ihre Anzeige in der * gelesen | 14 | Bezug Anzeige |
| wir kommen auf das zwischen Ihnen und unserem Herrn * geführte Gespräch vom * zurück. | 15 | Gespräch mit ... |
| Die Entscheidung ist leider nicht zu Ihren Gunsten ausgefallen. | 16 | Absage |

| | | |
|---|---|---|
| Unsere Entscheidung ist zugunsten eines Mitbewerbers gefallen, der aufgrund seines Werdegangs und seiner Qualifikation den gestellten Anforderungen besser entsprach. | 17 | zugunsten Mitbewerber |
| Wir haben uns für einen Bewerber aus unserer Branche entschieden. | 18 | Wahl Bewerber unserer Branche |
| Ausdrücklich möchten wir betonen, daß die Gründe für unsere Absage nicht in Ihrer Person zu suchen sind. | 19 | Gründe nicht bei Ihnen |
| Mit Ihrer Erlaubnis werden wir die uns eingereichten Unterlagen hierbehalten, um Ihre Bewerbung bei eventuellem Bedarf zu einem späteren Zeitpunkt berücksichtigen zu können. | 20 | Unterlagen bleiben bei uns |
| Die uns freundlicherweise zur Verfügung gestellten Unterlagen geben wir Ihnen mit bestem Dank zurück. | 21 | Unterlagen zurück |
| Gern geben wir Ihnen Gelegenheit, sich bei uns vorzustellen, um Sie über uns und Ihre Mitarbeit in unserem Unternehmen zu informieren. | 22 | Vorstellung |
| Wir haben Sie in die engere Wahl der Bewerber genommen und schlagen Ihnen als Vorstellungstermin den *, * Uhr vor. | 23 | Termin ... |
| Bitte rufen Sie uns an, damit wir mit Ihnen einen Gesprächstermin vereinbaren können. | 24 | Bitte um Anruf |
| Reichen Sie uns bitte zur Vervollständigung Ihrer Bewerbung * nach. | 25 | Unterlagen anfordern |
| Wir würden uns freuen, recht bald von Ihnen zu hören. | 26 | Schluß |
| Wir wünschen Ihnen weiterhin viel Erfolg. | 27 | viel Erfolg |
| Mit freundlichen Grüßen<br><br>VERPACKUNGSZENTRALE GMBH<br><br>i. A.<br><br>Manfred Kohler | 28 | Gruß |
| Anlage<br>* | | |

### ... und der dazugehörige Schreibauftrag

**Schreibauftrag**

| | |
|---|---|
| **Anschrift:** | Herrn Heinrich Faller<br>Gartenstr. 45<br>73734 Esslingen |
| **Ihre Zeichen:** | |
| **Unsere Zeichen:** | nk-st |
| **Telefon** | 3-05 |
| **Datum:** | von heute |

| **Selektion** | **Einfügungen** |
|---|---|
| 10 | 15.11.19... |
| 11 | r Herr Faller |
| 12 | |
| 22 | |
| 24 | |
| 25 | Ihren Lebenslauf |
| 26 | |
| 28 | |

## Aufgaben

**1.** *Formulieren Sie ein Antwortschreiben mit Hilfe des obigen Beispiels. Verwenden Sie dazu die im Schreibauftrag angegebenen Textbausteine aus dem Texthandbuch.*

**2.** *Ergänzen Sie in der untenstehenden Textbausteinsammlung die Selektionsnummern 1.5 und 1.6 mit Textbausteinen, die der vorgegebenen Kommunikationssituation entsprechen. Formulieren Sie in Sätzen.*

**3.** *Erarbeiten Sie aus den Selektionsnummern 1.1.2, 1.2.3 und 1.7.2 einen Brieftext. Ergänzen Sie dieses Schreiben mit variablen Angaben wie Betreffvermerk, einem Datum, einer Anrede und einer Grußformel. Fügen Sie in den Text noch ein bestimmtes Tätigkeitsfeld ein.*

**4.** *Entwerfen Sie in Arbeitsgruppen mit Hilfe der Textbausteine und unter Beachtung der jeweiligen Kommunikationssituation folgende unterschriftsreife Brieftexte:*
*a) Laden Sie den Bewerber zum Vorstellungsgespräch oder zum Eignungstest ein.*
*b) Teilen Sie dem Bewerber mit, daß er den Eignungstest bestanden hat. Schicken Sie ihm als Anlage einen Arbeitsvertrag/Ausbildungsvertrag mit. Bitten Sie ihn um Kenntnisnahme der Bedingungen und um die Unterschrift. Ein Exemplar behält der Bewerber.*
*c) Teilen sie dem Bewerber mit, daß er den Eignungstest nicht bestanden hat.*

**5.** *Nehmen Sie an, die Selektionsnummern sind auf Bändern oder Disketten gespeichert. Welche Selektionsnummern müssen Sie abrufen, um die Briefbausteine für die Aufgaben 4 a) bis 4 d) zu erhalten? Welche variablen Angaben müssen Sie selbst hinzufügen?*

**6.** *Entwerfen Sie Textbausteine*
*a) für eine Einladung,*
*b) für eine erste Mahnung,*
*c) für eine letzte Mahnung,*
*d) für eine Mitteilung an Kunden Ihres Betriebes.*

**7.** *Auszubildende sind angehalten, ihre Arbeit mitzugestalten. In welchen Bereichen Ihres Arbeitsgebietes wäre der Einsatz von Textbausteinen sinnvoll?*
*Erarbeiten Sie Textbausteine für einen geeigneten Brieftext in einem Ihrer Arbeitsbereiche.*

## Beispiel: Textbausteine

**1. Antwort auf Bewerbungsschreiben**

| **Selektionsnummer** | **Textbausteine** |
|---|---|
| 1.1 | <u>Dank für das Bewerbungsschreiben</u> |
| 1.1.1 | Sie haben sich auf unsere Stellenanzeige beworben. Dafür danken wir Ihnen. |
| 1.1.2 | Für Ihre Bemühungen vom ... sagen wir Ihnen unseren besten Dank. |
| 1.1.3 | Haben Sie vielen Dank für Ihre freundliche Zuschrift. Wir sind an Ihrer Mitarbeit in unserer Firma (sehr) interessiert. |
| 1.2 | <u>Zwischenbescheid</u> |
| 1.2.1 | Da uns mehrere/viele Bewerbungen zugegangen sind, können wir erst in ... Tagen eine engere Auswahl treffen. Bitte haben Sie noch etwas Geduld. |
| 1.2.2 | Bei uns sind unerwartet viele Bewerbungen eingegangen, so daß wir erst nach sorgfältiger Prüfung eine engere Auswahl treffen können. Sie werden in circa. ... Wochen von uns hören. |
| 1.2.3 | Auf unsere Stellenanzeige haben sich mehrere Kandidaten beworben. Deshalb können wir Ihnen heute leider nur einen Zwischenbescheid geben. |
| 1.3 | <u>Ablehnung</u> |
| 1.3.1 | Um eine Arbeitsstelle in unserem Hause bewerben sich immer mehr Kandidaten, als Arbeitsplätze vorhanden sind. Wir haben uns bemüht, anhand aller Bewerbungsunterlagen eine sachlich und sozial gerechtfertigte Auswahl zu treffen. Leider haben wir uns nicht für Sie entscheiden können. |
| 1.3.2 | Zu unserem Bedauern können wir Ihre Bewerbung nicht berücksichtigen, weil wir uns für einen anderen Bewerber entschieden haben.<br>Für das unserem Hause entgegengebrachte Vertrauen danken wir Ihnen und hoffen, daß Sie bald einen Ihren Wünschen entsprechenden Arbeitsplatz finden. |
| 1.3.3 | Wir haben alle Zuschriften geprüft und festgestellt, daß Ihre Qualifikation wesentlich von dem von uns ausgeschriebenen Arbeitsfeld abweicht. Deshalb konnten wir Sie nicht in die engere Wahl einbeziehen. Haben Sie bitte dafür Verständnis. |
| 1.4 | <u>Einladung zum Vorstellungsgespräch oder Eignungstest</u> |
| 1.4.1 | Wir sind an einer Zusammenarbeit mit Ihnen interessiert und bitten Sie, uns zu besuchen. Auf beiliegender Skizze ist der Weg vom Bahnhof zu unserer Firma gekennzeichnet.<br>Ihre Fahrtkosten übernehmen wir. |
| 1.4.2 | Wir haben Sie in die engere Wahl einbezogen und laden Sie zu einem Eignungstest ein. |
| 1.4.3 | Wir möchten Sie kennenlernen und bitten Sie um einen Besuch. Rufen Sie uns bitte vorher an, und vereinbaren Sie mit Herrn Weiser, dem Leiter der Personalabteilung, einen Termin. |
| 1.5 | <u>Zusage nach dem Eignungstest</u> |
| 1.5.1 | ... |
| 1.5.2 | ... |
| 1.5.3 | ... |
| 1.6 | <u>Absage nach dem Eignungstest</u> |
| 1.6.1 | ... |
| 1.6.2 | ... |
| 1.6.3 | ... |
| 1.7 | <u>Schlußsatz</u> |
| 1.7.1 | Für Ihre Arbeit in unserem Hause wünschen wir Ihnen viel Erfolg. |
| 1.7.2 | Haben Sie noch etwas Geduld. Sie werden innerhalb der nächsten<br>... Wochen von uns hören. |
| 1.7.3 | Ihre Unterlagen senden wir Ihnen hiermit zurück.<br>Für Ihre weiteren Bemühungen wünschen wir Ihnen viel Erfolg. |
| ... | |

# 4
# Fachsprache – Berufsjargon

## *Fremdwörter in der Betriebswirtschaft*

| | |
|---|---|
| Advertising | Ankündigung, Inserieren, Werbung |
| Akquisition | verkaufspolitische Bemühungen, um Kunden zu gewinnen |
| arrondieren | abrunden, zusammenlegen |
| assortieren | nach Arten ordnen |
| Briefing | Lagebesprechung, Zusammenfassung einer Reklameidee |
| Call-Geld | täglich kündbare Einlagen in größeren Beträgen |
| CAM | rechnerunterstützte Fertigung |
| Chart | Schaubild (grafische Darstellung der Börsenkurse) |
| Crash | unerwarteter wirtschaftlicher Zusammenbruch (Kurssturz an der Börse) |
| Controlling | erfolgsorientierte Unternehmensführung |
| DAX | deutscher Aktienindex |
| Deregulierung | Befreiung der Wirtschaft von staatlichen Fesseln |
| Effizienz | Wirksamkeit |
| Flop | Mißerfolg |
| Hard Selling | Anwendung aggressiver Verkaufsmethoden |
| Incoterms | internationale Lieferungsbedingungen |
| Innovationen | Entwicklung und Anwendung neuer Verfahren |
| Joint Venture | Kooperationsabkommen zwischen Unternehmen zwecks Durchführung eines bestimmten Objekts |
| Konsignationslager | Kommissionslager (im Überseegeschäft) |
| konsolidieren | befestigen, sichern |
| konziliant | entgegenkommend |
| Lag | Verzögerung zwischen Maßnahme und einsetzender Wirkung |
| Layout | Anordnung von Text und Bildern |
| Mikroökonomik | Teil der Wirtschaftstheorie mit dem Gegenstand Betrieb und Haushalt |
| Operations-Research | Unternehmensforschung, mathematisches Verfahren |
| Promotion | Verkaufsförderung |
| Portfolio | Wertpapierbestand |
| Reinvestition | Wiederanlage freiwerdender Kapitalbeträge |
| remittieren | zurücksenden |
| return on investment, ROI | Wiederkehr des eingesetzten Kapitals (Anlagenrendite) |
| Sales promotion | Verkaufsförderung |
| Spotmarkt | Geschäfte mit sofortiger Bezahlung und Lieferung |
| Submission | Ausschreibung |
| Valuta | Währung, Wertstellung |

(Aus: Assistenz. Zeitschrift für die Frau im Büro. H. 6, Nov./Dez. 1991.)

Bei Annäherung des Umsatzes an das Sättigungsniveau sinkt der zusätzliche Umsatz pro ausgegebener Werbeeinheit, da immer weniger Kunden übrigbleiben, die durch Werbung gewonnen werden können. Die durch Einsatz eines Werbebudgets B bewirkten Umsatzänderungen lassen sich durch folgende Gleichung ausdrücken:

$$\frac{dU}{dt} = r \cdot B_t \cdot \frac{(M - U_t)}{M} - \lambda \cdot U_t$$

Somit werden stets zwei Faktoren wirksam:
Bisherige Nichtkunden werden durch den Einsatz von Werbung zu Käufern des Produktes, ein konstanter Anteil bisheriger Kunden geht dagegen verloren.
Um den Umsatz auf der erreichten Höhe zu halten (d. h. um soviele Kunden in einer Periode zu gewinnen, wie durch Markenwechsel verlorengehen), ist folgendes Werbebudget notwendig:

$$B_t = \frac{\lambda \cdot U_t \cdot M}{r \cdot (M - U_t)}$$

(Aus: Schweiger, G./ Schrattenecker, G.: Werbung. Stuttgart 1989.)

Die PowerBooks zeichnen sich sowohl durch ihre Leistungsfähigkeit, die der der Desktop-Maschinen in nichts nachsteht, als auch durch ihr für den Hersteller typisches ergonomisches Design aus. Sie stellen komplette ... Systeme dar, bei den Schnittstellen, der Rechenleistung und der integrierten Netzwerkfähigkeit. Es werden drei Grundgeräte angeboten, deren Hauptspeicher und Festplattenkapazität den jeweiligen Bedürfnissen entsprechend konfiguriert werden können.

(Aus: Audimax. Die Hochschulzeitschrift. Januar/Februar 1992.)

**Variables Hydroelement zwischen Ventilschaft und Steuernocke: Die Feder in der Druckkammer sorgt für spielfreie Verbindung im entlasteten Zustand, die Kraft des Nockens überträgt ein sich selbst regulierendes Ölvolumen in der Druckkammer**

(Aus: Der deutsche Straßenverkehr. H. 3, 1991.)

Mit der Sammelbezeichnung „akute respiratorische Erkrankung“ („ARE“) werden ätiologisch uneinheitliche Virusinfektionen des oberen Respirationstraktes bezeichnet.

(Aus: Wiese, I., Fachsprache der Medizin. Leipzig 1984)

Zum richtigen Umgang mit Sprache in beruflichen Situationen gehört auch, daß man die Sprache seines Fachgebietes beherrscht.

Mit zunehmender Arbeitsteilung und Spezialisierung in der Gesellschaft haben sich spezielle Fachsprachen für die einzelnen Fachgebiete herausgebildet. Sie dienen der rationellen und präzisen Kommunikation, vor allem zwischen Fachleuten über fachliche Gegenstände und Erscheinungen.

Ihr auffälligstes Merkmal ist ein spezieller **Fachwortschatz.** Fachwortschätze gibt es in allen wissenschaftlichen Disziplinen, aber auch in deren Anwendungsbereichen, wie zum Beispiel in Technik und Handel, in der Medizin, im Verkehrswesen, im Bankwesen, in der staatlichen und kommunalen Verwaltung, im kulturellen Leben, im Bildungsbereich.

Fachwörter sind häufig Fremdwörter, besonders aus dem Lateinischen und Griechischen. Oft sind sie als sogenannte Internationalismen auch in anderen Sprachen verbreitet und erleichtern so die internationale Verständigung.

**Beispiele**

Hardware, Software, Computer, kompatibel

Zur Benennung fachlicher Begriffe bedienen sich die Fachsprachen aber auch allgemeinsprachlicher Wörter und verändern dabei deren Bedeutung.

**Beispiele**

Fenster in Startfenster oder Textfenster, Loch in Ozonloch, Speicher, Maus, Menü in der Computertechnik.

In der Gegenwart dringen immer mehr Wörter aus Fachgebieten, die große allgemeingesellschaftliche und praktische Bedeutung haben oder die zum wissenschaftlich-technischen Grundwissen gehören, in die **Allgemeinsprache** ein.

**Beispiele**

Computer, Datenverarbeitung, Mikroelektronik, Chip, Diskette, Infarkt, Antibiotika, Transplantation.

In der Allgemeinsprache werden solche Fachwörter allerdings nicht in ihrer exakten fachsprachlichen Bedeutung verwendet, sondern in einer allgemeinsprachlichen Bedeutung, die nicht so genau und scharf umrissen ist wie die in der fachlichen Kommunikation. So ist der Begriff, den ein Datenverarbeitungsfachmann von einem Computer hat, wesentlich umfassender und präziser als der, den ein Laie damit verbindet. Dieser beschränkt sich meist auf das äußere, sichtbare Erscheinungsbild und die Funktion.

Neben Fachwörtern gehören zum Wortschatz in der beruflichen Kommunikation auch nichtoffizielle Bezeichnungen für vertraute berufliche Erscheinungen oder Gegenstände, die oft bildhaft sind und deren Verwendung die Zugehörigkeit zu einer bestimmten Berufsgruppe erkennen läßt, zum Beispiel Saft für „elektrischen Strom".

Solche Wörter der Umgangssprache im Berufsleben nennt man **Berufsjargonismen.**

## Aufgaben

**1.** *Stellen Sie Fachwörter aus folgenden Fachgebieten zusammen, und erläutern Sie diese.*

Textverarbeitung, Grammatik, Betriebswirtschaft, Bank- und Finanzwirtschaft, Rechtswesen

**2.** *Erläutern Sie einem Kommunikationspartner, der nicht mit Ihrem Arbeitsgebiet vertraut ist, die folgenden Fachwörter.*

Software, Hardware, Terminal, Textverarbeitungsprogramm, Bildschirmtext, Telefax, Schnittstelle, Nadeldrucker, Diskette, Laufwerk, Bit, Byte, Laptop.

**3.** *Informieren Sie sich über die Bedeutung der folgenden Abkürzungen aus der Fachsprache der Datenverarbeitung.*

DTP, CAD, CAM, CAA, CAE, CIM

**4.** *Erläutern Sie folgende Wörter aus dem Finanzwesen. Ziehen Sie zur Klärung ein Fachwörterbuch heran.*

Abschreibung, Aktie, Allgemeine Geschäftsbedingungen, Bonität, Bonus, Dauerauftrag, Devisen, Dispositionskredit, Dividende, Einlagen, Einzugsermächtigung, Festgelder, Fusion, Geschäftsfähigkeit, Girokonto, GmbH, Grundbuch, Gutschrift, Hypothek, Inflation, Investitionen, Kapital, Kaufkraft, Konkurs, Kredit, Kreditwürdigkeit, Kurswert, Lastschriftverkehr, Laufzeit, Leasing, Liquidität, Prolongation, Provision, Ratenkredit, Rendite, Rentabilität, Saldo, Stornierung, Verrechnungsscheck, Verzugszinsen, Vollmacht, Zahlungsverkehr, Zins, Zinseszins.

**5.** *Was bedeuten folgende Wörter des allgemeinwissenschaftlichen Wortschatzes, die allgemeine wissenschaftliche Verfahren, Eigenschaften und Erscheinungen benennen und daher oft in mehreren Fachgebieten verwendet werden?*

irreversibel, synthetisch, toxisch, organisch, autonom, kompatibel, proportional, Infrastruktur, Analyse, Synthese, Mikroorganismen, Bandbreite, digital, integrieren, Funktion, Kategorie.

**6.** *Nennen Sie Fachwörter, die bereits zum Allgemeinwortschatz gehören. Geben Sie jeweils eine Bedeutungserklärung.*

**7.** *Nennen Sie jeweils die allgemeinsprachliche(n) und die fachsprachliche(n) Bedeutung(en) der folgenden Wörter. Ergänzen Sie die Beispiele um weitere Wörter, die Ihnen aus der Allgemeinsprache bekannt sind, die aber auch eine fachsprachliche Bedeutung haben.*

Speicher, Maus, Menü, Bus, Programm, Befehl, Fall, Satz, Gang

**8.** *Wie werden in dem folgenden Fachtext, der sich auch an fachliche Laien richtet, Fachwörter verständlich gemacht?*

## Einleitung

*Was ist Textverarbeitung ?*

Da ist zunächst das Programm (auch Software genannt), mit dem Sie die gute alte Schreibmaschine ersetzen. Mit Hilfe dieses Programms können Sie Texte erstellen, korrigieren, neu bearbeiten und natürlich auch speichern und ausdrucken. Außer dieser Software benötigen Sie Hardware, das heißt einen Rechner mit Tastatur, Monitor, Speichermedium und Drucker. Der normale Ablauf der Textverarbeitung sieht dann wie folgt aus:

Zu Beginn der Texterstellung erfolgt die Planung und Gliederung des Textes. Danach kann das Schreiben (= Eingeben des Textes) stattfinden. Anschließend werden Fehler korrigiert, und zuletzt erhält der Text seine endgültige äußere Form, zum Beispiel als Brief, als Titelseite, als Übersichtstabelle und so weiter. Erst jetzt, nachdem alles zur Zufriedenheit dargestellt worden ist, wird der Text schwarz auf weiß aufs Papier gebracht.

Es besteht ein großer Unterschied zum bisherigen Arbeiten mit der Schreibmaschine. Während es beim Arbeiten mit der Schreibmaschine erforderlich ist, den Inhalt und die äußere Form eines Textes sofort miteinander zu verknüpfen, ist dies bei der Textverarbeitung nicht miteinander gekoppelt. Es läßt sich mühelos aus einer fettgeschriebenen Überschrift wieder normaler Text machen, ohne daß man den Text nochmal eingeben muß. Man muß den ganzen Text auch nicht noch einmal tippen, wenn einem hinterher die Schriftart nicht mehr gefällt. Ferner können Fehler nachträglich spielend korrigiert werden, ohne mit Tippex, Korrekturband und nachträglichem Seiteneinspannen zu kämpfen …

Bei der Textverarbeitung erfolgt der Sprung in eine neue Zeile automatisch am Zeilenende. Wenn die Zeile voll ist, wird ein Zeilenumbruch eingefügt.

Also bitte, liebe Umsteiger, daran denken, und nicht etwa am Zeilenende die Return-Taste drücken, die auf Ihrer Tastatur ungefähr an der Stelle ist, wo Sie bei der Schreibmaschine die Taste für den Wagenrücklauf finden. Wenn Sie nach jeder Zeile diese Taste betätigen, geht Ihnen ein großer Vorteil einer Textverarbeitung verloren: die automatische Absatzformatierung.

Und natürlich können Sie auch jederzeit den Text verändern, zum Beispiel Seiten und Abschnitte dazufügen, ohne daß Sie das Format entsprechend ändern müßten. Die folgenden Seiten beziehungsweise Abschnitte werden automatisch nach hinten gerückt. Es ist also endgültig Schluß mit dem ewigen Zusammenschneiden und Kleben beim Layouten von längeren Texten …

(Aus: Paulißen, D., Terhorst, A.: Das große Buch zu Word 5.5. Data Becker, Düsseldorf 1991, S. 19/20.)

# III
# Sprache und Sprechen in außerberuflichen Situationen

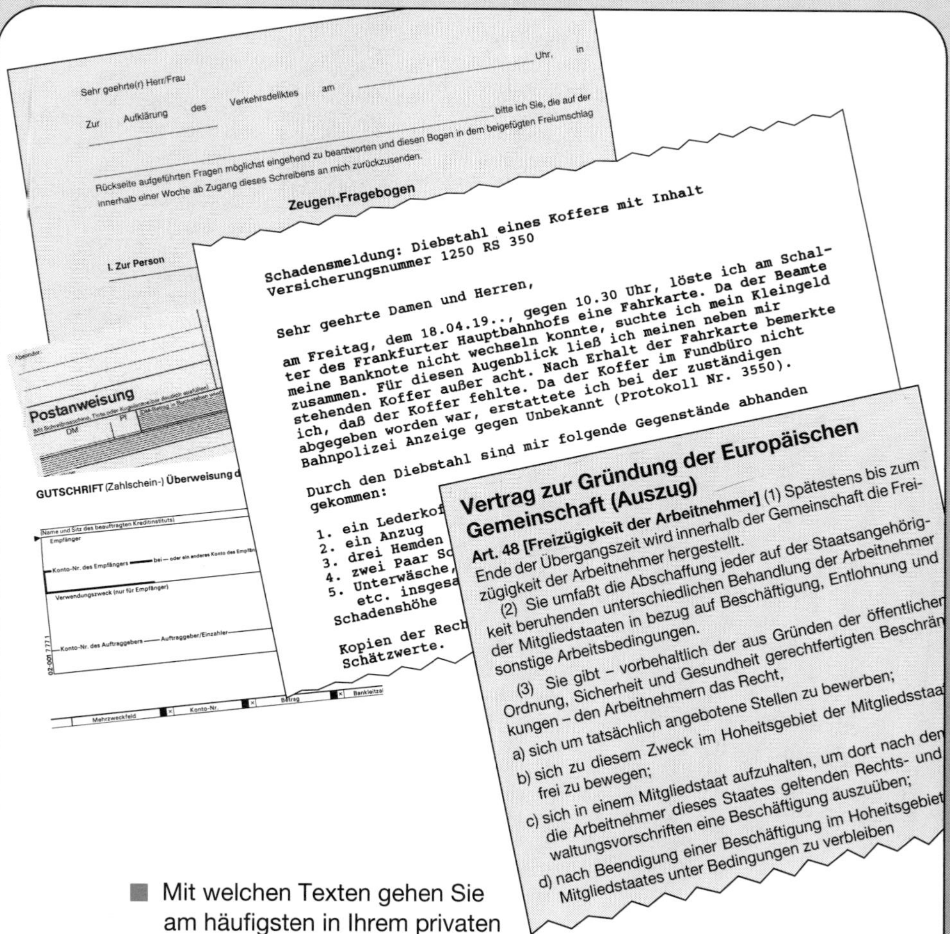


- Mit welchen Texten gehen Sie am häufigsten in Ihrem privaten Alltag um, und welche Sprachstile verwenden Sie selbst?
- Sehen Sie sich Ihren Berufsausbildungsvertrag an. Suchen Sie Begriffe und Formulierungen heraus, die Sie für besonders typisch für einen Vertragstext halten.
- Welche Erfahrungen haben Sie beim Ausfüllen von Formularen gemacht?

# 1 Informierende Texte

Englands „Amüsierminister“

## Wegen Ehebruchs in die Schlagzeilen

**London** (AFP). Der britische Staatsminister für Nationales Erbe, David Mellor, ist in die Schlagzeilen der Boulevardpresse geraten, weil er seine Ehefrau mit einer arbeitslosen Schauspielerin betrügen soll. Der 43 Jahre alte konservative Politiker gab zu, er habe „Eheprobleme“. Aus Rücksicht auf seine Frau wolle er dazu aber nicht näher Stellung nehmen, sagte der Freund von Premierminister John Major. Die Blätter hatten berichtet, die Affäre Mellors habe auch Auswirkungen auf sein Amt. Da die Bereiche Kultur, Sport und Kunst zum Ressort Mellors gehören, wird dieser auch scherzhaft „Amüsierminister“ genannt.

## Erneut Erdstöße in Kalifornien

**Los Angeles** (dpa). Im kalifornischen Erdbebengebiet hat erneut die Erde gebebt: Am späten Sonntag wurden in der Umgebung von San Bernardino zwei Erdstöße registriert. Das erste Beben, dessen Epizentrum fünf Meilen nördlich des Yucca-Tales lag, erreichte eine Stärke von 3,9 auf der Richter-Skala. Ein drittes Beben erschütterte gestern morgen den Nordteil des Yellowstone Nationalparks.

## Selbstmörder erschoß Freund gleich mit

**Oviedo** (rtrr). Ein Angehöriger der spanischen Guardia Civil hat sich in einer Bar in Oviedo mit einem Kopfschuß getötet. Nach Angaben der Behörden ging der Schuß durch den Kopf und traf zugleich den neben dem Schützen stehenden Freund tödlich.

## Unterrichtsfach: Neinsagen zum Glimmstengel

### Nicht-Rauchen wird in Hessen gelehrt

**Frankfurt/Main.** „Wer angefangen hat, hört nicht mehr auf“. Diese Erkenntnis hat ein Team von 15 jungen Medizinern in Frankfurt aktiviert – mit sorgenvollem Blick auf kindliche Zigaretten-Raucher. Seit einem knappen Jahr läuft an 30 hessischen Schulen Unterricht im „Nicht-Rauchen“. Lehrer sind Herr oder Frau Doktor – nicht im weißen Kittel, sondern „in Zivil“.

Bisher ließen sich 2200 Jungen und Mädchen der siebenten Jahrgangsklassen in Gymnasien, Real-, Haupt- und Gesamtschulen von den Gesundheitsexperten über das heikle Thema Zigaretten unterrichten. „Die Kinder müssen das Nein-Sagen lernen – Nicht-Raucher müssen Nicht-Raucher bleiben“, umschreibt Dr. Manfred Scholz die Botschaft, die er als Arzt den Schulkindern übermitteln möchte. Immerhin gelten statistisch rund zehn Prozent der 13jährigen bereits als erfahrene Raucher.

1991 wurde der Anti-Raucher-Unterricht in 140 hessischen Schulklassen eingerichtet. Im Main-Kinzig-Kreis sowie im Raum Offenbach und Darmstadt stehen Ärzte und Ärztinnen im Auftrag der Deutschen Herzstiftung am Pult. Die auf vier Wochen verteilten acht Lehreinheiten beginnen mit leicht verständlicher Anatomie des menschlichen Körpers und Erklärungen über die Funktion von Organen und Gefäßen.

Auch die Wirkung von Nikotin und Teer, ausgeklügelte Strategien der Zigarettenwerbung oder einschlägige Quizfragen stehen auf dem Stundenplan.

Beim Abklopfen des Für und Wider des Rauchens werden die Argumente gesammelt, die beim Ja für den Glimmstengel von Neugier, Mutprobe und „Dazugehören-Wollen“ bis zum Gruppendruck reichen. Die Gegenmeinungen umfassen Begriffe wie gesundheitsschädlich, schmeckt nicht, zu teuer, Raucher stinken. Wenn die Schüler schließlich mit „bombig“ oder „hat was gebracht“ reagieren, sind die Mediziner zufrieden. Eine Bilanz wird in zwei Jahren gezogen. Erst dann wird mit Wiederholungs-Unterricht getestet, ob noch immer 90 Prozent der 13jährigen „nein danke“ zum blauen Dunst sagen.

Renate Rehn

(Aus: Leipziger Volkszeitung vom 21.07.1992)

Informierende Texte sind auf die **Übermittlung von Wissen, Kenntnissen und Eindrücken** gerichtet. Dabei können die Informationen **sachlich-nüchtern** oder **gefühlsbetont** wiedergegeben werden.

Den größten Anteil an der Übermittlung von Informationen in unserem außerberuflichen Alltag haben heute sicher Texte, die uns in schriftlicher oder mündlicher Form über die Massenmedien (Presse, Rundfunk, Fernsehen) erreichen.

Die Fülle der angebotenen Informationen zwingt Leser, Hörer oder Zuschauer immer mehr dazu, auszuwählen und kritisch zu werten.

Die Verfasser und Gestalter journalistischer Texte wiederum sind durch die Konkurrenzsituation besonders auf dem Zeitungsmarkt gezwungen, ihre Informationen möglichst als erste und möglichst wirkungsvoll an ihre Leser, Hörer oder Zuschauer zu bringen, was auch zu Sensationshascherei und unseriöser Berichterstattung führen kann.

Das **Informationsbedürfnis** von Hörern beziehungsweise Lesern informierender Texte ist im allgemeinen auf die **Beantwortung folgender W-Fragen** gerichtet:

| WER hat WAS WANN WO WIE und WARUM getan? |
|---|

Je nach Sachverhalt, Kommunikationsabsicht, Publikationsorgan (zum Beispiel Tageszeitung oder Boulevardpresse) und anderen Faktoren können dabei einzelne Fragen stärker in den Mittelpunkt gerückt werden.

## Aufgaben

1. *Sehen Sie sich die obenstehenden Textbeispiele aus einer Tageszeitung an. An welchen Stellen werden Informationen gefühlsbetont wiedergegeben? Mit welchen sprachlichen Mitteln geschieht das?*
2. *Formulieren Sie aus dem Artikel „Unterrichtsfach: Neinsagen zum Glimmstengel" eine kurze Nachricht. Orientieren Sie sich dabei an den W-Fragen. Finden Sie eine treffende Überschrift.*
3. *Vergleichen Sie die Zeitungsmeldungen (Text 1, Text 2 auf der folgenden Seite) zum jeweils gleichen Sachverhalt aus den verschiedenen Tageszeitungen („Leipziger Volkszeitung" als sogenannte Abonnentenzeitung und „Bild" als sogenannte Boulevardzeitung) hinsichtlich ihres Informationsgehaltes und der sprachlichen Gestaltung.*
4. *Sammeln Sie selbst Beispiele dafür, wie unterschiedlich in verschiedenen Zeitungen und Zeitschriften gleiche oder ähnliche Themen dargestellt werden. Achten Sie besonders auf*
   - *die Plazierung der Nachricht,*
   - *die Überschrift,*
   - *das Verhältnis Überschrift – Textinhalt,*
   - *sprachliche Mittel zur Benennung und Charakterisierung von Personen und ihren Handlungen,*
   - *mehr sachliche oder mehr gefühlsbetonte Darstellung,*
   - *die Aufmachung der Nachricht.*

   *Was stellen Sie fest?*

**5.** *Wie wird in dem folgenden Zeitungsbericht das Interesse der Leser geweckt und ihr Informationsbedürfnis befriedigt? Überprüfen Sie, ob der Text die wesentlichen Fragen des Lesers „Wer hat was, wann, wo, wie, warum getan?“ beantwortet.*
*Formulieren Sie Text 3 in eine kurze, sachliche Zeitungsmeldung um. Auf welche Informationen würden Sie verzichten? Finden Sie eine kurze, treffende Überschrift.*

**6.** *Informieren Sie über ein gesellschaftliches Ereignis in Ihrem Heimatort (zum Beispiel Ausstellung, Theateraufführung, Veranstaltung)*
*a) einen Mitschüler mündlich in aufgelockerter Form,*
*b) schriftlich für eine Tageszeitung.*

**7.** *Schildern Sie in aufgelockerter Form mündlich Ihren Mitschülern eine Reise oder eine Fahrt, die Sie in der letzten Zeit unternommen haben.*
*Formulieren Sie zum gleichen Thema einen informativen Reisetip, wie er in einer Jugendzeitschrift stehen könnte.*

### Text 1

**Mit Tresor auf dem Handwagen unterwegs**

Zu Fuß mit einem Tresor auf dem Handwagen wollten zwei Männer gestern Nacht offenbar nach einem Einbruch fliehen. Ein aufmerksamer Passant informierte die Polizei um 2.45 Uhr über die seltsame Tresor-Tour auf der August-Bebel-Straße in Markkleeberg. Als die Beamten eintrafen, war der Stahlschrank allerdings verschwunden. Dafür entdeckten sie auf dem Handwagen einen Aktenkoffer mit Aufkleber und darauf die vollständige Adresse des Wagenschiebers. Wie die Polizei mitteilte, wurden darauf ein 29- und ein 35jähriger ermittelt, die gestanden haben, den Tresor aus der Werkstatt des Blindenhandwerks entwendet zu haben. Sie sollen nicht weit davon zuhause sein. *-tv*

(Aus: Leipziger Volkszeitung vom 03.03.1992)

### Text 2

**Tresor auf Handkarren: Festnahme**

**Leipzig** – Ein Zeuge hatte die beiden dreisten Einbrecher (29, 35) beobachtet, als sie in Markkleeberg den Tresor auf einem Handwagen fortkarrten: Festnahme! Gemein: Der Tresor stammte aus der Werkstatt des Blindenhandwerks.

(Aus: Bild Leipzig vom 03.03.1992)

### Text 3

**Damenstrumpf als Pannenhilfe**

**15 Trabis wurden „in die Wüste geschickt“**

**Magdeburg** (dpa). „Trabi goes to Marrakesch“: Seit Sonntag rollen 15 einstige DDR-Volksautos von Magdeburg in Richtung Marokko. Die vom Hallenser Original „Drehorgel-Rolf“ zusammengestellte Fahrzeug-Karawane wurde auf dem Domplatz der Landeshauptstadt von Sachsen-Anhalts Ministerpräsident Werner Münch (CDU) auf die insgesamt 6000 Kilometer lange Reise „in die Wüste“ geschickt.
Als „Bordwerkzeug“ gab er dem Team – darunter zwölf Frauen – auch einen Damenstrumpf mit, um gegebenenfalls einen gerissenen Keilriemen ersetzen zu können.
Unter dem Motto „Autos aus Pappe brauchen Männer aus Stahl“ will der 44 Jahre als „Drehorgel-Rolf“ gemeinsam mit seinen 50 Mitakteuren für Sachsen-Anhalt werben. Zu seinen Mitfahrern gehören ein russischer Panzerkommandant, ein vietnamesischer Karatekämpfer, ein ungarischer Musiker und ein Lufthansa-Flugkapitän. Sie wurden bei ihrem Start von etwa 3000 begeisterten Magdeburgern verabschiedet.

(Aus: Leipziger Volkszeitung vom 09.03.1992)

# 2
# Kommentierende Texte

**Der Kommentar** / Von Loriot

## 2.1
## Kommentar

**Beispiel: die Nachricht ...**

### Entlassungen sind rechtens

#### Akademikerklagen abgewiesen

**Karlsruhe/dpa/AP.** Das Bundesverfassungsgericht hat die Verfassungsbeschwerden von 467 früheren Mitarbeitern der DDR-Akademie der Wissenschaften im wesentlichen zurückgewiesen. Sie hatten dagegen geklagt, daß ihre Arbeitsverhältnisse nach dem Einigungsvertrag am 31. Dezember 1991 endeten.

Die Karlsruher Richter schränkten jedoch ein, Kündigungen von Frauen, die Ende Dezember unter Mutterschutzrecht fielen, seien unzulässig. Außerdem seien sozial benachteiligten Gruppen die Entlassungen nur zuzumuten, wenn ihnen „begründete Aussichten“ auf eine neue Stelle geboten werden. Mit den befristeten Arbeitsverträgen sollten die Einrichtungen zunächst bestehen bleiben. Mehr als 10 000 Mitarbeiter haben neue Arbeit oder sind übernommen worden. Etwa 7 000 sind noch von Arbeitslosigkeit bedroht.

**... und ein Kommentar dazu**

### Bitterer Beigeschmack bleibt

von **Dieter Maertins**

Die obersten Verfassungshüter der Bundesrepublik haben den automatischen Auslauf der Arbeitsverträge von Mitarbeitern der ehemaligen Akademie der Wissenschaften zum 31. Dezember 1991 mit Ausnahmen für rechtens befunden. Konnten die Klageführenden anderes erwarten?

Ein realistischer Blick auf bisher praktizierte Formen und Wege der Neuordnung der deutschen Wissenschaftslandschaft – durch den Einigungsvertrag vorgezeichnet – gab dazu kaum Anlaß. Was nicht mehr brauchbar schien und nicht mehr finanzierbar war, hatte keine Aussicht auf Bestand. Daß damit nicht unabdingbar auch das „Aus“ für viele Wissenschaftler und Mitarbeiter der Akademie und ihrer Institute verbunden sein mußte, ist heute offensichtlich. Von einst etwa 24 000 waren Ende vergangenen Jahres noch etwa 15 500 Mitarbeiter bei der Akademie angestellt. Einschließlich jener, die jetzt Forschungsaufgaben, finanziert aus Arbeitsbeschaffungsmaßnahmen, erfüllen, haben davon nach Angaben des Bundesforschungsministeriums weit über 10 000 Lohn und Brot neu gefunden. Manche Wirtschaftsbranche im Osten würde sich diese Quote sehnlichst wünschen.

Dennoch bleibt ein bitterer Beigeschmack. Wie bei den „Abwicklungen“, spielten auch bei der Akademie Person, Verdienst und Leistung keine Rolle. Diese Pauschalität mußte in einer Gesellschaft, die Leistung als ihr Credo sieht, Verdruß hervorrufen.

Mit diesem Problem aber haben derzeit wohl nicht nur Akademiker im Osten zu leben.

(Aus: Mitteldeutsche Zeitung Halle vom 11.03.1992)

Kommentierende Texte können **sachliche Erläuterungen oder Stellungnahmen** zu einem Sachverhalt sein, aber auch **subjektiv wertende Beurteilungen** von Ereignissen oder Sachverhalten.

Zwischen den verschiedenen Funktionen von Texten läßt sich in der Praxis oft keine starre Trennung vornehmen. So ist vielfach eine Abgrenzung zwischen informierenden und kommentierenden Texten schwer zu treffen, wie auch appellierende und normierende Texte informierende und kommentierende Teile enthalten können.

Neben *Kommentaren* und *Leserbriefen* sind *Rezensionen* beziehungsweise *Kritiken* und *Antworten auf Meinungsumfragen* häufig anzutreffende Formen der Kommentierung von Sachverhalten.

Ein **Kommentar** bezieht sich im allgemeinen auf aktuelle Ereignisse aus Politik, Gesellschaft, Wirtschaft, Sport und anderes und kann auch als *Leitartikel* oder *Glosse* erscheinen. Er enthält die für das Verständnis des jeweiligen Sachverhaltes, der Zusammenhänge und Hintergründe nötigen Informationen, darüber hinaus aber die eigene Meinung des Kommentators zum dargestellten Sachverhalt, Kritik, Vermutungen, Fragen, Folgerungen.

Der Leser wird durch den Kommentar dazu angeregt, sich seine eigene Meinung zum Sachverhalt zu bilden. Insofern hat diese Textsorte neben der informierenden und kommentierenden Funktion auch eine appellierende.

Die **Nachricht** dagegen informiert knapp und prägnant über das *Was, Wer, Wann, Wo, Wie* und *Warum* von aktuellen Ereignissen und Sachverhalten von politischer, gesellschaftlicher oder kultureller Bedeutung.

## Aufgaben

1. *Vergleichen Sie die obenstehende Nachricht und den Kommentar zum gleichen Sachverhalt. An welchen Stellen wird im Kommentar sachlich informiert, an welchen Stellen erläutert, argumentiert, gefragt, gewertet?*
2. *Sehen und hören Sie sich im Fernsehen Kommentare an (zum Beispiel in den „Tagesthemen" der ARD), und vergleichen Sie sie mit Nachrichten zum gleichen Thema. Woran erkennen Sie deutlich den Kommentar und die Nachricht?*
3. *Vergleichen Sie die folgende Nachricht und den Kommentar zum gleichen Thema („Erhöhung des Diskontsatzes").*
   *a) Analysieren Sie die Nachricht nach den W-Fragen, und notieren Sie die erhaltenen Informationen.*
   *b) Beachten Sie in der Nachricht das Verhältnis von Fachsprache und Kommunikationssituation (Sender – Empfänger):*
   - *Wer ist der Sender (Einzelperson, Institution und ähnliches)?*
   - *Wer ist der Empfänger?*
   - *An welchen Leserkreis richtet sich die Nachricht im besonderen?*
   - *Welche Aussagen erfordern spezielle Fachkenntnisse?*
   - *Welcher Fachrichtung ordnen Sie die Fachbegriffe zu?*
   - *Schreiben Sie alle Fachbegriffe heraus, und erläutern Sie sie mit Hilfe eines Nachschlagewerkes.*

   *c) Welche Inhalte der Nachricht finden Sie im Kommentar wieder?*

*d) Untersuchen Sie den Kommentar in bezug auf seine sprachliche Gestaltung:*
- *An welchen Textstellen läßt sich die subjektive Meinung des Verfassers nachweisen? Nennen Sie dazu ausdrucksstarke und wertende Adjektive.*
- *Deuten Sie die Formulierungen „Tritt mit dem Zinsfuß“, „konjunkturelle Eintrübung“, „inflationärer Gleichschritt“.*
- *Mit welcher Absicht verwendet der Verfasser den Konjunktiv („Nun gefährde ...“)?*

**Diskontsatz steigt auf Rekordhöhe**

ski Frankfurt a. M. 16. Juli. Die Deutsche Bundesbank hat ihren Diskontsatz mit Wirkung vom heutigen Freitag von acht Prozent auf die Rekordhöhe von 8,75 Prozent angehoben. Damit wollen die Währungshüter, wie Bundesbankpräsident Helmut Schlesinger am Donnerstag in Frankfurt erläuterte, den Preisauftrieb sowie das zu starke Wachstum der Geldmenge und des Kreditvolumens eindämmen.
Schlesinger zeigte sich überzeugt, daß in Reaktion auf den Beschluß des Zentralbankrates auch die Zinsen kurzfristiger Kredite für Unternehmen und Privatpersonen anziehen werden.
Der Diskontsatz wird den Banken in Rechnung gestellt, wenn sie sich bei der Währungsbehörde Geld beschaffen, indem sie ihre Handelswechsel verkaufen. Diese Refinanzierung wird nun um einen dreiviertel Prozentpunkt teurer.
Der Zentralbankrat glaubt nach den Worten Schlesingers nicht, daß durch seinen Beschluß eine Rezession in Deutschland ausgelöst werde. Die Bundesbankspitze habe außerdem versucht, das „richtige Gleichgewicht“ zwischen den binnenwirtschaftlichen Notwendigkeiten und der internationalen Situation zu finden.
Kritik übte Schlesinger bei der Begründung des Zinsbeschlusses an den hohen Ausgabensteigerungen von Ländern und Gemeinden sowie an den jüngsten, aus Sicht der Bundesbank nicht mit einer stabilen Entwicklung des Geldwertes in Einklang stehenden Lohnerhöhungen.

(Aus: Frankfurt Rundschau vom 17.07.1992)

DER KOMMENTAR

***Tritt mit dem Zinsfuß***

PETER GILLIES

Mit ihrer überraschend deftigen Erhöhung eines Leitzinses hat die Deutsche Bundesbank ihre Entschlossenheit belegt, um eine stabile und starke D-Mark zu kämpfen. Sie widerstand in- und ausländischem Druck, es mit der Inflationsbekämpfung nicht gar so bierernst – sprich: deutsch – zu nehmen.

Nun gefährde die Bundesbank, so meinten törichte Kommentare gestern, das Fernziel einer Europäischen Währungsunion („Maastricht“). Das Gegenteil ist richtig: Nicht der inflationäre Gleichschritt führt Europa in eine gedeihliche Zukunft, sondern das jeweils erreichbare Höchstmaß an Stabilität. Daß eine starke D-Mark Frankreich und anderen gegen den Strich geht, zeigt, wie weit diese EG noch von einer gemeinsamen Stabilitätskultur entfernt ist.

Daß die Regierungen zwischen Schock und Sprachlosigkeit schwanken, muß nicht schrecken. Der Tritt mit dem Zinsfuß wird auch ihnen auf Dauer nützen. Mit einer konjunkturellen Eintrübung ist kaum zu rechnen, denn ein glaubwürdiges Stabilitätssignal stärkt die Wirtschaftskraft. Gut, daß es die Bundesbank gibt. Und das möglichst lange.

(Aus: Die Welt vom 17.07.1992)

## 2.2 Rezension und Kritik

In Rezensionen beziehungsweise Kritiken wird über Bücher, Schallplatten, Filme, Fernsehspiele, Kunstwerke, Ausstellungen, Theater- oder Konzertaufführungen und andere Veranstaltungen informiert und wertend geurteilt. Rezensionen/Kritiken drücken die subjektive Sicht des Rezensenten/Kritikers aus.

### Text 1

## Addams Family

Eigentlich wäre es doch einmal wieder (Kino-) Zeit für eine richtig schrille Gruselkomödie. Das muß sich auch der etablierte Kamera-Profi und hiermit debütierende Regie-Neuling Barry Sonnenfeld („Arizona Junior", „Miller´s Crossing", „Misery") gedacht haben. Mit Starbesetzung ist der cineastische Hexentrank schnell gebraut. Man nehme die Über-Hexe Anjelica Huston, die schon in Roegs „Hexen Hexen" eindrucksvoll böse war, den grimmassierenden Zeitreisenden Christopher Lloyd und Glubschauge Raul Julia. Eine abgehackte, im Addams-Schloß umherflitzende und sprechende Hand, sadistische Kinder und ein paar genretypisch verunstaltete Figuren (Butler et cetera) runden das Filmgebräu noch ab.

Worum geht´s? Ein sich als heimkehrender Onkel Fester (Lloyd) ausgebender falscher Fünfziger will, unterstützt von seiner herrischen, natürlich deutschen Mama, an die Moneten und Schätze des Grusel-Clans.

Die Addams-Family hat in amerikanischen Printmedien eine lange Geschichte. Sie begann 1932 mit der Veröffentlichung erster Zeichnungen im „New Yorker". Schöpfer dieser (schwarz-) humorigen Horror-Familie ist der 1988 verstorbene Cartoonist Charles S. Addam.

Der handwerklich solide gemachte Film bleibt blaß. Der Funke springt trotz Bestbesetzung, einiger netter technischer Tricks und Einfälle nicht herüber. Schade! Fazit: eine gemächliche Geisterbahnfahrt, an der sich die Passagiere weder erfreuen noch ärgern können.

JE

(Aus: Audimax. Die Hochschulzeitschrift. 5. Jahrgang, Januar/Februar 1992.)

### Text 2

## In Wahrheit sind wir stärker

„Ich bin eben auch nicht ganz frei von Vorurteilen" – leider kommt diese wahrlich zutreffende Selbsterkenntnis der Autorin Gabriele Krone-Schmalz rund 200 Seiten zu spät: die Lesefreude an dem durchaus spannenden Thema ist bis dahin durch immer wieder aufflackernden Ärger doch schon erheblich beeinträchtigt worden. Es ist schade um die vertane Chance, kompetent über den (Frauen)alltag in der Sowjetunion zu berichten – wozu sie als ARD-Korrespondentin in Moskau durchaus in der Lage gewesen wäre. „In Wahrheit sind wir stärker" ist tatsächlich die Buchfassung einer (sehenswerten) Reportage, mit der sich Krone-Schmalz zum Nachteil des Lesers auch sprachlich aber nur noch wenig Mühe gemacht hat.

Trotzdem ist ihr eins gelungen: zu zeigen, daß es „die" sowjetische Frau in einem Land mit über 100 Nationalitäten nicht geben kann. Denn der Alltag der Ärztin Tatjana im ostsibirischen Jakutien hat nur sehr wenig gemein mit dem der „Bauarbeiter-Anstreicherin" Galina im europäischen Moskau oder mit dem vom Ogultjatsch im mittelasiatischen Turkmenistan. Sechs Frauen hat Krone-Schmalz besucht und porträtiert: sie erlauben uns einen Blick in eine fremde Welt.

*Gabriele Krone-Schmalz: In Wahrheit sind wir stärker. Sachbuch. Econ Verlag. Düsseldorf.*

(Aus: Sekretariat, Fachmagazin für die Sekretärin und Chefassistentin, Heft 8 1991.)

## Aufgaben

1. *Untersuchen Sie die beiden Rezensionen nach ihrem Textaufbau, ihrem Informationsgehalt und nach sprachlichen Mitteln, mit denen sachlich oder emotional gewertet wird.*
2. *Suchen Sie aus Zeitungen und Zeitschriften weitere Beispiele für Rezensionen/Kritiken heraus, und analysieren Sie sie inhaltlich und sprachlich.*

*3. Erarbeiten Sie eine Rezension/Kritik zu einem Thema/Gegenstand Ihrer Wahl (zum Beispiel Schallplattenalbum, Film, Buch oder ähnlichem) für eine Jugendzeitschrift.*

*4. An welchen Empfängerkreis richtet sich die folgende Kritik an einer Schallplattenproduktion? Wie kommt das in der sprachlichen Gestaltung zum Ausdruck?*

## MICHAEL JACKSON
## Dangerous

Da ist es also, Michaels neues (Doppel-)Album. Die Erwartungen waren groß, das Ergebnis ist enttäuschend. Schon beim ersten Song rapt Jacko lustlos und scheinbar völlig unmotiviert drauf los, solch einen schlappen Opener gibt es selten. Gelangweilt spult man weiter, doch – oh Schreck! – die nächsten fünf Songs klingen genauso! Überall der gleiche Beat, das gleiche Gelechze und Gekreische, von Melodien keine Spur. Michael, hast Du vier Jahre lang geschlafen? Mit diesem Zeug kannst Du heute niemanden mehr hinterm Ofen herlocken. Wenn es wenigstens originell wäre ... nein, es nervt! Erst mit dem siebten Stück kommt ein Lichtblick: „Heal The World“, ein sehr schöner Schmusesong, der an Michaels „USA For Africa“-Hit „We Are The World“ erinnert. Hätte allerdings auch von den Bee Gees sein können. Dem folgt die hinlänglich bekannte Single-Auskopplung „Black Or White“ mit Slash von Guns N'Roses an der Gitarre. Nicht sonderlich innovativ, aber okay. Doch das war's auch schon fast. Mit Ausnahme der schwülstigen Heavy-Rocknummer „Give In To Me“ nichts weiter als Durchschnittssongs, bei denen sich Jacko zum Teil selbst kopiert. Tja, das ist also die neue Jackson-LP. 14 Stücke, von denen kaum eines das Format zum Klassiker hat. Doch die Kids scheint das nicht zu stören.

Pünktlich zum Weihnachtsgeschäft erschienen, durfte die Scheibe natürlich auf keinem Wunschzettel fehlen. Und Michael sitzt zu Hause, reibt sich die Hände und spart schon wieder für den Chirurgen. Damit wir uns nicht falsch verstehen: Ich habe nichts gegen Jacko, im Gegenteil, ich liebe Songs wie „Billie Jean“ und „Beat It“. Doch was der Gute hier abgeliefert hat, kann nicht überzeugen. Diese Scheibe ist keineswegs „Dangerous“, sondern „Boring“. Eine Maxi-Single mit drei oder vier Stücken hätte es auch getan. Lieber Michael, schließ Dich wieder ein, kauf Dir einen neuen Affen und komm ja nicht zu uns auf Tournee.

*C. Westheide*

(Aus: Audimax. Die Hochschulzeitschrift. 5. Jahrgang, Januar/Februar 1992)

# 2.3
# Meinungsumfrage

In einem Jugendjournal, das von der AOK herausgegeben wird (AOK Jugendmagazin jo, Heft 1, 1992), wurden Fachleuten, die engen Kontakt zu Drogenabhängigen haben oder selbst Drogenaufklärung betreiben, vier Fragen zum Thema „Drogensucht“ gestellt:

**1**

Drogenprävention, Suchtprophylaxe sind die neuen Schlagworte, nachdem in den letzten Jahren ein rapider Anstieg von Drogentoten zu verzeichnen ist. Was hat sich im Vergleich zu den Aufklärungskampagnen in den siebziger und achtziger Jahren geändert?

**2**

Was ist nach Ihrer Meinung für viele Jugendliche der erste Anlaß, Drogen zu nehmen? Neugier, fehlendes Gemeinschaftsgefühl, ausweglose Situationen, keine Zukunftsperspektiven, Wertverluste, Ziellosigkeit, Langeweile oder die Suche nach dem ultimativen Kick?

**3**

Steigender Drogenverbrauch ist auch immer ein Warnsignal an die Gesellschaft. Was hat sich nach Ihrer Meinung zu verändern?

**4**

Welche Form von Drogenkonsum halten Sie selbst für die bedrohlichste?

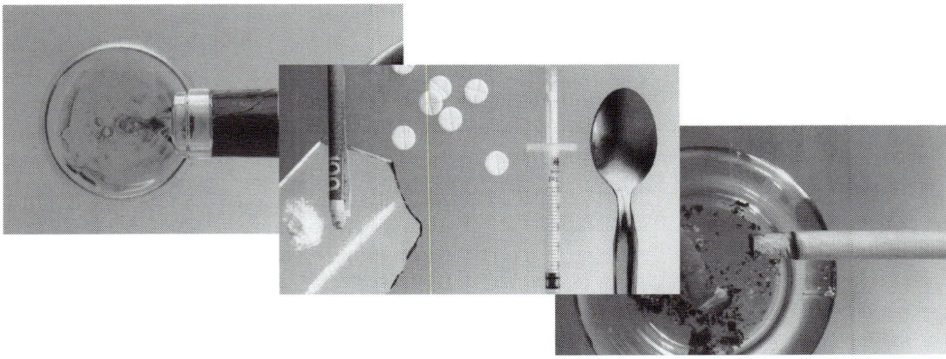

*Hier eine Auswahl aus den Antworten auf Frage 3 :*

### Andreas Pessel

*29 Jahre, heroinabhängig, seit dreieinhalb Jahren clean, und seit zwei Jahren Redakteur bei der Fachzeitschrift „SuchtReport", Berlin:*
Die Gesellschaft muß die Begriffe Sucht / Süchtiger neu definieren, um sinnvolle Ansätze für Prävention und Therapie zu schaffen. Sucht, das sind zwar auch „die Kinder vom Bahnhof Zoo", aber die sind eben nur eine Minderheit. Sucht, das sind Familienväter, die öfter mal einen „über den Durst trinken", und Mütter, die sich mit Beruhigungstabletten „entspannen". Niemand wird von heute auf morgen süchtig. Sucht ist schleichend.

### Dr. Walter Kindermann

*39 Jahre, Suchtreferent im Hess. Ministerium für Jugend, Familie, Gesundheit, Wiesbaden:*
Ich würde mir wünschen, daß Erwachsene sich bewußt werden, daß sie die Welt ihrer Kinder gestalten – oder zerstören, daß der Staat ebensoviel Geld, wie er an Steuern für legale Drogen einnimmt (jährlich über 20 Milliarden Mark), für Suchthilfe und Prävention ausgibt. Für jede Mark, die für Drogenwerbung ausgegeben wird, müßten zwei für Aufklärung abgeführt werden.

### Brigitte Reitz

*62 Jahre, Mutter eines ehemals drogenabhängigen Sohnes und seit zehn Jahren aktiv im Elternkreis drogenabhängiger und drogengefährdeter Jugendlicher, Frankfurt am Main:*
Wir alle müssen uns ändern. Konsum und Wirtschaftswachstum dürfen nicht im Mittelpunkt unseres Lebens stehen um den Preis der Umweltzerstörung und der Menschlichkeit.

### Bernd Dembach

*35 Jahre, Dipl.-Theologe und Dipl.-Pädagoge bei der Deutschen Hauptstelle gegen die Suchtgefahren, Hamm:*
Ursachenorientierte Präventionsarbeit muß diesen Erkenntnissen gerecht werden. Suchtvorbeugung geht alle an: Jugendliche, Eltern, Schule, Bezugspersonen, Politiker et cetera. Die praktische Präventionsarbeit geht von der Alltags- und Lebenswelt der Jugendlichen aus. Es geht darum,

- sachlich, lebensnah und ehrlich ohne Übertreibung über Suchtmittel und Hilfsangebote zu informieren
- Genuß- und Konsumfähigkeit zu lernen
- Freiräume für eigene Erfahrungen zu haben
- zugleich Grenzsetzungen zu akzeptieren und auszuhalten
- eigene Bedürfnisse zu artikulieren und gemeinsam durchzusetzen
- Verantwortung zu übernehmen
- miteinander zu reden und sich ernst zu nehmen
- nein sagen zu lernen beziehungsweise konfliktfähig zu werden
- angemessene Problemlösungsmuster zu erlernen und
- positive Identifikationsmöglichkeiten für Jugendliche zu vermitteln.

## Aufgaben

1. *Vergleichen Sie die Antworten. Welche Aspekte werden von den Befragten jeweils besonders hervorgehoben? Wie sind die Antworten inhaltlich aufgebaut? Sehen Sie in den Antworten einen Zusammenhang mit dem Beruf/der sozialen Stellung der Befragten?*
2. *Welche Antwort könnten Sie selbst auf die Frage 2 geben?*
3. *Erarbeiten Sie mit Hilfe der Antworten ein Informationsblatt für Jugendliche, in dem vor Drogenkonsum gewarnt wird. Finden Sie eine wirkungsvolle Überschrift (und gegebenenfalls Zwischenüberschriften).*

# 2.4 Leserbrief

## Ihre Meinung ist gefragt …

Im heutigen Leserforum kommen zwei Kolleginnen zu Wort, die sich zu ganz unterschiedlichen Themen Gedanken gemacht haben.
Einmal geht es um den Berufsstand beziehungsweise die Berufsbezeichnung „Sekretärin", zum anderen um Umweltschutz – hier speziell um den Einsatz von Recyclingpapier. (...)

### „Peinlich" – diese Berufsbezeichnung?

Paula D. ist sauer. Paula D. hat sich nach dem Abitur und einer anschließenden kaufmännischen Ausbildung, nach neun Jahren Berufstätigkeit, zur Sekretärin des Pressesprechers eines mittleren Elektronikkonzerns emporgearbeitet. Sie hat „Karriere gemacht", ihr Aufgabengebiet ist interessant und abwechslungsreich, die Kollegen sind nett. Wenn nicht … ja, wenn nicht diese dumme, ja peinliche Berufsbezeichnung wäre. Wer gibt schon gerne im akademisch gebildeten Bekanntenkreis zu, „Sekretärin" zu sein? „Assistentin" oder „Office-Manager" würde da schon viel besser klingen.
Schade, meinen andere. Denn wenn es schon im eigenen Berufsstand am richtigen Selbstverständnis mangelt, wie können dann die latenten Vorurteile vom duttgezierten, Kassengestell-bebrillten und graugewandeten Vorzimmerfräulein ein für allemal ausgeräumt werden? Mut zum eigenen Stand und mehr Selbstbewußtsein sind hier gefragt! Kaum ein anderes Berufsbild läßt einem – mit oder ohne Hochschulstudium – so viel Freiraum für individuelle Weiterentwicklung im Sinne von „Job-Enrichment" und ist dazu noch branchenunabhängig. Kaum ein anderer Beruf beansprucht in so vielfältiger Weise, menschlich und fachlich, die Fähigkeit zum Umdenken und Dazulernen. Darum wäre es auch Paula D. zu empfehlen, sich von eingefahrenen Denkschemata zu lösen und ihren Beruf mit einem zeitgemäßen Selbstverständnis zu versehen. Der wesentliche Schritt nach vorne vollzieht sich auch hier nicht auf dem Papier, sondern in unseren Köpfen. *Sabine Raithel, Kronach*

### Weißes Papier ein Status-Symbol?

Der Umweltschutz gewinnt immer weiteren Raum. Aufgrund der großen Altpapiermengen auf dem Markt und entsprechender Appelle in der Öffentlichkeit machte man sich auch in unserem Büro Gedanken zum Einsatz von Recyclingpapier. Während die Umstellung bei den Briefumschlägen noch relativ einfach durchführbar war, stieß die Einführung von „grauem" Kopier- und Druckerpapier teilweise auf heftigen Widerstand: Insbesondere die Herren der Schöpfung scheinen in dem blütenweißen Papier eine Art Status-Symbol zu sehen. Man könne es den Kunden nicht zumuten, technische Unterlagen oder gar Briefe auf Recycling-Papier zu erhalten. Und außerdem habe man gehört, daß das Übertragen von Telefaxen auf Recycling-Papier länger dauert und qualitativ schlechter ausfällt.
Ein Test rund um den Globus (mit Geschäftspartnern in Australien, Kanada und den USA sowie in europäischen Ländern) bestätigt das Gegenteil, ja es kommen sogar Gratulationen aus den USA, daß man so fortschrittlich sei.
Nur schweren Herzens wird das Papier hingenommen, noch immer tauchen aus geheimen Vorräten einzelne weiße Blätter auf, die für „besondere Kopien" verwendet werden. Es wird wohl noch einige Zeit dauern, bis das Papier allgemein angenommen wird. (...)
*Barbara Kleine, Lippstadt*

(Aus: Assistenz. Zeitschrift für die Frau im Büro. H. 6, Nov./Dez. 1991, S. 35.)

In Leserbriefen wenden sich Leser von Zeitungen und Zeitschriften – aufgefordert oder unaufgefordert – direkt an die Redaktion, um ihre Meinungen zu aktuellen politischen, gesellschaftlichen, wirtschaftlichen und kulturellen Erscheinungen mitzuteilen und um damit zur öffentlichen Diskussion anzuregen.

## Aufgaben

1. *Vergleichen Sie die beiden obenstehenden Leserzuschriften zu ganz unterschiedlichen Themen miteinander. Wie bauen die Schreiberinnen ihre Texte jeweils auf, um das Problem darzulegen und ihre Meinung zum Ausdruck zu bringen? Welche Argumente führen sie jeweils an?*
2. *Welche Schlüsse lassen sich aus den Leserbriefen auf das Alter, den Beruf, eventuell das Geschlecht der Schreiber ziehen?*
3. *Wählen Sie aus den Textbeispielen oder nach eigenem Interesse ein Thema aus, und formulieren Sie dazu ebenfalls Ihre Meinung in einem Leserbrief.*

# 3
# Appellierende Texte

## An das deutsche Volk!

Seit der Reichsgründung ist es durch 43 Jahre Mein und Meiner Vorfahren heißes Bemühen gewesen, den Weltfrieden zu erhalten und im Frieden unsere kraftvolle Entwicklung zu fördern. Aber die Gegner neiden uns den Erfolg unserer Arbeit. Alle offenkundige und heimliche Feindschaft von Ost und West und von jenseits der See haben wir bisher ertragen im Bewußtsein unserer Verantwortung und Kraft, nun aber will man uns demütigen. Man verlangt, daß wir mit verschränkten Armen zusehen, wie unsere Feinde sich zu tückischem Überfall rüsten, man will nicht dulden, daß wir in entschlossener Treue zu unserem Bundesgenossen stehen, der um sein Ansehen als Großmacht kämpft und mit dessen Erniedrigung auch unsere Macht und Ehre verloren ist.

So muß denn das Schwert entscheiden.
Mitten im Frieden überfällt uns der Feind.
Nun auf zu den Waffen!
Jedes Schwanken, jedes Zögern wäre Verrat am Vaterland!

Um Sein oder Nichtsein unseres Reiches handelt es sich, das unsere Väter sich neu gründeten, um Sein oder Nichtsein deutscher Macht und deutschen Wesens. Wir werden uns wehren bis zum letzten Hauch von Mann und Roß. Und wir werden diesen Kampf bestehen, auch gegen eine Welt von Feinden. Noch nie ward Deutschland überwunden, wenn es einig war.

Vorwärts mit Gott, der mit uns sein wird, wie er mit den Vätern war!

Berlin, den 6. August 1914

Wilhelm.

Appellierende Texte sind auf die Herausbildung von Einstellungen und Verhaltensweisen sowie das Auslösen von Handlungen gerichtet.

Im Alltag begegnen uns appellierende Texte in besonders ausgeprägter Weise in Form von politischer und Wirtschaftswerbung.

Täglich kann man die verschiedensten Formen der **Wirtschaftswerbung** in Zeitungen und Zeitschriften, in und an öffentlichen Verkehrsmitteln, auf der Straße, im Hörfunk und im Fernsehen finden, regelmäßig gelangen Werbebriefe und Werbeanzeigen in unsere Briefkästen.
In der Werbung bleibt nichts dem Zufall überlassen. Jährlich werden große Summen für Werbezwecke investiert. Anzeigeneinnahmen machen die wichtigste Einnahmequelle einer Zeitung oder Zeitschrift aus.
Den immer raffinierter werdenden Methoden der Werbung kann man sich schwer entziehen. Man kann sich aber gegen die Verführung und Manipulierung wehren, wenn man gelernt hat, Werbetexte kritisch zu betrachten und Strategien, Techniken und Methoden der Werbung zu durchschauen.

Alle Aktivitäten, Institutionen und Mittel, die dazu genutzt werden, ein Produkt möglichst wirkungsvoll an den Verbraucher zu bringen (zum Beispiel Marktforschung, Produktforschung, Motivationsforschung, Prüfung der Wettbewerbsverhältnisse), werden zusammenfassend mit dem Begriff **Marketing** bezeichnet.

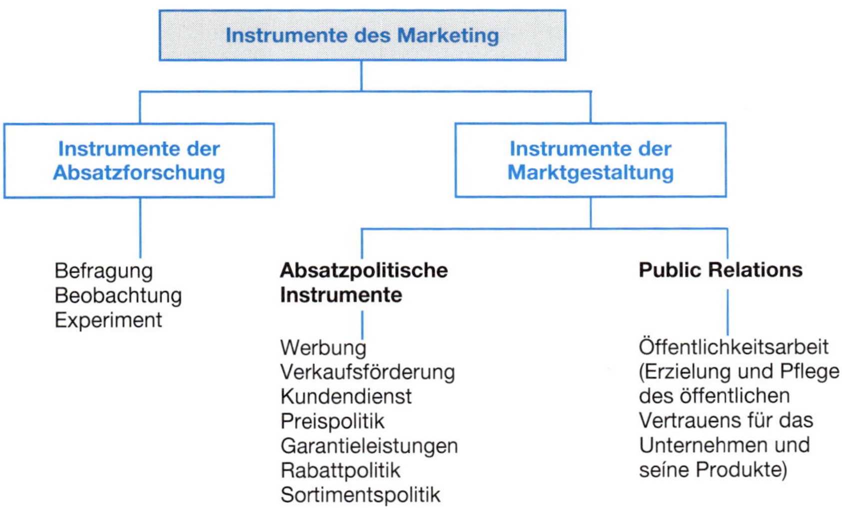


(Nach: Sowinski, B., Werbeanzeigen und Werbesendungen, München 1979, S. 26)

**Die verschiedenen Erscheinungsformen der Werbung haben Wesentliches gemeinsam:**

*Funktion:* Der Konsument soll zu einem bestimmten Verhalten veranlaßt werden, das heißt das Produkt kaufen, eine Dienstleistung in Anspruch nehmen oder ähnliches.

*Inhalt:* Mit Informationen über die (positiven) Eigenschaften und den tatsächlichen oder auch nur vorgetäuschten Wert des Produkts, die es aus allen vergleichbaren Produkten herausheben, soll der Konsument überzeugt werden. Es muß in ihm der dringende Wunsch nach dem Besitz dieses Produktes entstehen. Dazu werden mit psychologischen Mitteln allgemeine Triebe, Wünsche, Ängste und Sehnsüchte des Menschen angesprochen.

*Aufbau:* Werbetexte sind häufig nach der sogenannten AIDA-Formel, die in der amerikanischen Werbelehre entwickelt worden ist, aufgebaut:

**A** = Attention (Aufmerksamkeit erwecken)
**I** = Interest (Interesse erwecken)
**D** = Desire (Besitzwunsch erwecken)
**A** = Action (Aufforderung zur Kaufhandlung)

*Sprache:*

- Typisch ist eine übertreibende Ausdrucksweise durch Steigerungsformen des Adjektivs, Wortbildungselemente.

  **Beispiele**
  super-, hoch-, spitzen-, top-, Wörter mit steigernder Bedeutung wie hervorragend, toll, unvergleichlich

- Häufig kommen Reiz- und Schlüsselwörter mit meist positiven Assoziationen vor.

  **Beispiele**
  Glück, Wohlstand, Pflege, Umwelt, Erfolg, Geld, Sicherheit, Schönheit, Jugend, biologisch, natürlich, frisch, gesund

- Fach- und Fremdwörter sollen das Produkt aufwerten und den Eindruck von technischer Perfektion, Modernität, Exklusivität und Wissenschaftlichkeit erzeugen.

  **Beispiele**
  mit Protein, Wirkstoff Dexpanthenol, Liposom-Formel, dermatologisch getestet, energiespendende Substanzen regen die Zellregeneration an und verbessern die Hautstruktur, hochdosiertes Vitamin E und UV-(A+B)-Filter wirken gegen Freie Radikale und vorzeitige Hautalterung

- Slogans benennen in verdichteter Form meist Hersteller, Ware, Käufer. Durch Kürze, Stabreim oder Reim prägen sie sich leicht ein und werden dauerhaft mit dem Produkt/der Firma verbunden.

  **Beispiele**
  Katzen würden Whiskas kaufen, Neckermann macht's möglich, Besser geht's mit Coca Cola.

Einen hohen Anteil haben in Werbetexten **nichtsprachliche Mittel** wie Farben, typographische Gestaltung, Schrifttypen, Bilder und Symbole sowie **klangliche Mittel.** Ist ein Produkt erst einmal erfolgreich eingeführt, haben immer wiederkehrende Bilder, Symbole, Melodien, Texte und ähnliches so eine große Signalwirkung, daß sogar auf die Nennung des Produktnamens verzichtet werden kann.

**Beispiele**
Nicht immer, aber immer öfter (aus der Werbung für „Clausthaler alkoholfrei"); Die schönsten Pausen sind lila (aus der Werbung für „Milka-Schokolade"); Symbol eines roten Dreiecks (in Verbindung mit der Werbung für die Mineralwassermarke „Apollinaris")

Oft sollen bekannte Persönlichkeiten (Schauspieler, Sänger, Sportler und so weiter), Vertreter bestimmter Berufsgruppen (Juristen, Ärzte, Naturwissenschaftler und so weiter) oder auch unbekannte einfache Konsumenten (mit denen man sich leichter identifizieren kann als mit bekannten Persönlichkeiten) als Gewährsleute (sogenannte **Sekundärsender**) die Überzeugungskraft und Glaubwürdigkeit erhöhen, Vertrauen erwecken und für Seriosität bürgen. Zusatzangebote wie Beteiligung an Preisausschreiben und kleine (meist wertlose) Werbegeschenke (sogenannte **Huckepack-Werbung**) sollen dem Konsumenten den Kauf „schmackhaft" machen.

Bei aller kritischen Betrachtung der Manipulierungstechniken in der Werbekommunikation sollte man aber auch den **kreativen und ästhetischen Aspekt** vieler Werbetexte nicht vergessen, der sich zum Beispiel in gelungenen Sprachspielen, treffenden Wortbildungen, überraschenden Sprachverwendungen, Nutzung rhetorischer Mittel, wirkungsvollen Bildern und Gestaltungen, Spielen mit Textsorten zeigt und den besonderen Reiz von Werbetexten ausmacht.

*Text 1*

**Text 2**

# Büro-Produkte von besonderer Natur.

Die Umwelt-Freundlichen von Zweckform

Bitte überlegen Sie: Wie oft arbeiten Sie täglich mit holzfrei-weißem Papier? Denken Sie dabei an unsere Umwelt? Es gibt doch die Umwelt-Freundlichen von Zweckform: Kolleg- und Notizblocks, Formularbücher, Etiketten, Computer-Papiere. Aus hochwertigen Recycling- bzw. chlorfrei-gebleichten Papieren. Praxisgerecht und funktionell.

Steigen Sie um auf Büro-Produkte von besonderer Natur! Tun Sie der Umwelt einen Gefallen – täglich! Mit Zweckform. Bei Ihrem Büro-Fachhändler.

Zweckform Büro-Produkte GmbH, Postfach 12 80, D - 8150 Holzkirchen

Zweckform

Nichts einfacher als das.

☐ Bitte senden Sie mir Informationsmaterial über die Umwelt-Freundlichen von Zweckform!

Name:

Firma:

Straße:

Ort:

Coupon ausschneiden, auf Postkarte kleben und an Zweckform senden!

*Text 3*

# Jedes Produkt für nur DM 5,–

+ Kosmetiktasche zum Freundschaftspreis von nur DM 1,–

Chère Madame,

heute möchte ich Sie gerne dazu einladen, natürliche Schönheitspflege mit Pflanzen-Extrakten kennenzulernen. Deshalb habe ich für Sie ein ganz besonderes Angebot zusammengestellt:

Wählen Sie aus 29 Originalprodukten Ihre Lieblingsprodukte für nur je DM 5,– und sparen Sie dabei bis über 50 %. Außerdem erhalten Sie die hübsche Kosmetiktasche heute zum Freundschaftspreis von nur DM 1,–.

Ob Sie sich für die milden Gesichts- oder Körperpflege-Produkte entscheiden, für modisch-aktuelle Make-up-Farben oder einen aufregenden Duft – Sie finden bestimmt das Richtige. Stellen Sie sich Ihr Schönheits-Set zusammen und freuen Sie sich auf die pastellfarbene Kosmetiktasche, zum Freundschaftspreis von nur DM 1,–. Tragen Sie gleich Ihre Lieblingsprodukte in die dafür vorgesehenen Bestellzeilen auf Ihrem Bestellschein ein.

Antworten Sie schnell und nutzen Sie Ihre Gewinnchance!
3 exclusive BMW-Cabrios oder 3 × DM 50 000,– in bar warten auf die glücklichen Gewinner. Den Schlüssel zum Glück finden Sie auf der Rückseite dieses Prospekts.

Zusätzlich zu Ihrer Bestellung bekommen Sie den aktuellen Schönheits-Ratgeber mit vielen Anregungen und Produkten für Ihre Schönheitspflege auf pflanzlicher Basis.

Übrigens: Mit dem Bezahlen haben Sie viel Zeit – bis nach Erhalt Ihres Päckchens.

Doch nun wünsche ich Ihnen viel Spaß beim Auswählen Ihrer Schönheitsprodukte.

Herzlichst Ihr

Yves Rocher

P.S.: Das Antwortporto übernimmt heute Yves Rocher für Sie.

## Aufgaben

1. *Sehen Sie sich Werbeanzeigen in Kinder-, Jugend-, Frauen- und anderen Zeitschriften daraufhin an,*
   *a) für welche Produkte dort geworben wird,*
   *b) wie sich die Werbung direkt auf die jeweilige Zielgruppe (Kinder, Jugendliche, Mädchen/Jungen, Frauen, Autofahrer und so weiter) einstellt,*
   *c) welche inhaltlichen, sprachlichen (Wortschatz, Satzbau) und bildlichen Mittel besonders eingesetzt werden.*
   *Analysieren Sie eine dieser Werbeanzeigen genauer.*

2. *Beschreiben Sie die Werbeanzeige für Büro-Produkte von „Zweckform" nach Textaufbau, typographischer Gestaltung (Zusammenwirken von Text und Bild beziehungsweise Symbolen) und sprachlicher Gestaltung (Wortwahl, Satzbau).*

3. *Analysieren Sie den Werbebrief der Kosmetikfirma „Yves Rocher" nach Textaufbau sowie inhaltlicher und sprachlicher Gestaltung. Vergleichen Sie den Brief mit anderen Werbebriefen. Überprüfen Sie, wie hier und in anderen Werbebriefen die sogenannte AIDA-Formel genutzt wird.*

4. *Stellen Sie aus Werbetexten typische Substantive und Adjektive zusammen. Überprüfen Sie diese auf ihren Informationsgehalt und den Anteil an emotionalen (gefühlsmäßigen), assoziativen (mit Vorstellungen verknüpften) und wertenden Elementen.*

5. *Weisen Sie an Beispielen nach, daß die Werbung in starkem Maße bestimmte Triebe, Gefühle, Sehnsüchte, Ideale, Wünsche und Ängste der Menschen anspricht, um damit eine Werbewirkung zu erzielen. Wie beurteilen Sie diese Strategie?*

6. *Welche Mittel werden besonders in Fernseh- und Hörfunkwerbung zusätzlich eingesetzt? Nennen Sie einen Werbespot, der Sie besonders anspricht, und begründen Sie das.*

7. *Sammeln Sie Slogans aus Werbeanzeigen, und untersuchen Sie sie im Hinblick auf ihre sprachliche Gestaltung.*

8. *Vergleichen Sie politische und Wirtschaftswerbung miteinander. Stellen Sie Gemeinsamkeiten und Unterschiede fest.*

9. *Worauf beruht in der DUDEN-Anzeige die besondere Werbewirkung?*

Geworben wird zunehmend auch von verschiedenen Organisationen und Institutionen für **gemeinnützige Zwecke,** für die Erhaltung der Umwelt, für den Gesundheitsschutz und ähnliches:

## Aufgabe

*Worin unterscheiden sich diese Werbeanzeigen von der Wirtschaftswerbung? Finden Sie weitere Beispiele für diese Formen appellierender Texte.*

# 4
# Normierende Texte

**Grundgesetz für die Bundesrepublik Deutschland**

**I.**
**Die Grundrechte**

**Artikel 1**
**[Schutz der Menschenwürde]**

(1) Die Würde des Menschen ist unantastbar. Sie zu achten und zu schützen ist Verpflichtung aller staatlichen Gewalt.
(2) Das Deutsche Volk bekennt sich darum zu unverletzlichen und unveräußerlichen Menschenrechten als Grundlage jeder menschlichen Gemeinschaft, des Friedens und der Gerechtigkeit in der Welt.
(3) Die nachfolgenden Grundrechte binden Gesetzgebung, vollziehende Gewalt und Rechtsprechung als unmittelbar geltendes Recht.

**Artikel 2**
**[Persönliche Freiheitsrechte]**

(1) Jeder hat das Recht auf die freie Entfaltung seiner Persönlichkeit, soweit er nicht die Rechte anderer verletzt und nicht gegen die verfassungsmäßige Ordnung oder das Sittengesetz verstößt.
(2) Jeder hat das Recht auf Leben und körperliche Unversehrtheit. Die Freiheit der Person ist unverletzlich. In diese Rechte darf nur auf Grund eines Gesetzes eingegriffen werden.

**Artikel 3**
**[Gleichheit vor dem Gesetz]**

(1) Alle Menschen sind vor dem Gesetz gleich.
(2) Männer und Frauen sind gleichberechtigt.
(3) Niemand darf wegen seines Geschlechtes, seiner Abstammung, seiner Rasse, seiner Sprache, seiner Heimat und Herkunft, seines Glaubens, seiner religiösen oder politischen Anschauungen benachteiligt oder bevorzugt werden.

(Aus: Grundgesetz für die Bundesrepublik Deutschland, Rudolf Haufe Verlag, Freiburg/Berlin 1990, S. 5/6.)

Normierende Texte sind auf die **Einhaltung meist verbindlich festgelegter Normen** gerichtet, die das gesellschaftliche Zusammenleben im weitesten Sinne regeln.

Zu normierenden Texten gehören

- Gesetze
- Definitionen
- Satzungen
- Verordnungen
- Bestimmungen
- Geschäftsordnungen
- Verträge
- Vordrucke
- Formulare

Normierende Texte sind stärker als andere Texte durch bestimmte **inhaltliche, formale und sprachliche Merkmale** gekennzeichnet:

*Inhalt:* Festlegung von Rechten und Pflichten, Definieren von Sachverhalten, Vorschreiben von Verhaltensregeln.
In der Überschrift beziehungsweise im Titel werden meist deutlich der Inhalt und der verbindliche Charakter des jeweiligen normierenden Textes genannt.

**Beispiele**
„Grundgesetz für die Bundesrepublik Deutschland", „Straßenverkehrsordnung", „Kaufvertrag", „Bürgerliches Gesetzbuch", „Sozialgesetzbuch", „Bundesausbildungsförderungsgesetz", „Allgemeine Geschäftsbedingungen"

*Aufbau:* Normierende Texte sind meist deutlich in einzelne Textabschnitte gegliedert.

**Beispiele**
Paragraphen, Absatznumerierung, Numerierung mit römischen und arabischen Ziffern, Buchstaben, Spiegelstriche
In Formularen sind die auszufüllenden Kästchen und Spalten deutlich gekennzeichnet.

*Sprache/Stil*
- Die Formulierungen sollten sachlich, knapp und eindeutig sein; die Texte dürfen nicht verschieden auslegbar und interpretierbar sein.
- Es überwiegt nominale (substantivische) Ausdrucksweise.
- Unpersönliche Ausdrücke und Formulierungen zielen auf Verallgemeinerung und Allgemeingültigkeit.
- Es werden typische Wörter und Formeln des institutionellen Verkehrs (Amtsverkehrs) und juristische Begriffe verwendet.

Das Bemühen um Eindeutigkeit führt mitunter zu komplizierten und umständlichen Formulierungen, die unübersichtlich und schwer verständlich sind. **Formulare** und **Vordrucke** sollen durch ihre streng genormte Form und den genormten Inhalt eine Erleichterung darstellen, weil dadurch Texte in typischen wiederkehrenden Situationen mit typischen Inhalten nicht immer neu zu formulieren und leichter zu bearbeiten sind.

**Beispiele**

In der Praxis des institutionellen Verkehrs zeigt sich aber häufig, daß viele Formulare durch eine Fülle schwer verständlicher Fachbegriffe eher verwirrend sind und dadurch das Verstehen erschwert statt erleichtert wird. Oft bedarf es umfangreicher zusätzlicher Erläuterungen, wie das Beispiel der „Anleitung zur Einkommensteuererklärung" zeigt, die 16 Seiten Text sowie ein umfangreiches Stichwortverzeichnis umfaßt. Viele Institutionen sind sich der Schwierigkeiten bewußt, die mit den oft recht komplizierten juristischen und verwaltungstechnischen Fragen im Alltag auf den Bürger zukommen, und bemühen sich darum, im Interesse ihrer Partner ihre Texte verständlicher und einfacher zu gestalten, so zum Beispiel Telekom bei der Neufassung der „Allgemeinen Geschäftsbedingungen":

**Beispiel**

Neben den inhaltlichen Änderungen wurde das „Kleingedruckte" an einigen Stellen auch redaktionell überarbeitet, um die Regelungen verständlicher zu gestalten.

(Aus einem Informationsblatt von Telekom)

## Aufgaben

1. *Weisen Sie in dem nachstehenden Auszug aus den „Allgemeinen Geschäftsbedingungen" einer Bank inhaltliche, formale und sprachliche Merkmale normierender Texte nach.*
2. *Informieren Sie sich über die Bedeutung und die Geschichte des „Grundgesetzes für die Bundesrepublik Deutschland". An wen richtet sich das Grundgesetz direkt? Gibt es auch noch indirekte Adressaten? Worin drücken sich Unpersönlichkeit und Allgemeingültigkeit aus? Welche Begriffe und Wendungen sind typisch für Gesetzestexte?*
3. *Inwiefern läßt der Satz „Jeder hat das Recht auf Leben und körperliche Unversehrtheit." (Artikel 2, Absatz [2] des Grundgesetzes) verschiedene Auslegungen zu?*
4. *Sehen Sie sich Verträge an, die im Alltag in verschiedenen Situationen abgeschlossen werden (Ausbildungsvertrag, Kaufvertrag, Versicherungsvertrag, Mietvertrag und andere). Worin zeigt sich inhaltlich und sprachlich der normierende Charakter solcher Texte?*
5. *Besorgen Sie sich einen der folgenden Vordrucke, und füllen Sie ihn aus:*
   a) Anmeldung bei der Meldebehörde
   b) Anmeldeformular der Gebühreneinzugszentrale (GEZ)
   c) Antrag auf Reisekostenerstattung
   d) Antrag auf Lohnsteuerjahresausgleich
   e) Scheck oder Banküberweisung
6. *Entwerfen Sie einmal selbst ein Formular, das Sie bei Ihrer Arbeit einsetzen können.*

### Allgemeine Geschäftsbedingungen

Die nachstehenden Allgemeinen Geschäftsbedingungen gelten für unseren Geschäftsverkehr mit unserer Kundschaft. Jeder Kunde kann diese Allgemeinen Geschäftsbedingungen während der Geschäftsstunden bei der kontoführenden Stelle einsehen, wo sie im Schalterraum aushängen oder ausgelegt sind; außerdem kann jeder Kunde die Aushändigung dieser Allgemeinen Geschäftsbedingungen an sich verlangen.

#### I. Allgemeines

Das Geschäftsverhältnis zwischen Kunden und Bank ist ein **gegenseitiges Vertrauensverhältnis**. Die Bank steht ihren Kunden mit ihren Geschäftseinrichtungen zur Erledigung verschiedenartigster Aufträge zur Verfügung. Der Kunde darf sich darauf verlassen, daß die Bank seine Aufträge mit der Sorgfalt eines ordentlichen Kaufmannes erledigt und dabei das Interesse des Kunden wahrt, soweit sie dazu im Einzelfall imstande ist. Die Mannigfaltigkeit der Geschäftsvorfälle, ihre große Zahl und die Schnelligkeit, mit der sie zumeist erledigt werden müssen, machen im Interesse der Rechtssicherheit die Aufstellung bestimmter allgemeiner Regeln erforderlich.

**1.** (1) Die der Bank bekanntgegebenen **Vertretungs- oder Verfügungsbefugnisse** gelten bis zum schriftlichen Widerruf, es sei denn, daß der Bank eine Änderung infolge groben Verschuldens unbekannt geblieben ist. Änderungen der Vertretungs- oder Verfügungsbefugnisse, die in ein Handels- oder Genossenschaftsregister einzutragen sind, gelten jedoch stets erst mit schriftlicher Bekanntgabe an die Bank. Der Kunde hat alle für die Geschäftsverbindung **wesentlichen Tatsachen,** insbesondere Änderungen seines Namens, seiner Verfügungsfähigkeit (z. B. Eintritt der Volljährigkeit) und seiner Anschrift, unverzüglich schriftlich anzuzeigen.

(2) Schriftliche Mitteilungen der Bank gelten nach dem gewöhnlichen Postlauf als zugegangen, wenn sie an die letzte der Bank bekanntgewordene **Anschrift** abgesandt worden sind. Dies gilt nicht, wenn es sich um eine Erklärung von besonderer Bedeutung handelt oder wenn eine schriftliche Mitteilung als unzustellbar an die Bank zurückgelangt und die Unzustellbarkeit vom Kunden nicht zu vertreten ist oder wenn die Bank erkennt, daß die Mitteilung aufgrund einer allgemeinen Störung des Postbetriebes dem Kunden nicht zugegangen ist. Die Absendung wird vermutet, wenn sich ein abgezeichneter Durchschlag der Mitteilung im Besitz der Bank befindet oder wenn sich die Absendung aus einem abgezeichneten Versandvermerk oder einer abgezeichneten Versandliste ergibt.

(3) Der Bank zugehende Schriftstücke – insbesondere Wechsel und Schecks – sollen mit **urkundenechten Schreibstoffen** hergestellt und unterzeichnet sein. Die Bank ist nicht verpflichtet zu prüfen, ob urkundenechte Schreibstoffe verwendet worden sind. Für Schäden, die durch Verwendung nicht urkundenechter Schreibstoffe verursacht worden sind, haftet der Einreicher des Schriftstückes; bei einer etwaigen Mitverursachung haftet die Bank nur für grobes Verschulden.

**2.** (1) Der Kunde kann Forderungen gegen die Bank nur mit Verbindlichkeiten in derselben Währung und nur insoweit **aufrechnen,** als seine Forderungen unbestritten oder rechtskräftig festgestellt sind.

(2) Unterhält der Kunde **mehrere Konten,** so bildet jedes Kontokorrentkonto ein selbständiges Kontokorrent. Bevorrechtigte Forderungen kann die Bank trotz Einstellung in das Kontokorrent selbständig geltend machen.

(3) Über das Guthaben auf einem **Gemeinschaftskonto** und über ein **Gemeinschaftsdepot** kann jeder der Inhaber allein verfügen, es sei denn, daß die Kontoinhaber der Bank schriftlich eine gegenteilige Weisung erteilt haben. Für die Verbindlichkeiten aus einem Gemeinschaftskonto haftet jeder Mitinhaber in voller Höhe als Gesamtschuldner. (…)

**4.** (1) Während der Geschäftsverbindung ist die Bank unwiderruflich befugt, **Geldbeträge** für den Kunden **entgegenzunehmen.** Den Auftrag, einem Kunden einen Geldbetrag zur Verfügung zu stellen oder zur Verfügung zu halten, darf die Bank durch Gutschrift des Betrages auf dem Konto des Kunden ausführen, wenn ihr nicht außerhalb des Überweisungsträgers ausdrücklich eine andere Weisung erteilt worden ist. Gutschriften, die infolge eines Irrtums, eines Schreibfehlers oder aus anderen Gründen vorgenommen werden, ohne daß ein entsprechender Auftrag vorliegt, darf die Bank bis zum nächstfolgenden Rechnungsabschluß durch einfache Buchung rückgängig machen **(stornieren).**

(2) Geldbeträge in **ausländischer Währung** darf die Bank mangels ausdrücklicher gegenteiliger Weisung des Kunden in Deutscher Mark gutschreiben, sofern sie nicht für den Kunden ein Konto in der betreffenden Währung führt. Die Abrechnung erfolgt zum amtlichen Geldkurs – bei Fehlen eines solchen zum Marktkurs – des Tages, an dem der Geldbetrag in ausländischer Währung zur Verfügung der die Buchung auf dem Konto vornehmenden Stelle der Bank steht und an dem er von der Bank verwertet werden kann.

(3) Bei Aufträgen zur Auszahlung oder Überweisung von Geldbeträgen darf die Bank die **Art der Ausführung** mangels genauer Weisung nach bestem Ermessen bestimmen. Bei Aufträgen zur Gutschrift auf einem Konto (z. B. Überweisungsaufträge) hat der Auftraggeber für **Vollständigkeit** und **Richtigkeit** der angegebenen Kontonummer und der angegebenen Bankleitzahl einzustehen. Die Bank unternimmt zumutbare Maßnahmen, um Fehlleitungen infolge unrichtiger oder unvollständiger Angaben der Kontonummer, der Bankleitzahl oder der Kontobezeichnung zu vermeiden: kommt es gleichwohl zu einer **Fehlleitung,** so haftet die Bank gegenüber dem Auftraggeber und dem Empfänger nur für grobes Verschulden.

**5.** (1) Hat die Bank **Urkunden,** die sie im Auftrag des Kunden **entgegennimmt** oder **ausliefert,** auf Echtheit, Gültigkeit oder Vollständigkeit zu prüfen oder zu übersetzen, so haftet sie nur für grobes Verschulden.

(2) Hat die Bank aufgrund eines Akkreditivs, Kreditbriefs oder sonstigen Ersuchens Zahlungen zu leisten, so darf sie an denjenigen zahlen, den sie nach sorgfältiger Prüfung seines Ausweises als **empfangsberechtigt** ansieht.

(3) Werden der Bank als Ausweis der Person oder zum Nachweis einer Berechtigung **ausländische Urkunden** vorgelegt, so wird sie sorgfältig prüfen, ob diese zur Legitimation geeignet sind. Bei der Prüfung und einer etwaigen Übersetzung haftet sie nur für grobes Verschulden. (...)

(Aus den „Allgemeinen Geschäftsbedingungen" der Dresdner Bank)

# IV
# Situations- und partnerbezogenes Sprechen

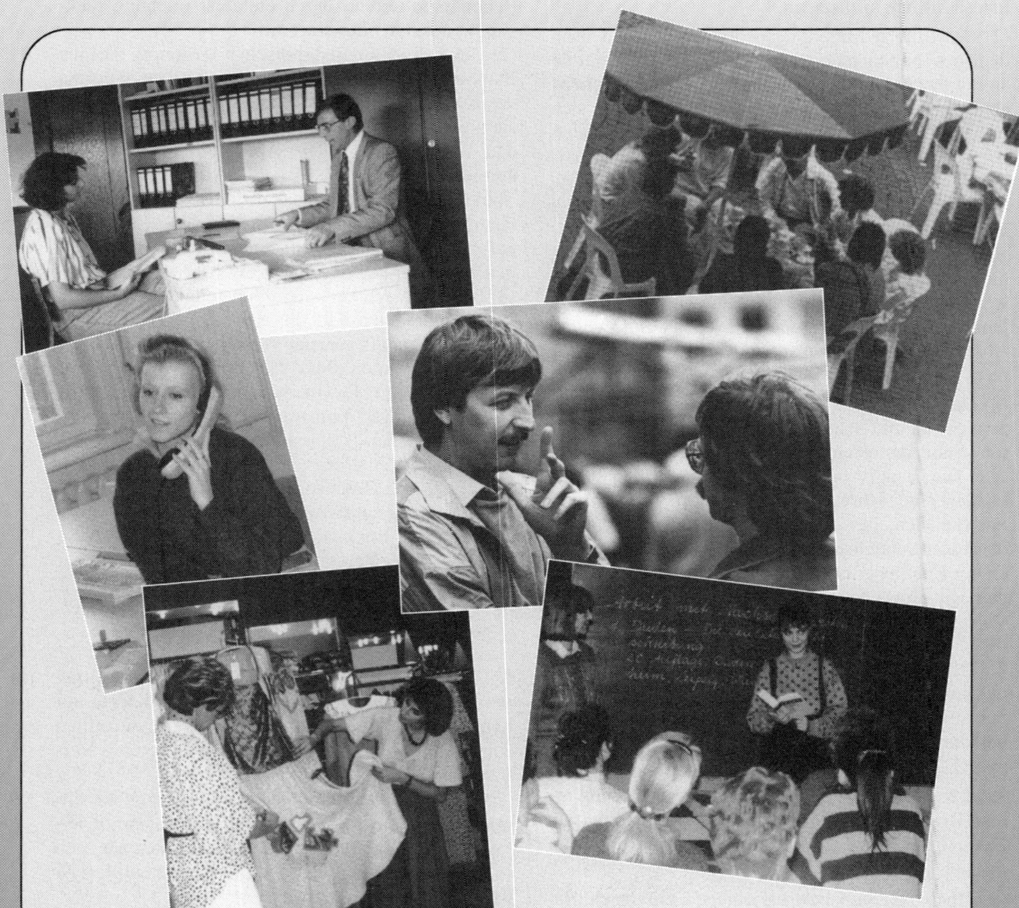

Beschreiben Sie die dargestellten Gesprächssituationen.

Achten Sie dabei vor allem darauf,

- wo und wann gesprochen wird,
- wer mit wem spricht,
- worüber gesprochen werden könnte,
- warum gesprochen wird,
- wie gesprochen wird.

# 1
# Faktoren und Bedingungen des Kommunikationsprozesses

Auch wenn Kommunikation in Wirklichkeit viel komplizierter vor sich geht, kann man sich den Ablauf von Kommunikationsprozessen vereinfacht nach dem folgenden **Modell** vorstellen:

**Kommunikationsmodell**

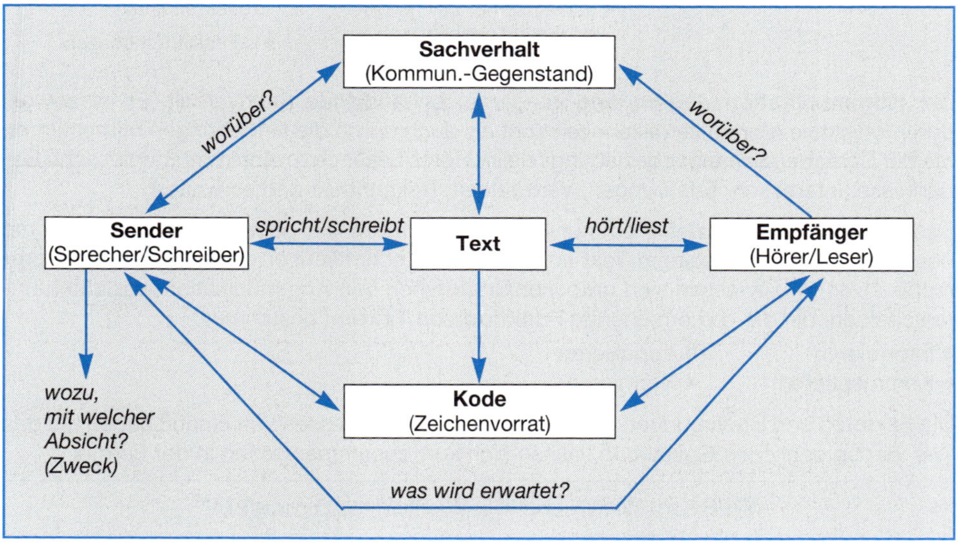


Eine wichtige Rolle im Kommunikationsprozeß spielen die **Kommunikationspartner** (Sprecher/Schreiber und Hörer/Leser). Ihre Beziehungen sind eine besondere Form sozialer Beziehungen und unterliegen daher verschiedenen Normen auch in bezug auf das sprachliche Verhalten. Die Kommunizierenden nehmen bestimmte soziale Stellungen in der Gesellschaft ein, können Mitglieder verschiedener sozialer Gruppen sein. Sie können sich unterscheiden im Alter, im Geschlecht, im Wissen, im Grad der persönlichen Vertrautheit, in den Erwartungen und Interessen. Von den sozialen Bedingungen hängt zum Beispiel auch ab, wer mit wem kommunikative Beziehungen eingehen kann, welche Anrede- und Grußformeln angemessen sind, wer das Gespräch eröffnen oder beenden darf, in welchem Maße fachsprachliche, umgangssprachliche oder jugendsprachliche beziehungsweise andere gruppensprachliche Mittel verwendet werden können.

Kommunikation vollzieht sich nicht nur zwischen bestimmten Partnern, sondern auch in bestimmten kommunikativen Situationen. Die **Kommunikationssituation** umfaßt die konkreten situativen Bedingungen, unter denen sich die sprachlich-kommunikative Tätigkeit vollzieht. Sie müssen vom Sprecher/Schreiber berücksichtigt werden, wenn der Kommunikationsprozeß erfolgreich verlaufen soll.

**Kommunikationssituation**

**Tätigkeitssituation/ Kommunikationsbereich**

- übergeordnete praktische, geistige oder rein kommunikative Tätigkeit
- Kommunikationsbereiche (zum Beispiel) Arbeitsprozeß, Alltagskommunikation, Unterricht)

**Soziale Situation**

- soziale Stellung der Kommunikationspartner
- Beziehungen der Kommunikationspartner zum Kommunikationsgegenstand (Sachkenntnis, Interesse, Erwartungen)
- gemeinsamer Zeichenvorrat (Fachwortschatz/Allgemeinwortschatz)

**Umgebungssituation**

- räumlich (zum Beispiel Größe und Lage des Raumes, Blickkontakt zwischen Kommunikationspartnern)
- zeitlich (Zeitpunkt, Dauer)
- Übermittlungsweg (direkt/indirekt)
- schriftlich/ mündlich

Der **Kommunikationsgegenstand** ist der zu behandelnde Sachverhalt. Er ist sowohl durch objektive Merkmale gekennzeichnet als auch durch die Beziehungen mitbestimmt, die der Sprecher/Schreiber beziehungsweise Hörer/Leser dazu einnimmt (persönliche Bedürfnisse, Interessen, Erfahrungen, Vertrautheit, Bekanntheit und so weiter).

Das **Kommunikationsziel** (Kommunikationsabsicht) ist die gedankliche Vorwegnahme dessen, was man mit seinem Text (mündlich oder schriftlich) erreichen will. In der kommunikativen Praxis lassen sich grob vier Grundtypen von Kommunikationsabsichten unterscheiden, die die vorherrschende **Funktion von Texten**[1] bestimmen:

- Informieren
- Appellieren
- Kommentieren
- Normieren

Die Faktoren und Bedingungen des Kommunikationsprozesses, die Einfluß haben auf das *Wie* der sprachlichen Gestaltung, lassen sich kurz zusammenfassen in der Formel

| WER sagt WANN und WO WARUM WAS zu WEM? |
|---|

## Aufgaben

**1.** *Erläutern Sie das Kommunikationsmodell auf S. 125.*

**2.** *Inwiefern haben die Beziehungen der Kommunikationspartner zueinander Einfluß auf ihr sprachliches Verhalten?*

**3.** *Wie sind die sozialen Beziehungen jeweils zwischen Lehrer und Auszubildendem, Verkäufer und Kunde, Chef und Angestelltem gekennzeichnet, und welche Auswirkungen hat das in der Kommunikation?*

**4.** *Inwiefern hat die Umgebungssituation Einfluß auf das sprachliche Verhalten?*

**5.** *Lesen Sie das Vorwort dieses Lehrbuchs durch. An welche Kommunikationspartner ist es gerichtet? Welche kommunikative Absicht wird damit verfolgt, und welche Erwartungen verbindet der Leser mit einem Vorwort?*

**6.** *Wann sind folgende mündliche Anredeformen angemessen?*

a) Sehr geehrte Damen und Herren
b) Liebe Anwesende
c) Verehrte Gäste, liebe Anwesende
d) Liebe Kollegen
e) Liebe Gäste
f) Verehrte Anwesende
g) Sehr verehrte Anwesende
h) Liebe Freunde
i) Hallo, Leute

[1] Die Funktionen von Texten sind in den Teilen I und III ausführlicher dargestellt

# 2 Mündliche und schriftliche Kommunikation

**Gesprochene** und **geschriebene Sprache** sind gleichberechtigte Erscheinungsweisen der Sprache. In der gesellschaftlichen Kommunikation haben sie aber jeweils spezifische Funktionen, wodurch sie in bestimmten Kommunikationssituationen zum besonders geeigneten, manchmal einzigen Kommunikationsmittel werden. Für beide Erscheinungsweisen haben sich charakteristische Merkmale und Unterschiede herausgebildet, die in der schriftlichen und mündlichen Kommunikation jeweils zu berücksichtigen sind:

| Schriftliche Kommunikation | Mündliche Kommunikation |
|---|---|
| • Äußerungen können über beliebige räumliche und zeitliche Grenzen hinweg verbreitet und dauerhaft bewahrt werden.<br>• Die Kommunikationspartner sind in der Regel nicht gleichzeitig anwesend und haben daher keinen direkten Kontakt.<br>• Der mitzuteilende Inhalt muß eindeutig, überschaubar, vollständig und grammatisch richtig formuliert sowie ohne Rückfragen verständlich sein.<br>• Der geschriebene Text kann bis zu seiner endgültigen Fassung korrigiert und immer wieder verändert werden. | • Die Kommunikationspartner befinden sich in der Regel in derselben Kommunikationssituation. Sie haben unmittelbaren Kontakt und somit die Möglichkeit sofortiger Verständigung.<br>• Durch den Hör- und Sichtkontakt können Sprecher und Hörer eine recht weite Skala von nichtverbalen Signalen einsetzen.<br>• Der Sprecher kann die Wirkung seiner Äußerungen auf den Hörer (Zustimmung oder Ablehnung, Verständnis oder Unverständnis) sofort überprüfen, auf die Reaktion eingehen und sein sprachlich-kommunikatives Verhalten gegebenenfalls korrigieren. |

**Semiverbale (halbsprachliche) und nonverbale (nichtsprachliche) Mittel in der Kommunikation:** Untersuchungen zum kommunikativen Verhalten haben ergeben, daß der größere Teil der ausgesandten kommunikativen Signale (etwa 70 %) nichtsprachlicher Art sind. So geht in das Verstehen einer mündlichen Äußerung durch den Hörer stets auch das ein, was aus Gestik, Mimik, Kleidung, Frisur, Körperhaltung, körperlicher Nähe oder Distanz, Intonation, Stimmlage, Sprechtempo und Lautstärke des Sprechers entnommen wird.

Die Besonderheiten der Aufnahme mündlicher Texte durch einen Hörer erfordern auch eine entsprechende **sprachliche Gestaltung** durch den Sprecher:

- Die gesprochene Sprache ist in der Regel freier, lockerer und beweglicher.
- Der Satzbau sollte einfach und gut überschaubar sein.
- Verbale Ausdrucksweise ist einer zu stark nominalen (substantivischen) vorzuziehen.
- Durch gute Gliederung, Wiederholungen, Ankündigung oder Zusammenfassung wichtiger Passagen sowie durch rhetorische Fragen kann man dem Hörer die Aufnahme und Verarbeitung des gesprochenen Textes erleichtern.

Durch **sprecherische Mittel** kann man die Aufnahme und Verarbeitung der Informationen bewußt unterstützen:

- Die Artikulation sollte der Standardsprache möglichst nahekommen.
- Der Sprecher sollte sein Sprechtempo so wählen, daß der Hörer das Gehörte mühelos verarbeiten kann.
- Die Stimmstärke muß der Größe des Raumes angepaßt werden. Die Melodieführung ist so dynamisch und beweglich wie möglich zu gestalten.
- Besonders wichtige Informationen sollten durch größere Lautstärke und geringeres Sprechtempo hervorgehoben werden.
- Mit Mimik und Gestik kann der Sprecher seine Sprache wirksam unterstützen.

## Aufgaben

1. *Nennen Sie Vorzüge und Nachteile der schriftlichen und der mündlichen Kommunikation.*
2. *Nennen Sie typische Textsorten in der schriftlichen und in der mündlichen Kommunikation.*
3. *Welche besonderen Anforderungen sind an die Gestaltung schriftlicher Texte zu stellen?*
4. *Welche besonderen Anforderungen sind an die Gestaltung mündlicher Texte zu stellen?*
5. *Nennen Sie Beispiele für nichtverbale Mittel, die in der mündlichen Kommunikation eingesetzt werden können.*
6. *Mit welchen nichtverbalen Signalen können Hörer auf mündliche Äußerungen reagieren? Wie kann der Sprecher solche Signale in seinem weiteren kommunikativen Verhalten berücksichtigen?*
7. *Informieren Sie sich im Duden, in der Duden-Grammatik, im Duden-Aussprachewörterbuch oder in einem anderen Aussprachewörterbuch über die Regeln der Standardaussprache.*

# 3
# Monologisches Sprechen

Die Form der Kommunikation, bei der nur eine Person spricht, während die anderen Kommunikationspartner zuhören, wird als Monolog bezeichnet.

## 3.1
## Kurzvortrag

### Auszubildende im Rathaus

Einen Einblick über den Stand ihrer praktischen und theoretischen Ausbildung gaben Auszubildende des ersten und zweiten Lehrjahres in der vergangenen Woche im Rathaus. Die zukünftigen Kauffrauen für Bürokommunikation sowie die Verwaltungsfachangestellten – so die offizielle Berufsbezeichnung – waren mit Freude bei der Sache, als sie „ihre" Ämter vorstellten: Stadtsteueramt, Standesamt, Ordnungsamt, Sozialamt, Bürgermeisteramt, um nur einige zu nennen, – die Palette der Ausbildungsmöglichkeiten im Rathaus ist äußerst breit gefächert. Welche Aufgaben die Azubis dort übertragen bekamen, was ihnen auffiel, gefiel, aber auch mißfiel, stellten sie in einem kurzen Vortrag dar. Schautafeln sowie Arbeitsmappen illustrierten das Gesagte. Praktische Proben ihres Könnens zeigten einige junge Damen an der Schreibmaschine, am Computer und bei einem Stenogramm.
Derzeit befinden sich 66 Azubis in einem Ausbildungsverhältnis für Verwaltungs- bzw. kaufmännische Berufe beim Rat der Stadt.
Auch für das kommende Lehrjahr liegen bereits Bewerbungen vor. Am 31. März ist die Bewerbungsfrist abgelaufen, dann beginnt die Auswahl. Die Ausschreibung der Ausbildungsstellen wurde im Amtsblatt 15/1991 veröffentlicht. ■

*A.R.-Z. (prr)*

*Auszubildende beim Vortrag über die geschichtliche Entwicklung der Schreibmaschine*

(Aus: Leipziger Amts-Blatt, Nr. 5, 1992.)

Der Kurzvortrag ist eine wichtige Form monologischen Sprechens. Zur Vorbereitung eines Kurzvortrags gehören die gründliche **Analyse der Aufgabenstellung** und das **Erfassen der kommunikativen Situation.** Dazu ist eine Reihe von Fragen zu klären:

- Wozu, mit welchem Ziel soll ich sprechen?
- Über welches Thema soll ich sprechen?
- Vor wem, aus welchem Anlaß, in welcher Umgebung soll ich sprechen?
- Was weiß ich schon über das Thema? Welche Informationen muß ich mir noch beschaffen?
- Wieviel Zeit habe ich zur Verfügung?
- Was wissen meine Zuhörer schon über das Thema, welche Interessen, Einstellungen und Erwartungen haben sie?

Von der Aufgabenstellung und den Bedingungen der Kommunikationssituation hängt die **Stoffauswahl** ab. Daran schließen sich Überlegungen zum **Redeplan** an, die sich später im **Stichpunktzettel** widerspiegeln.

Überlegungen zum **Redeplan** können zum Beispiel sein:

- Was ist der Anlaß für den Kurzvotrag? Was soll mit dem Beitrag bei den Zuhörern erreicht werden?
- Wie ordnet sich das Thema in größere Zusammenhänge ein?
- Wie ist der Vortrag am wirkungsvollsten zu gliedern und aufzubauen?

**Beispiele**
vom Allgemeinen zum Besonderen oder vom Besonderen zum Allgemeinen, chronologisch, sachlogisch

- Welche Sprachhandlungen sind besonders geeignet für die Umsetzung meiner Absichten?

**Beispiele**
**Informieren** durch Feststellen, Mitteilen, Berichten, Beschreiben
**Klären und Kommentieren** durch Erörtern, Widerlegen, Argumentieren, Zusammenfassen, Schlußfolgern
**Appellieren** durch Aufrufen, Fragen, Vorschlagen

Die Rede wird wie bei einem Aufsatz gegliedert in:

| | |
|---|---|
| **Einleitung** | Hinführung zum Hauptthema, zum Beispiel durch Begründung der Wahl des Themas, Einordnung in größere Zusammenhänge |
| **Hauptteil** | Abhandlung des gesamten Themas durch Beweisführung, Argumentation, Auseinandersetzung mit anderen Meinungen |
| **Schluß** | Bei mehr informierender Absicht: Zusammenfassung, Schlußfolgerungen, Ausblick<br>Bei mehr appellierender Absicht: Handlungsaufforderung, Fragen |

Auf der Grundlage des Redeplans legt man sich einen **Stichpunktzettel** an. Auf ihm werden Gedanken- beziehungsweise Redeabschnitte in knapper Form (meist als Wörter oder Wortgruppen) festgehalten. Er enthält die Schwerpunkte des Themas, wichtige Fragen und Probleme, Fakten, Überleitungen von einem Teilproblem zum anderen, Verweise, Teil- und Gesamtzusammenfassungen.

Für das **Anlegen eines Stichpunktzettels** sollte man folgendes beachten:

- Für das freie Sprechen ist eine **übersichtliche Anordnung** sehr wichtig. Ein kurzer Blick auf den Zettel muß genügen, um die Informationen schnell erfassen zu können. Dazu sind auch eine deutliche Schrift und das Markieren von Absätzen sowie von Schwerpunkten unbedingt erforderlich!
- Man sollte sich **nur Schwerpunkte notieren,** damit man nicht am Stichpunktzettel „klebt", sondern den Blickkontakt zu den Hörern aufrechterhalten und damit auf Reaktionen des Hörerkreises eingehen kann.
- **Wörtlich notiert werden lediglich Zitate und einige wichtige Aussagen,** bei denen es auf eine exakte Formulierung ankommt. Ausnahmsweise kann man sich auch den einleitenden Satz aufschreiben, um sich den Beginn des Vortrags zu erleichtern.

Ansonsten ist die Gestaltung eines Stichpunktzettels sehr individuell. Art und Umfang der Notizen können je nach Wissen, Erfahrungen und Fähigkeiten des Sprechers sowie je nach der Situation unterschiedlich sein.

Bei der **sprachlichen Gestaltung des Kurzvortrags** kommt es vor allem darauf an,

- die stichpunktartig formulierten Teile des Vortrags den Zuhörern angemessen und situationsgerecht in freie, zusammenhängende Rede umzusetzen;
- die überwiegend nominal gefaßten Stichpunkte zu verbal gestalteten Aussagen umzuformen;
- komplizierte Sätze, überfüllte Satzrahmen und zu umfangreiche Attributketten im Interesse der Zuhörer zu vermeiden.

Neben bewußt eingesetzten sprechsprachlichen Mitteln sowie Gestik und Mimik gibt es eine Reihe **rhetorischer Verfahren,** mit denen man die Wirkung seines Vortrages unterstützen und seinen Zuhörern das Verstehen erleichtern kann:

- Die Zuhörer können sich leichter auf den Vortrag konzentrieren und dem Inhalt folgen, wenn ihnen zu Beginn ein **Überblick über den Aufbau** und das Vorgehen des Redners gegeben wird.
- **Textgliedernde Hinweise** erleichtern das Verständnis der Aussagen und schaffen gleichzeitig kurze Hörpausen.

**Rhetorische Mittel** können eingesetzt werden

- zur Ankündigung eines neuen Gedankens

  **Beispiele**

  Wir wenden uns jetzt einem anderen Problem zu ...; Die folgenden Ausführungen verdienen besonderes Interesse ...;

- zum Abschluß eines Gedankengangs

  **Beispiel**

  Lassen Sie mich das Wichtigste noch einmal zusammenfassen ...;

- zum rückgreifenden Bezug

  **Beispiel**

  Ich komme noch einmal auf meine Bemerkungen am Anfang zurück ...;

- zum vorgreifenden Bezug

  **Beispiel**

  Darauf komme ich später noch ausführlicher zu sprechen ...;

- zum vor- und rückgreifenden Bezug

  **Beispiel**

  Wie eingangs angekündigt, werde ich jetzt ...

**Arbeitsschritte bei der Vorbereitung eines Kurzvortrags**

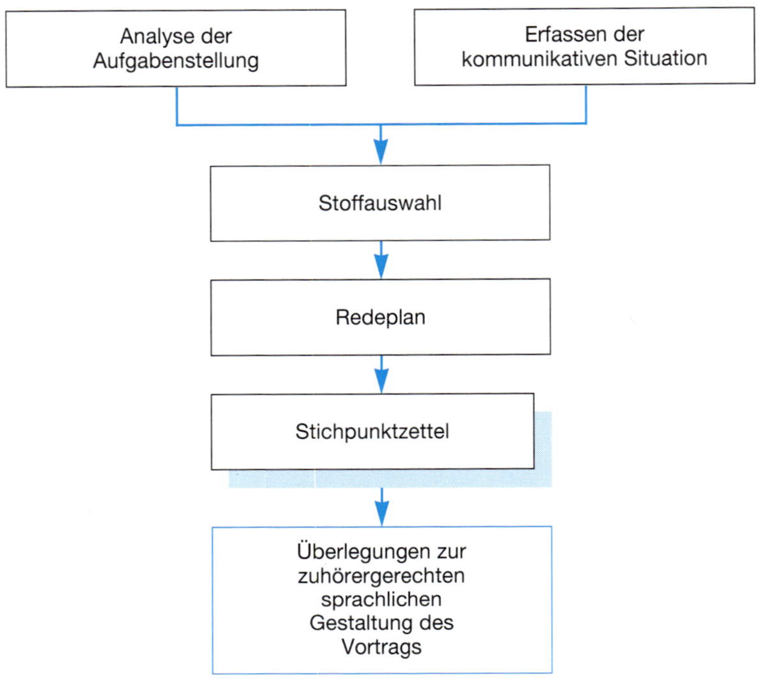


## Aufgaben

*1. Erarbeiten Sie einen Stichpunktzettel für einen Kurzvortrag zu einem der folgenden Themen:*
- *a) Kampf gegen Drogenmißbrauch*
- *b) Schutz unserer Umwelt*
- *c) Angst vorm Vorstellungsgespräch?*
- *d) Körpersprache im Beruf*
- *e) Rechte und Pflichten des Auszubildenden*
- *f) Reisen (zum Beispiel: Für und wider Reisebüroreisen; Warum in die Ferne schweifen?)*

*2. Veranstalten Sie in Ihrer Klasse eine Vortragsrunde zu einem Thema Ihrer Wahl. Bewerten Sie anschließend die Vorträge unter folgenden Gesichtspunkten:*
- *a) Wie wurde das Thema inhaltlich erfaßt, wie war die Gedankenführung?*
- *b) Hat der Vortrag die beabsichtigte Wirkung erreicht?*
- *c) Waren Satzbau und Wortwahl der Situation angemessen?*
- *d) Wie wurden sprecherische, gestische und mimische Mittel eingesetzt?*

*3. Sehen Sie sich Fernsehübertragungen von Bundestagsdebatten, Auftritten von Politikern, öffentlichen Reden und ähnliches aufmerksam daraufhin an, welche sprachlichen und nichtsprachlichen Mittel die Redner nutzen, um ihr Anliegen wirkungsvoll und überzeugend vorzutragen.*

# 3.2 Argumentation

**Warum eine Unfallversicherung?**

Ein Unfall kann Ihnen jederzeit und überall passieren – er kann Sie vorübergehend arbeitsunfähig werden lassen oder auch Ihre körperliche oder geistige Leistungsfähigkeit auf Dauer beeinträchtigen. Und gerade die schwerwiegenden Folgen, die mit dauernder Gesundheitsschädigung verbunden sind, können für Sie und Ihre Familie ganz besonders schmerzlich werden.

Unsere Unfallversicherung schützt Sie immer – bei jedem Unfall, rund um die Uhr und auf der ganzen Welt. Gesetzliche Versicherungen helfen nur bedingt, denn sie gelten nicht für jedermann, nicht für jeden Unfall und zahlen auch nicht für jede Unfallfolge. Sie ergänzen allenfalls Ihre Unfallversicherung, die unabhängig davon leistet, ob Sie noch von anderer Seite Entschädigungen erhalten.

Eine Unfallversicherung brauchen Sie auch dann, wenn Sie schon eine Kranken- und eine Haftpflichtversicherung haben, und auch wenn Sie sozialversichert sind. Diese Versicherungsarten verfolgen andere Leistungsziele oder decken andere Gefahrenbereiche ab.

**Übrigens:**
**Alle Kapitalleistungen sind einkommensteuerfrei. Alle Beiträge können als Vorsorgeaufwendungen steuerlich geltend gemacht werden.**

(Nach einem Informationsblatt einer Versicherungsgesellschaft)

Die **Wirkung und Überzeugungskraft einer Äußerung** – nicht nur in der mündlichen Kommunikation wie zum Beispiel beim Kurzvortrag, in der Diskussion, beim Kunden- oder Werbegespräch, sondern auch in der schriftlichen Kommunikation wie zum Beispiel beim Schreiben eines Leserbriefs, eines Antrags und so weiter – hängt in hohem Maße von der Fähigkeit des Verfassers zum Argumentieren ab.

Unter einer Argumentation versteht man eine **Beweisführung,** eine Begründung von Behauptungen mit dem Ziel, seine Kommunikationspartner zu **überzeugen** und bei ihnen Zustimmung und sich daraus ergebende entsprechende Einstellungen und Handlungen zu erreichen.

Trotz der Vielfalt argumentierender Texte und der Unterschiede im einzelnen kann man für den Aufbau einer **Argumentationsstruktur** ein allgemeines Schema aufstellen:

1. Ausgangspunkt der Argumentation ist ein **Problem**, ein **Konflikt,** eine **Fragestellung,** die unterschiedlich beurteilt werden und für die es unterschiedliche Lösungsmöglichkeiten oder Antworten gibt.
2. Zunächst wird eine **These** (Behauptung) aufgestellt, in der der eigene Standpunkt zum Ausdruck kommt. Thesen können sprachlich als Aussagen *(Eine Unfallversicherung lohnt sich)* oder als Fragen *(Warum eine Unfallversicherung?)* formuliert werden.
3. Die Richtigkeit der These muß durch **Argumente** und **Beweise** gestützt werden. Als Argumente dienen Zitate bekannter Persönlichkeiten, Dokumente, statistische Ergebnisse, Untersuchungen, Umfragen, allgemeine Normen und Erfahrungen, Naturgesetze, Wahrscheinlichkeitsgründe und anderes. Mit Hilfe von **Beispielen** werden die Argumente einleuchtend und annehmbar gemacht. Gleichzeitig müssen mögliche Gegenvorschläge (Gegenthesen) und Einwände berücksichtigt und entkräftet werden.
4. Zusammenfassend gelangt man zu **Schlußfolgerungen,** die die Richtigkeit der aufgestellten These bestätigen.

## Beispiel: Argumentation

| | |
|---|---|
| **Thema** | Löst der „Grüne Punkt" unsere Abfallprobleme? |
| **These** | Mit dem „Grünen Punkt" wird nur das Gewissen der Verbraucher beruhigt, das Abfallproblem wird nicht gelöst. |
| Argument | • Der „Grüne Punkt" ist kein Umweltzeichen. |
| *Beweis* | *Er gibt nur Auskunft darüber, daß für diese Verpackung eine Abgabe an das „Duale System Deutschland GmbH" (DSD) entrichtet wurde, die ein späteres Sammeln, Sortieren und Verwerten ermöglichen soll.* |
| Argument | • Die Kosten für das Duale System bezahlt der Verbraucher. |
| *Beweis* | *Die für den „Grünen Punkt" zu entrichtende Gebühr wird von den Herstellern wieder auf die Produkte umgelegt.* |
| Argument | • Eine sinnvolle Entsorgung und Verwertung ist noch nicht möglich. |
| *Beweis* | *Vorläufig existiert noch kein flächendeckendes Rücknahmesystem mit speziell gekennzeichneten separaten Müllbehältnissen.* |
| Argument | • Mit dem „Grünen Punkt" sollen Einwegverpackungen beim Verbraucher aufgewertet werden. |
| *Beweis* | *Statistiken zeigen, daß diese Einwegverpackungen den meist umweltschonenderen, aber nicht besonders gekennzeichneten Mehrwegverpackungen vorgezogen werden.* |
| Argument | • Bis jetzt ist nicht ausreichend bekannt, welche Umweltbelastungen die Recyclingtechniken mit sich bringen und wieviel Prozent der Müllmenge überhaupt wieder zu marktfähigen Produkten verarbeitet werden können. |
| *Beweis* | *Dies geht aus zahlreichen Expertenberichten hervor.* |
| **Schlußfolgerung** | Der „Grüne Punkt" ist keine Garantie für Umweltfreundlichkeit. Statt Einwegverpackungen sollte man lieber Mehrwegverpackungen wählen, wo dies sinnvoll ist. |

## Aufgaben

1. *Erläutern sie den Unterschied zwischen Überreden und Überzeugen.*

2. *Wie ist die Argumentation in dem Informationsblatt der Versicherungsgesellschaft auf Seite 133 aufgebaut? Wie ist die These formuliert?*

3. *Stellen Sie Thesen zu folgenden Themen auf. Sammeln Sie jeweils Argumente für Ihre Thesen nach obenstehendem Muster.*
   *a) Erzieht das Fernsehen zur Gewalt?*
   *b) Tempo 100 auf Autobahnen*
   *c) Absolutes Alkoholverbot für Kraftfahrer*
   *d) Werbung in Schulbüchern?*
   *e) Hat das Buch im Zeitalter der neuen Medien eine Zukunft?*

4. *Vergleichen Sie die Antworten in der Rubrik „pro & contra" im nachfolgenden Text. Welche Argumente werden für das Pro, welche für das Contra angeführt?*
   *Wie ist Ihre Meinung zu dem Problem? Welche Argumente führen Sie zur Begründung Ihrer Meinung an?*

5. *Sie sollen einen Bankkunden davon überzeugen, daß die Teilnahme am Abbuchungsverfahren für ihn Vorteile bringt. Bauen Sie dazu eine Argumentation auf.*

## pro & contra

# „Ich bin schwanger!" Soll ich ihn deswegen heiraten?

**JA**
**Yasmine (19):**

„Jedes Mädchen träumt von einer schönen Hochzeit. Als Braut und Bräutigam geben sich die Liebenden das Ja-Wort und versprechen, immer füreinander dazusein. Das gibt Dir das sichere Gefühl, tatsächlich ein Paar zu sein.

Ihr werdet eine unanfechtbare Einheit vor allem emotional. Du bist nicht mehr alleine, sondern neben Dir ist Dein Mann. Der Mythos Ehe kann durch keine andere Form des Zusammenlebens erreicht werden. Schon das Wort Ehe alleine genügt, um Sicherheit, Verantwortung, Einheit, Verläßlichkeit, Wärme zu verspüren. Noch immer ist die Hochzeit die Krönung einer großen Liebe, auch wenn gewisse Freigeister darin ein Sterben der Liebe sehen wollen. Auch im Hinblick darauf, daß Du bald Mutter wirst, bietet Dir die Ehe mehr finanzielle Absicherung. Sag also ja zur Ehe."

**NEIN**
**Astrid (18):**

„Wenn die Ehe wirkliche Sicherheit bedeuten würde, für Euch als zukünftige Familie, für Euer Kind, für die Partnerschaft mit Deinem Freund, warum nicht? Aber die Scheidungsraten sind desillusionierend: Fast schon jede zweite Ehe wird in Deutschland wieder aufgelöst. Gerade bei jungen Leuten, die sich voller Illusionen das Ja-Wort geben, ist die Enttäuschung oft besonders groß, wenn auf die sorgenfreien Flitterwochen der graue Ehe-Alltag folgt. Dann erst zeigt sich, ob eine Ehe auch Durststrecken gewachsen ist. Hat Dein Freund überhaupt schon mit Dir übers Heiraten gesprochen? Wenn er noch nicht so recht zieht, dränge ihn nicht. Vater zu werden ist für ihn schon ein großer Schritt. Und was Euer Kind angeht: es will sich bei Euch wohlfühlen. Dabei ist es ihm völlig egal, ob ihr verheiratet seid oder nicht. Heiraten könnt Ihr ja später immer noch."

(Aus: Bravo Girl. Nummer 14, 1992)

# 4
# Dialogisches Sprechen

Die Form der sprachlichen Kommunikation, an der mindestens zwei Partner teilnehmen und wechselweise das Gespräch führen, wird Dialog genannt.

Je nach Situation, Verhältnis der Partner zueinander und Zielstellung lassen sich verschiedene typische **Dialogformen** unterscheiden. Einige für die berufliche Praxis besonders wichtige sollen hier näher beschrieben werden, da für sie stärker als für Alltagsgespräche bestimmte Normen und Verhaltensweisen gelten.

## 4.1
## Vorstellungsgespräch

Bewerber für eine ausgeschriebene Stelle, die in die engere Wahl gezogen werden, werden im allgemeinen zu einem **Vorstellungsgespräch** eingeladen.

Das Vorstellungsgespräch soll dazu dienen, daß der Personalleiter/die Personalleiterin oder der Chef/die Chefin einen persönlichen Eindruck vom Auftreten, von den Fähigkeiten und der Eignung des Bewerbers/der Bewerberin für die Tätigkeit gewinnen. Das Auftreten des Bewerbers/der Bewerberin und der Gesamteindruck können wesentlichen Einfluß auf eine künftige Einstellung haben.

In einem Informationsheft gibt die AOK Berufsstartern nützliche Hinweise für den Start in den Beruf, darunter auch für die **Vorbereitung auf ein Vorstellungsgespräch:**

# Was dann kommen kann

Auch wenn Sie sich noch so viel Mühe gemacht haben, Ihre Bewerbungsunterlagen wie „geleckt“ aussehen – eines muß Ihnen klar sein: Mit der ersten Bewerbung ist nicht notwendigerweise gleich eine Einstellung verbunden. Absagen sollten Sie daher eher anspornen als zur Resignation verleiten.
Wenn die ersten Einladungen zu einem Vorstellungsgespräch eintrudeln, dann sind Sie allerdings schon einen Schritt weiter. Wie beim Bewerbungsschreiben, so gilt auch

## Regel 6

**Werben Sie für sich, erwecken Sie Sympathie!**

Setzen Sie sich also ins „rechte Bild“. Fehl am Platz sind übertriebene Lässigkeit, unpassende Frisur, unsaubere Kleidung sowie Alkohol vor und Zigaretten während des Gesprächs.

### Gut vorbereitet

Vorher ausschlafen und frühstücken. Pünktlich sein, sich den Namen des Gesprächspartners merken. Während des Gesprächs eventuell Notizen machen – dabei aber aufmerksam bleiben. Auf folgende Fragen sollten Sie vorbereitet sein:

**zu**

- Schulausbildung
- Lebensverhältnisse
- Hobbys, Freunde
- Berufswahl: Warum ausgerechnet dieser Beruf, diese Firma?
- Wo Sie sich noch beworben haben
- Ferientätigkeiten

**Schematisch gesehen**

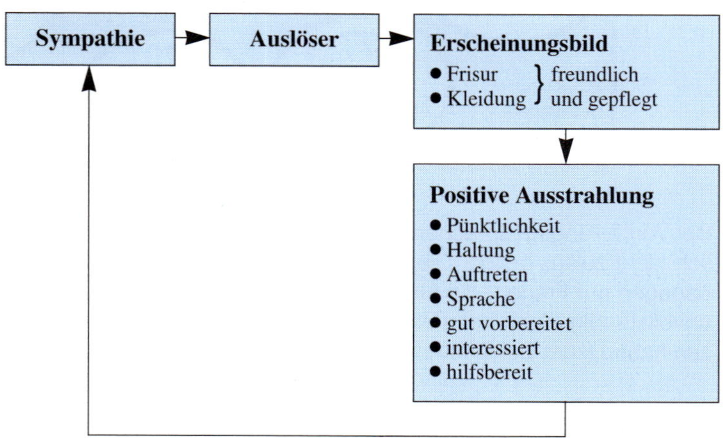


Folgende Fragen sollten Sie Ihrem Gesprächspartner stellen (soweit Sie es vorher nicht in Erfahrung bringen konnten):

**zu**

- Größe des Betriebes
- Produkte/Leistungen
- Gang der Ausbildung
- Ort der Ausbildung
- Ausbildungsvergütung
- Wieviel Auszubildende beschäftigt werden

(Aus: Für Berufsstarter. Ein Wegweiser zum Beruf. infothek service. AOK – Die Gesundheitskasse, Frankfurt/M. 1990)

Auch von der **„Körpersprache“** des Bewerbers können Erfolg oder Mißerfolg einer Bewerbung abhängen. Die richtige Begrüßung, Körperhaltung und Mimik können oft mehr bewirken als perfekte Unterlagen.

Daneben haben auch **Kleidung, Frisur und Make-up** eine nicht zu unterschätzende Wirkung beim Vorstellungsgespräch.

Worauf Personalchefs beim Vorstellungsgespräch besonders achten, zeigt das Ergebnis einer Studie des Instituts der deutschen Wirtschaft:

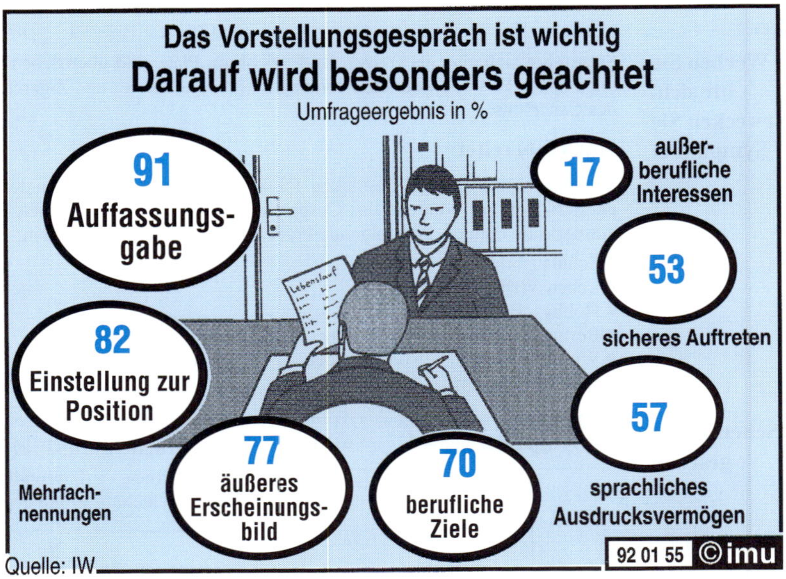


Bei Vorstellungsgesprächen werden mitunter Fragen an den Bewerber gestellt, die rechtlich nicht zulässig sind. Diese braucht der Bewerber **nicht** zu beantworten. Antwortet er dagegen auf Fragen, die für das neue Arbeitsverhältnis von Bedeutung sind, falsch oder unvollständig, dann kann das bei nachträglichem Bekanntwerden rechtliche Konsequenzen haben (zum Beispiel Anfechtung des Arbeitsvertrages, fristlose Kündigung).

| Worauf muß man antworten? | Worauf muß man nicht antworten? |
|---|---|
| • Beruflicher Werdegang, fachliche Fähigkeiten, Kenntnisse, Erfahrungen, bisherige Arbeitsstellen (Dauer, Gründe für Wechsel der Arbeitsstelle)<br>• Gesundheitszustand (wenn er im Zusammenhang mit der Ausübung der künftigen Tätigkeit steht)<br>• Familienstand (ledig, verheiratet, verwitwet)<br>• Lohn- und Gehaltspfändung zum Zeitpunkt der Bewerbung<br>• Ein eventuell mit dem früheren Arbeitgeber abgeschlossenes Wettbewerbsverbot | • Lange zurückliegende, ausgeheilte Krankheiten, überwundene Drogen-, Alkohol- oder Medikamentenabhängigkeit<br>• Religions- oder Parteizugehörigkeit<br>• Vorstrafen<br>(Ausnahme: noch nicht gelöschte „einschlägige“ Vorstrafen bei bestimmten Berufsgruppen wie Kraftfahrer, Buchhalter, Kassierer)<br>• Vermögensverhältnisse<br>(Ausnahme: leitende Angestellte, Bewerber für eine besondere Vertrauensstellung, Mitarbeiter bestimmter Einrichtungen) |

## Aufgaben

1. *Stellen Sie in der Klasse mit verteilten Rollen ein Vorstellungsgespräch nach. Art des Betriebes, Art der Tätigkeit und so weiter legen Sie selbst fest.*
   *Beurteilen Sie jeweils kritisch das Verhalten der Gesprächspartner nach:*
   *a) Inhalt der Fragen und Antworten*
   *b) Stimme*
   *c) Gestik, Mimik und Körperhaltung*
   *d) Gesamteindruck*

2. *Entscheiden Sie, welche Fragen bei dem Vorstellungsgespräch in dem folgenden Beispiel erlaubt sind und welche nicht, und worauf der Bewerber sogar ungefragt von sich aus hinweisen muß.*

### Welche Antwort ist richtig?

Bei jeder der 16 Fragen gibt es nur eine Lösung

*Annette Meier bewirbt sich nach ihrem Jurastudium für eine Stelle als Sachbearbeiterin bei einem Versicherungsunternehmen. Obwohl ihre Examensnoten schlecht sind, kommt sie in die engere Wahl und wird zum Vorstellungsgespräch eingeladen. Der Personalchef stellt ihr Dutzende von Fragen, nicht alle sind rechtlich zulässig.*

Frage zulässig (erster Kreis)?
Frage nicht zulässig (zweiter Kreis)
Darauf muß der Bewerber von sich aus hinweisen (dritter Kreis)

| | | | |
|---|---|---|---|
| 1. Sprechen Sie Englisch und Französisch? | ○ | ○ | ○ |
| 2. Können Sie mit einem Personalcomputer umgehen? | ○ | ○ | ○ |
| 3. Haben Sie einen festen Lebenspartner? | ○ | ○ | ○ |
| 4. Beabsichtigen Sie, demnächst zu heiraten? | ○ | ○ | ○ |
| 5. Nehmen Sie die Pille? | ○ | ○ | ○ |
| 6. Sind Sie schwanger? | ○ | ○ | ○ |
| 7. Leiden Sie an einer ansteckenden Krankheit? | ○ | ○ | ○ |
| 8. Sind Sie anerkannt schwerbehindert? | ○ | ○ | ○ |
| 9. Waren Sie in den letzten beiden Jahren schwer krank? | ○ | ○ | ○ |
| 10. Sind Sie Mitglied einer Partei? | ○ | ○ | ○ |
| 11. Wählen Sie bei der nächsten Wahl die CDU oder die SPD? | ○ | ○ | ○ |
| 12. Sind Sie evangelisch oder katholisch? | ○ | ○ | ○ |
| 13. In welchen Vermögensverhältnissen leben Sie? | ○ | ○ | ○ |
| 14. In welches Land reisen Sie am liebsten? | ○ | ○ | ○ |
| 15. Welche Hobbys haben Sie? | ○ | ○ | ○ |
| 16. Treiben Sie Sport? | ○ | ○ | ○ |

(Aus: Süddeutsche Zeitung vom 12./13.10.91. Beilage Hochschule und Beruf)

# 4.2 Kundengespräch

Beim **Kunden- oder Verkaufsgespräch** handeln die Partner Verkäufer und Kunde in sogenannten komplementären Rollen, das heißt, sie ergänzen sich in ihren sozialen Positionen, ihren Absichten und Handlungen: Der Kunde wünscht eine bestimmte Ware und möchte einen möglichst günstigen Kauf tätigen, der Verkäufer verfügt über diese Ware und ist bestrebt, einen möglichst günstigen Verkaufsabschluß zustande zu bringen. In einer marktwirtschaftlich orientierten Wirtschaftsordnung hängt der Erfolg eines Unternehmens nicht unwesentlich vom fachlichen Wissen, vom Verhandlungsgeschick, vom Einfühlungsvermögen, von den Umgangsformen und von der sprachlichen Gewandtheit seiner Mitarbeiter ab.

Zur **Vorbereitung eines Kundengesprächs** gehört, daß notwendige Unterlagen (Prospekte, Formulare usw.) stets griffbereit liegen, damit das Gespräch nicht unnötig gestört wird.

Für die verschiedenen Arten des Kundengesprächs (Verkaufsgespräch, Beratungsgespräch) gelten **einige allgemeine Regeln**:

- Meist ist der **erste Eindruck**, den der Kunde gewinnt, entscheidend. Auf freundliche und partnerbezogene Weise (Begrüßung, Blickkontakt) wird der Kontakt zum Kunden aufgenommen und insgesamt ein **günstiges Gesprächsklima** geschaffen. Dem Kunden gilt die ungeteilte Aufmerksamkeit. Kunden, die dem Unternehmen bereits bekannt sind, werden mit dem Namen angesprochen. So wird eine persönliche Beziehung hergestellt, der Kunde fühlt sich – besonders in der Anonymität von Großstädten – als Persönlichkeit geachtet und hat Vertrauen zu dem Unternehmen.
- Im Gespräch werden **allgemeine und speziellere Wünsche des Kunden** direkt erfragt oder aus seinem Verhalten erschlossen. Dabei ist es wichtig, aufmerksam zuzuhören, sich gegebenenfalls einige Notizen zu machen und durch Gestik und Mimik Zustimmung oder Ermunterung auszudrücken.
- Es ist günstig, mit seiner **Argumentation für das Angebot** erst dann zu beginnen, wenn alle Informationen vom Kunden vorliegen, damit man gezielt und differenziert auf dessen konkrete Wünsche eingehen kann.
- **Unentschlossene Kunden** berät man geduldig, einfühlsam und unaufdringlich, indem man ihnen ein Angebot unterbreitet und auf Eigenschaften und Vorzüge der verschiedenen Produkte verweist.

- **Gezielte Fragen des Kunden** beantwortet man sachkundig und detailliert, ohne dabei zu spezielle, unverständliche Fachwörter zu benutzen. Auf Wunsch wird die Leistungsfähigkeit und Qualität der verschiedenen Waren demonstriert.
- **Möglichen Einwänden** (die man vielfach aus Erfahrungen bereits voraussehen kann) begegnet man sachlich und mit überzeugenden Argumenten.
- Soweit es die Geschäftsbedingungen erlauben, kommt man dem Kunden entgegen oder bietet ihm einen besonderen **Kaufanreiz** (vorteilhafte Zahlungsbedingungen wie Rabatt oder Ratenkauf, Liefer- und Reparaturservice, Verpackung als Geschenk).
- Unaufdringlich hilft man dem Kunden, seinen **Entschluß** zu fassen.

Der Kunde sollte das Geschäft in der Gewißheit verlassen, gut beraten worden zu sein und dort auch weiterhin eine gute und sachkundige Beratung und Betreuung zu erfahren. Ein zufriedener Kunde wird wiederkommen und das Unternehmen weiterempfehlen.

## Aufgaben

**1.** *Gestalten Sie als Rollenspiel ein Kundengespräch*

*a) in einer Modeboutique,*
*b) in einem Fachgeschäft für Bürotechnik oder andere technische Geräte,*
*c) im Bankwesen,*
*d) im Versicherungswesen.*

*Bewerten Sie das sprachliche und nichtsprachliche Verhalten der Kommunikationspartner.*

**2.** *Formulieren Sie verschiedene Einleitungssätze für ein Kundengespräch in verschiedenen Bereichen.*

**3.** *Machen Sie sich mit den speziellen Bedingungen für ein Kundengespräch in Ihrem Arbeitsbereich vertraut (Art der Waren bzw. Leistungen, Vorzüge, zu erwartender Kundenkreis usw.).*

**4.** *Finden Sie Formulierungen, mit denen Sie folgende Sachverhalte in einem Kundengespräch angemessener ausdrücken können.*

a) Sie haben Unrecht.
b) Das weiß ich nicht.
c) Ich habe keine Zeit.
d) Das ist nicht mein Ressort.
e) Warten Sie.
f) Die gewünschte Ware ist gerade ausverkauft.
g) Was wollen Sie?
h) In dem Kleid sehen Sie unmöglich aus.
i) Sie machen sich da völlig falsche Vorstellungen.

# 4.3 Telefongespräch

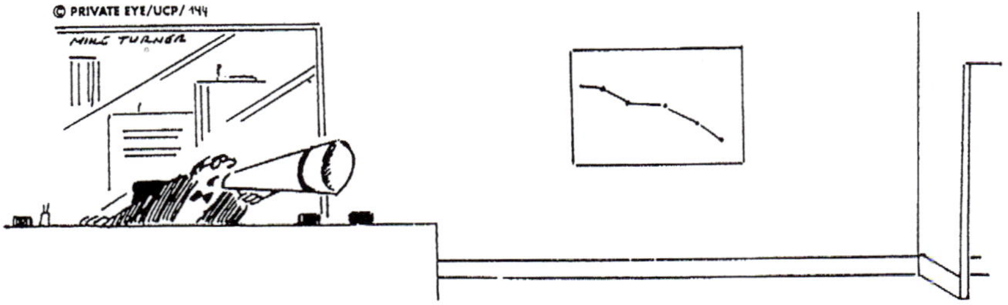


*Fräulein Müller, Aktennotiz an alle: Es muß weniger telefoniert werden!*

Viele Angelegenheiten in unserem beruflichen und persönlichen Alltag werden heute nicht mehr schriftlich, sondern über das technische Medium Telefon erledigt. Gegenüber dem Brief bietet das Telefongespräch verschiedene **Vorteile:**

- schnelle, direkte und persönliche Verbindung zum Partner
- sofortige Klärung eines Problems, Möglichkeit des wechselseitigen Aushandelns von Terminen, Vereinbarungen usw.
- Möglichkeit sofortiger Rückkopplung, Vermeidung und Klärung von Mißverständnissen
- Zeitersparnis

Damit ein Telefongespräch vor allem im beruflichen Bereich den gewünschten Nutzen erbringt, sollte man sich **vor dem Gespräch** überlegen:

- Ist das Telefon für die betreffende Angelegenheit überhaupt das geeignete Kommunikationsmittel?
- Was habe ich dem Gesprächspartner mitzuteilen?
- Welche Informationen erwarte ich von ihm?

Als Gedächtnisstütze kann man sich dazu vorher und während des Gesprächs **Stichworte notieren.**

Grundsätzlich gelten beim kundenorientierten Telefonieren die gleichen Prinzipien der Gesprächsführung wie beim Kundengespräch. Darüber hinaus sind die **Besonderheiten der indirekten Kommunikation beim Telefonieren** zu berücksichtigen.

**Tips für die indirekte Kommunikation beim Telefonieren**

- Beginnen Sie das Gespräch mit einer **knappen Vorstellung** (Firma/Einrichtung, Ort, Name) und einem **Gruß.**
- Bringen Sie Ihr **Anliegen** ohne weitschweifige Einleitung vor, und formulieren Sie kurz, eindeutig, deutlich und verständlich.
- Hören Sie sich beim Entgegennehmen eines Anrufs aufmerksam das **Anliegen des Partners** an, vermitteln Sie gegebenenfalls weiter oder vereinbaren Sie einen Rückruf. Wird das Gespräch weitervermittelt, informieren Sie den nächsten Partner kurz über das Anliegen des Anrufers.

- Verhalten Sie sich dem Gesprächspartner gegenüber freundlich und entgegenkommend, und stellen Sie sich auf ihn ein (auf seine Persönlichkeit, seine Wünsche und Erwartungen). Der fehlende Blickkontakt wird durch **geeignete sprachliche und nichtsprachliche Mittel** (Stimmlage, Lautstärke, Sprechtempo, eingeschobene **ja, hm** oder ähnliches) ersetzt. Bedienen Sie sich der Standardsprache; umgangssprachliche und jugendsprachliche Ausdrucksweise ist bei offiziellen und halboffiziellen Gesprächen nicht angebracht.
- Schwierige oder leicht zu verwechselnde Wörter, besonders Namen, buchstabiert man nach der verbindlichen Buchstabiertafel. Besonders wichtige Nachrichten wiederholt man, um Mißverständnissen vorzubeugen.
- Verabschieden Sie sich mit einem **freundlichen Gruß.**

Wichtige Ergebnisse eines Telefonats bzw. Informationen, die weiterzugeben sind, kann man in einer **Telefonnotiz** schriftlich festhalten (vergleiche dazu Teil II, Abschnitt 1.1.2).

Eine wichtige Rolle spielt heute in der Wirtschaft das **Telefonmarketing,** das alle Formen des Kundenkontaktes am Telefon umfaßt:

**Beispiele**

Terminvereinbarung, Bedarfsermittlung, Marktanalysen, Gewinnen und Betreuen von Stammkunden, Vorstellen neuer Produkte, Einladungen zu Präsentationen

Um die Vorteile des Mediums Telefon optimal nutzen zu können, sind dazu in der Wirtschaftskommunikation **Strategien** in Form von „Drehbüchern", „Scripts" oder Gesprächsleitfäden entwickelt worden.

Über den üblichen Gebrauch der Telefonkommunikation hinaus werden heute **neue kommunikative Möglichkeiten** mittels Telefon beziehungsweise im Verbund mit neuen Medien genutzt.

**Beispiele**

Telefondienste, Telefonberatung, Anrufbeantworter, Konferenzschaltung, Telekommunikation

Der fehlende direkte Kontakt und die größere Distanz und **Anonymität** können beim Gespräch per Telefon in bestimmten Situationen auch von **Vorteil** sein.

**Beispiel: Telefonberatung der BAG**

Kinder und Jugendliche können bei persönlichen und schulischen Konflikten ein „Kummer-Telefon" nutzen, das die Bundesarbeitsgemeinschaft Kinder- und Jugendtelefon des Deutschen Kinderschutzbundes (BAG) eingerichtet hat:

## Aufgaben

1. *Informieren Sie sich über die allgemeingültige Buchstabiertafel.*
2. *Diskutieren Sie mit Ihren Mitschülern darüber, in welcher der folgenden Situationen Sie ein Telefongespräch führen, und in welcher Situation Sie sich für einen Brief entscheiden.*
   a) Sie bewerben sich um einen Arbeitsplatz.
   b) Sie laden zu einem Betriebsausflug ein.
   c) Sie teilen Ihrem Betrieb mit, daß Sie krank sind.
   d) Sie bestellen Karten für eine Theatervorstellung.
   e) Sie benachrichtigen eine Kundin darüber, daß sich die Lieferung einer bestellten Ware verzögert.
   f) Sie gratulieren einer ehemaligen Lehrerin zu ihrem 70. Geburtstag.
   g) Sie mahnen eine Firma, weil sie die Rechnung nicht bezahlt hat.
   h) Sie erkundigen sich bei einem Reisebüro nach Angeboten für eine Auslandsreise.
   i) Sie beschweren sich darüber, daß der Betrag für ein gekündigtes Abonnement immer noch von Ihrem Konto abgebucht wird.
3. *Was versteht man unter „werbewirksamem“ oder „kundenorientiertem“ Telefonieren?*
4. *Welche Voraussetzungen sind für eine optimale Gesprächsführung beim Telefonieren notwendig?*

# 4.4 Diskussion

> Eine Diskussion ist ein Meinungsaustausch zwischen mehreren Kommunikationspartnern über einen bestimmten Sachverhalt oder ein Problem.

Ziel einer Diskussion ist es, Meinungsübereinstimmung und Meinungsverschiedenheiten im Gespräch festzustellen und gegebenenfalls (je nach dem Zweck der Diskussion) eine gemeinsame Position auszuhandeln oder eine Entscheidung zu treffen. Diskussionen können anderen Gesprächen untergeordnet sein (Unterrichtsgespräch, Arbeitsbesprechung) oder als eigenständige Gesprächssituation gestaltet werden (Rundgespräch, Ideenbörse, Podiumsdiskussion, Forumsdiskussion und andere).

Damit eine Diskussion (das betrifft vor allem Diskussionen als eigenständige Gesprächssituationen) effektiv verläuft, muß sie **gut vorbereitet** und **geleitet** werden. Den Einstieg in eine Diskussion bildet oft ein einführender Kurzvortrag, eine schriftliche Vorlage oder eine andere Form der Vermittlung des Sachverhalts.

## Aufgaben des Diskussionsleiters

**In der Vorbereitung der Diskussion**

- Festlegen von Ort, Zeit und Ablauf der Veranstaltung sowie der Teilnehmer und gegebenenfalls der vorgesehenen Diskussionsredner
- Rechtzeitige Einladung der Redner und Teilnehmer in geeigneter Form
- Klären, wie Ergebnisse festgehalten und weitergegeben werden sollen (mündlicher Bericht, schriftlicher Bericht, Notiz, Verlaufsprotokoll, Ergebnisprotokoll), und gegebenenfalls Bestimmen des Protokollführers
- Ausgestaltung des Raumes, Bereitstellen eventuell erforderlicher Unterlagen (Kopien, Berichte, Broschüren und so weiter)

**Zu Beginn der Diskussion**

- Begrüßung der Teilnehmer, Vorstellen der Gäste und Eröffnen der Veranstaltung
- Vorstellen des/der Referenten, Bekanntgabe des Themas, der wichtigsten Diskussionspunkte, der Zielstellung und des vorgesehenen Ablaufs

**Während der Diskussion**

- Achten auf Einhaltung der Diskussionsordnung und allgemeiner Normen wie Sachlichkeit, Disziplin und Höflichkeit
- Wenn nötig, freundliche, aber bestimmte Ermahnung der Diskussionsteilnehmer (zum Beispiel bei Überziehen der Redezeit, bei Wiederholungen oder Abschweifen vom Thema, bei unsachlichen oder beleidigenden Äußerungen)
- Zeitweiliges Zurückstellen von Diskussionsbeiträgen, Zusammenfassen von Teilergebnissen

**Zum Abschluß der Diskussion**

- Gesamtzusammenfassung, Schlußfolgerungen und Wertung des Verlaufs und der Ergebnisse; Nennen noch offener Fragen
- Dank an die Referenten und die anderen Diskussionsteilnehmer und Verabschiedung

Der Erfolg einer Diskussion hängt auch wesentlich von den Diskussionsteilnehmern ab.

## Aufgaben der Diskussionsteilnehmer

- Teilnehmer bereiten sich gut auf das Thema vor (Nutzen verschiedener Informationsquellen), machen sich sachkundig.
- Teilnehmer zeigen ihr Interesse, indem sie aufmerksam zuhören und sich gegebenenfalls Notizen machen (über Wichtiges, Neues, Unklares, Widersprüchliches) und sich aktiv an der Diskussion beteiligen.
- Teilnehmer reden nur, wenn ihnen vom Diskussionsleiter das Wort erteilt wird; dabei verhalten sie sich sachlich und greifen andere nicht persönlich an, stellen sich sachlich und emotional auf den an der Diskussion beteiligten Personenkreis ein.
- Äußerungen anderer werden aufmerksam zur Kenntnis genommen, mit der eigenen Meinung verglichen; wenn es angebracht ist, wird im Diskussionsbeitrag auf vorher geäußerte Meinungen kurz Bezug genommen.

> Der eigene Diskussionsbeitrag sollte inhaltlich so gestaltet sein, daß er den Verlauf der Diskussion befördert, indem Gesagtes ergänzt, berichtigt, kritisch erwidert, bestätigt, weitergeführt, konkretisiert oder verallgemeinert wird.

Für die **sprachliche Gestaltung** der Diskussionsbeiträge gelten im wesentlichen die Anforderungen, wie sie an einen Kurzvortrag gestellt werden (vergleiche Abschnitt 3.1). Daneben ist auf eine sprachliche Gestaltung zu achten, die der **besonderen Situation der Diskussion** gerecht wird:

- Formen der Einleitung wie Anknüpfung an Gedanken des Vorredners
  **Beispiele**
  - Ich möchte die Bemerkungen von Frau A. ergänzen ...
  - Sollten wir nicht auch der Frage nachgehen, wie ...
- Mittel zum Ausdruck der persönlichen Stellungnahme
  **Beispiele**
  - Ich bin der Meinung/Ansicht/Auffassung, daß ...
  - Ich denke/glaube/finde ...
  - Dieser Auffassung kann ich mich nicht anschließen...
- Angemessener Satzbau
  (übersichtliche Satzstrukturen, keine zu langen Attributketten, möglichst verbale Ausdrucksweise, bei Zusammenfassung Formen der Komprimierung)
- Gestaltung des Abschlusses
  (Zusammenfassung geäußerter Gedanken und Ableiten von Schlußfolgerungen, Formulieren einer aktivierenden Frage, Aufforderung an die Teilnehmer, zu dem vertretenen Standpunkt Stellung zu nehmen)

## Aufgaben

**1.** *Beobachten Sie eine Fernsehdiskussion (Sendungen wie Pro und Contra, Talkrunden, Fernsehpressekonferenzen und andere), und beurteilen Sie deren Verlauf und Ergebnisse nach folgenden Kriterien:*
   *a) Wurde das Thema differenziert und trotzdem umfassend genug behandelt?*
   *b) Wurde das Thema sachkundig, sachlich und zielgerichtet diskutiert?*
   *c) Kamen in der Diskussion die unterschiedlichen Standpunkte der Teilnehmer deutlich zum Ausdruck?*
   *d) Wurden überzeugende Begründungen und Beweise geäußert?*
   *e) Ergaben sich die Schlußfolgerungen folgerichtig aus dem Verlauf der Diskussion?*
   *f) Wurde das vorgegebene Ziel erreicht, beziehungsweise sind Abweichungen davon begründet?*

**2.** *Formulieren Sie Varianten für die Eröffnung und den Abschluß einer Diskussion.*

**3.** *Formulieren Sie sprachliche Varianten, wie Sie sich als Diskussionsleiter in den folgenden Situationen verhalten würden.*
   *a) Ein Diskussionsteilnehmer schweift vom Thema ab oder äußert sich zu allgemein.*
   *b) Im Verlauf der Diskussion ist eine inhaltlich-thematische Ordnung der Wortmeldungen vorzunehmen.*
   *c) Es treten Verstöße gegen allgemeine Verhaltensnormen und gegen die Versammlungsdisziplin auf (unsachliche Äußerungen, Zwischenrufe, Unruhe).*

**4.** *Ein Arzt hat sich bereit erklärt, vor Ihrer Klasse über Alkohol- und Drogenmißbrauch zu sprechen. An der Veranstaltung nehmen außer den Auszubildenden Ihrer Klasse weitere Auszubildende aus anderen Klassen sowie Ihr Lehrer/Ihre Lehrerin teil. Sie haben den Auftrag erhalten, diese Veranstaltung zu leiten.*
   *a) Wie eröffnen Sie die Veranstaltung unter Beachtung der Kommunikationssituation, der Kommunikationspartner und der Kommunikationsabsicht?*
   *b) Stellen Sie einen möglichen Ablaufplan auf. Wählen Sie dazu die nötigen Fakten selbst aus.*

**5.** *Formulieren Sie aktuelle gesellschaftliche oder fachliche Problemstellungen, über die Sie in der Klasse diskutieren könnten. Veranstalten Sie zu einem Thema Ihrer Wahl eine Diskussionsrunde. Bewerten Sie anschließend die Diskussion nach den Kriterien aus Aufgabe 1.*

# 5 Sprachvarianten

… Während sich beim normalen Sauerstoff jeweils zwei Atome zum Molekül $O_2$ verbinden, besteht das Ozonmolekül $O_3$ aus drei Atomen. Ein kleiner Teil des Luftsauerstoffs wird durch die UV-Strahlung der Sonne laufend in Ozon umgewandelt; sie spaltet $O_2$-Moleküle in Atome, die sich wiederum mit $O_2$ zum $O_3$ verbinden können. Die optimalen Bedingungen für diese Ozonbildung sind in etwa 30 km Höhe gegeben: Dort ist etwa jedes zwanzigtausendste Sauerstoffmolekül in Ozon umgewandelt; nach oben wie auch nach unten nimmt der Ozonanteil ab. Ozon ist also nur Spurenbestandteil einer Schicht, die von etwa 10 bis 80 km Höhe reicht. Dennoch ist die Wirkung dieser Ozonschicht von fundamentaler Bedeutung: Zum einen absorbiert sie die gefährliche UV-Strahlung der Sonne, die sonst alles Leben auf dem Festland zerstören würde. Zum anderen bewirkt die Energie dieser in der Höhe absorbierten Strahlung dort eine Aufheizung, die sich als warme Schicht, die Stratosphäre, mit einem Temperaturmaximum bei 50 km Höhe manifestiert …

(Peter Fabian, Geophysiker. In: Kursbuch. H. 96, Berlin 1989)

*„Manntje, Manntje, Timpe Te,*
*Buttje, Buttje in der See,*
*myne Fru, de Ilsebill,*
*will nich so, as ik wol will."*

(Aus der niederdeutschen Fassung des Märchens „Vom Fischer und seiner Frau")

THOMAS: Also, ich fahr´ mit normalem Tempo, und wie´s grade bergab geht, kommt die Karre plötzlich ins Rutschen. Ich denke noch: Verdammt, Glatteis! und schon war´s passiert.

STEFFEN: Na, was du schon normales Tempo nennst! Du fährst doch immer wie´n Wilder. Da haste aber noch mal Schwein gehabt und bist mit ´nem blauen Auge davongekommen.

THOMAS: Von wegen blaues Auge! Mich hatte´s ganz schön erwischt: Bein gebrochen und Gehirnerschütterung.

Wenn von **Sprache** die Rede ist, darf man nicht übersehen, daß „Sprache" eine zusammenfassende Bezeichnung für verschiedene Varianten ist, die **räumlich, sozial und funktional** unterschieden sind. Die Varianten weisen bestimmte Besonderheiten und Merkmale vor allem hinsichtlich des Wortschatzes, der grammatischen Formen und der Aussprache auf und unterscheiden sich in ihrem Gebrauch.

Von der Situation, dem Kommunikationsgegenstand und dem Kommunikationspartner hängt es ab, ob man sich stärker der Standardsprache, der Umgangssprache oder einer Mundart bedient, ob man sich mehr allgemeinsprachlich oder fachsprachlich ausdrückt, ob man jugendsprachliche oder andere gruppensprachlich gebundene Wörter und Wendungen gebraucht.

# 5.1 Standardsprache und Fachsprache

Die **Standardsprache** (auch Literatursprache, Schriftsprache, Hochsprache genannt) ist die am höchsten entwickelte und am universellsten einsetzbare Variante. Sie wird besonders in offizieller schriftlicher und mündlicher Kommunikation verwendet und unterliegt keinen Gebrauchsbeschränkungen. Ihre Normen sind allgemein verbindlich und werden in Wörterbüchern erfaßt und beschrieben (vergleiche zum Beispiel Rechtschreib-, Aussprache-, Bedeutungswörterbücher, Grammatiken).

Die **Fachsprache** wird in Situationen verwendet, in denen sich Gesprächspartner über einen speziellen beruflichen oder wissenschaftlichen Sachbereich verständigen. Sie enthält eine große Anzahl von Fachwörtern (Termini) und weist häufig Abkürzungen auf. Zum Teil werden auch Begriffe aus anderen Sprachen, zum Beispiel dem Englischen, übernommen. Jeder Fachbereich und jeder Beruf hat eine spezielle **Terminologie.**

Die Gesprächspartner neigen dazu, **Nominalstil** (häufiges Auftreten von Substantiven im Satz) und **Passivkonstruktionen** zu verwenden, um eine unpersönliche, sachliche Ausdrucksweise zu erreichen.

## Aufgaben

1. *Wodurch ist die Standardsprache charakterisiert? In welchen Kommunikationssituationen sollte man Standardsprache verwenden?*
2. *Wodurch ist die Fachsprache charakterisiert? In welchen Situationen sollte man Fachsprache verwenden? In welchen Situationen sollte man auf Fachsprache verzichten?*
3. *Wählen Sie ein Beispiel für einen fachsprachlichen Text aus Ihrem Berufsbereich aus. Arbeiten Sie an diesem Beispiel typische Merkmale eines fachsprachlichen Textes heraus.*

# 5.2 Umgangssprache – Mundart/Dialekt

In alltäglichen Situationen (nichtoffizielle Gespräche in der Familie, in der Schule, am Arbeitsplatz, auf der Straße, persönliche Briefe und ähnliches) wird meist **Umgangssprache** verwendet. Sie ist lockerer und ungezwungener in Wortwahl, Satzbau und Aussprache.

In verschiedenen Gegenden werden auch noch **Mundarten und Dialekte** gesprochen. Aufgrund der räumlichen Begrenztheit und der begrenzten Allgemeinverständlichkeit sind diese Varianten meist auf den mündlichen Gebrauch in privaten, familiären Situationen beschränkt. In der Mundartliteratur werden mundartliche Texte auch schriftlich festgehalten und überliefert. In literarischen Texten können mundartliche Formen zur Charakterisierung einer Figur dienen.

### Aufgaben

1. *Beschreiben Sie sprachliche Merkmale der Umgangssprache. Ziehen Sie dazu den Dialog zwischen Thomas und Steffen zu Beginn des Abschnitts heran.*
   *In welchen Situationen verwendet man im allgemeinen Umgangssprache?*
2. *Welche Wirkung auf die Zuhörer/Zuschauer kann es haben, wenn ein Politiker mundartliche Ausdrücke benutzt, wie zum Beispiel der schleswig-holsteinische Ministerpräsident Björn Engholm, als er seine Wahl als Kandidat für den Parteivorsitz der SPD mit dem niederdeutschen Sprichwort „Wat mut, dat mut!“ kommentierte?*

# 5.3 Gruppensprache

Auch innerhalb bestimmter sozialer Gruppen, die nach Alter, Geschlecht, Freizeitinteressen charakterisiert sind, haben sich spezifische Verwendungsweisen der Sprache herausgebildet. Besonders am Wortschatz **(Gruppen- oder Sonderwortschatz)** sind die Zugehörigkeit zu einer bestimmten Gruppe und die besonderen Beziehungen untereinander sowie zu den dargestellten Gegenständen und Sachverhalten zu erkennen. Gleichzeitig wollen sich die Sprecher nach außen hin von anderen, uneingeweihten Sprechern abgrenzen. So spiegeln sich Besonderheiten jugendspezifischen Verhaltens eben nicht nur in Kleidung, Frisuren, Kosmetik wider, sondern auch in einer speziellen Sprechweise, die man allgemein als **Jugendsprache** bezeichnet.

**Wuschermann und Sahneschnitte**

# Sprecht Ihr wirklich so?

Hat Dich schon mal einer angebeamt und gefragt, ob Du mit ihm zum Derby in den neuen Techno-Tempel kommst? Was, Du verstehst nur Banane? Dann gehörst Du wohl zu den Gruftis beziehungsweise zu dem Teil der Bevölkerung, der bereits die magische Altersgrenze 20 überschritten hat. Nicht? Dann macht es auch nichts, denn Du liegst noch im grünen Bereich. Was wie ein Dialog aus einem Future-Comic klingt, soll Eure neue Umgangssprache sein. Eine Sprache, die sich ständig ändert und in der ständig neue Begriffe auftauchen. Was gestern noch „turbo-mega-in" war, ist heute völlig „out".

Immer noch keine Ahnung? Dann kommt hier die Übersetzung: Wenn Dich einer anbeamt, ob Du mit ihm zum Derby willst, dann fragt er Dich, ob Du mit ihm weggehen willst. Und der Techno-Tempel ist – einigermaßen verständlich – nichts weiter als die gute alte Disco. Schwieriger wird´s schon beim kleinen Wuschermann (gute Gelegenheit für eine Eroberung) und den kosmonautischen Sahneschnitten (hübsche Mädchen). Im „grünen Bereich" liegst Du übrigens, wenn alles nur halb so schlimm ist.

Wenn Dir Dein Lehrer, der übrigens ein unedler Wiener (Trottel) ist, etwas bis zur Mega-Dröhnung aufknackt, dann redet er, bis man einschläft und nur die Schleimklopse (Streber) der Crew (Klasse) sind noch voll bei der Sache. Alles klar?!

Doch jetzt unsere Question an Euch: Redet Ihr denn wirklich so? Ist das Eure eigene Jugendsprache oder nur ein von Werbeleuten erfundenes Teenie-Latein? Welche Ausdrücke und Sprüche sind bei Euch denn nun wirklich „in"? Zückt ganz schnell Euren Turbo-Griffel und schreibt uns Eure Message zum Thema Jugendsprache …

## Aufgaben

1. *Welche Aussagen werden im obenstehenden Text zum Thema Jugendsprache gemacht?*
2. *Kommen Sie der Aufforderung im letzten Abschnitt des Textes nach, und schreiben Sie eine „Message zum Thema Jugendsprache".*
3. *Stellen Sie aus Jugendzeitschriften und Gesprächen Jugendlicher Wörter und Wendungen zusammen, die Sie als jugendsprachlich bewerten. Was bedeuten diese Ausdrücke?*
4. *Was fällt Ihnen an jugendsprachlichen Wörtern und Wendungen auf (Herkunft, Bildhaftigkeit, Aussagekraft, Wirkung auf Außenstehende)? In welchen Situationen ist es angemessen, solche Wörter zu verwenden?*

# V
# Moderne Informations- und Kommunikationssysteme

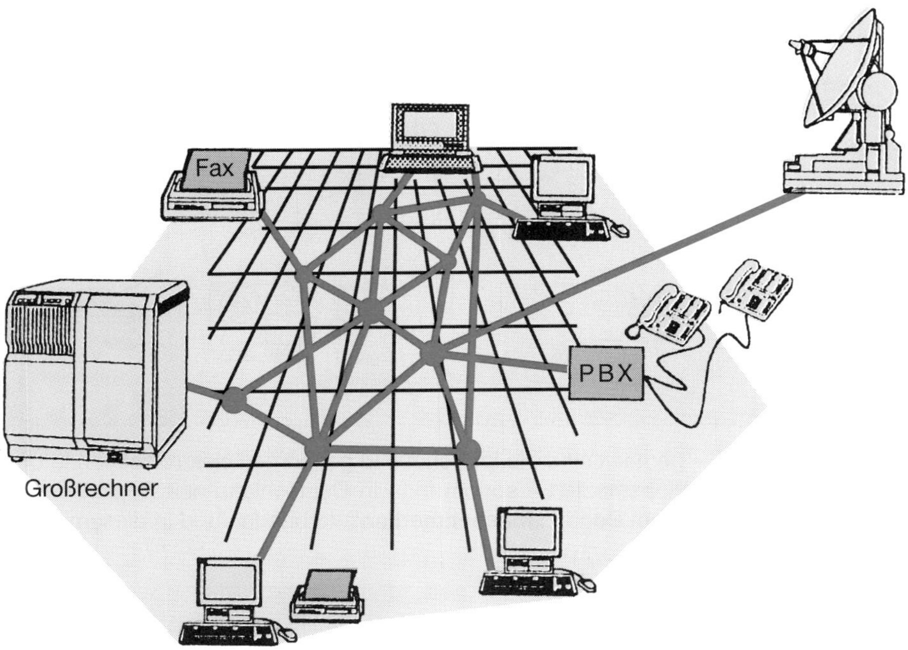


- Beschreiben Sie Kommunikationssituationen aus Ihrem Berufsleben. Welche Unterschiede lassen sich feststellen?
- Welche Auswirkungen haben moderne Informations- und Kommunikationssysteme auf die Sprache?
- Die neuen Informations- und Kommunikationssysteme eröffnen neue Möglichkeiten der Manipulation. Diskutieren Sie diese Behauptung in der Klasse.

# 1
# Der Einfluß neuer Technologien auf Information und Kommunikation

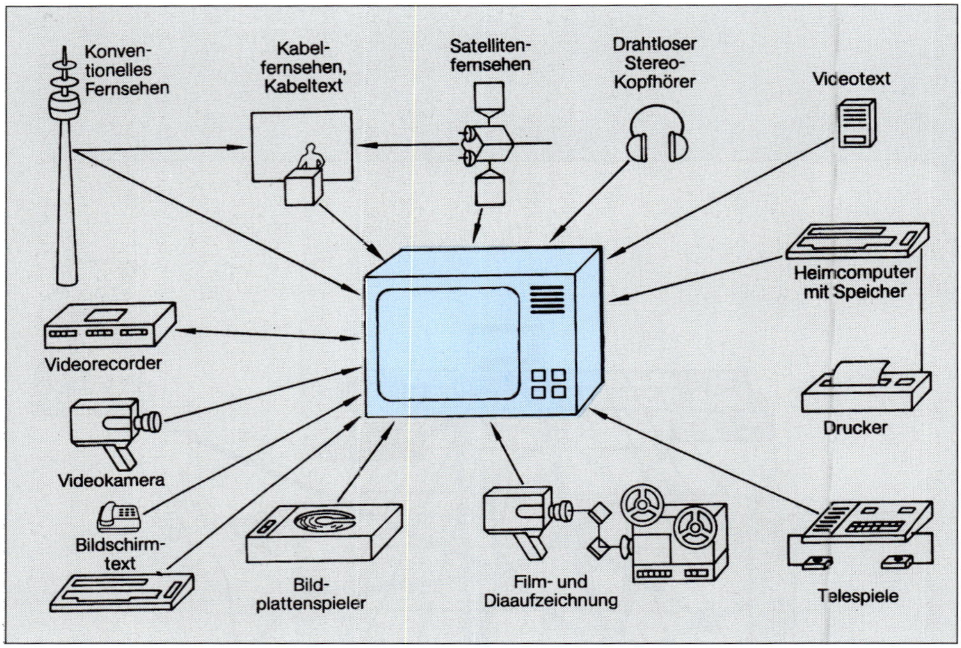


Von „neuen Medien" – gemeint sind die im Schaubild genannten elektronischen Informations- und Kommunikationsmedien – spricht man in Deutschland seit Beginn der 70er Jahre. Sie sind eng mit dem Begriff **„Massenmedien"** verbunden und in diesem Zusammenhang populär geworden.

> „*Neue Medien,* Sammelbegriff für die durch Entwicklung neuer ‚Technologien entstandenen Kommunikationsmittel zur Individual- und Massenkommunikation' .... Als neue Medien wurden zunächst die technisch neuartigen Medien wie Teletex, Telefax, Bildtelefon, Kabel- und Satellitenrundfunk bezeichnet.
>
> Man unterscheidet Medien
>
> - zur direkten, zugleich wechselweise möglichen (reziproken) Kommunikation zwischen zwei Personen, zum Beispiel Bildtelefon oder Telefax **(Individualkommunikation)**
> - und zur indirekten, einseitigen Kommunikation **(Massenkommunikation)**, zum Beispiel durch Kabel und Satellitenfunk ..."

(Aus: Brockhaus: Enzyklopädie. 19., völlig neu bearbeitete Auflage, 1991, Band 15, Seite 461)

Kommunikation kann man unter verschiedenen Gesichtspunkten betrachten. Der umfassende Kommunikationsbegriff wird in vielen wissenschaftlichen Bereichen angewandt, so auch auf Prozesse unter Tieren und innerhalb lebender Organismen (Biokommunikation). Als **sprachlichen Kommunikationsprozeß** bezeichnet man einen Vorgang, der auf bestimmten Gemeinsamkeiten zwischen verschiedenen Gesprächspartnern beruht und in dem **Informationen ausgetauscht** werden.

Dabei unterscheidet man verschiedene Kommunikationsarten:

**Kommunikationsarten**

**Individualkommunikation**
(personale Kommunikation)
Mensch – Mensch

**Mensch-Maschine-Kommunikation**

**Massenkommunikation**
Massenmedien –
Masse von Menschen

## 1.1 Individualkommunikation

Die Individualkommunikation, nämlich das persönliche Gespräch zwischen gleich oder unterschiedlich informierten Menschen, gilt als die verbreitetste Form der Kommunikation. Sie erfolgt

- im **direkten Gespräch** am selben Ort oder
- als **technisch vermittelte Kommunikation** (zum Beispiel Telefongespräch).

Mit fortschreitender Technisierung gewinnt der persönliche Informationsfluß zunehmend an Bedeutung. Wenn die Kommunikation zwischen Vorgesetzten und Arbeitnehmer, unter Freunden, innerhalb der Familie oder innerhalb von Partnerbeziehungen nicht funktioniert, kommt es zu Störungen im sozialen Umfeld und im Arbeitsbereich. Sie können bis in das Psychische hinein negative Auswirkungen haben. Treten Kommunikationsstörungen im Arbeitsbereich auf, sinkt die Arbeitsmotivation und damit auch die Qualität der Arbeitsleistungen. Mit zunehmender Technisierung der Informationsvermittlung wird deutlich, daß Menschen verstärkt das persönliche Gespräch suchen, um über für sie persönlich wichtige Themen zu sprechen, die sich auf praktische Ratschläge in Alltagsfragen beziehen oder die zur Aufrechterhaltung ihres Selbstwertgefühles beitragen.
Auch in Unternehmen, Verwaltungen und politischen Ebenen bevorzugt man die persönliche Kommunikation, wenn es um bedeutsame Geschäftsabschlüsse, rechtswirksame Beschlüsse oder wichtige innen- oder außenpolitische Entscheidungen geht.
Zu den **Vorteilen** der personalen Kommunikation gehört, daß jeder Gesprächspartner sowohl „Sender“ als auch „Empfänger“ ist.

Eine **fördernde Rolle** dabei spielen

- Mimik (Gesichtssprache),
- Gestik (Körpersprache),
- Stimmführung,
- Blickkontakt,
- verschiedene Möglichkeiten der Kontaktaufnahme (Lächeln, freundliche Begrüßung),
- sofortiges Klären von Mißverständnissen.

## Aufgaben

**1.** *Was versteht man unter dem Begriff „neue Medien"?*
*Mit welchen auf der Schautafel Seite 152 genannten Medien sind Sie im Umgang vertraut?*

**2.** *Welche Kommunikationsarten werden unterschieden?*
*Vergegenwärtigen Sie sich dazu noch einmal Teil IV, Abschnitte 1 und 2: „Faktoren und Bedingungen des Kommunikationsprozesses."*

**3.** *Begründen Sie, warum die Individualkommunikation einen hohen wirtschaftlichen und sozialen Wert hat und auch in Zukunft ein dominierender Kommunikationsweg bleibt. Beschreiben Sie Situationen, in denen für Sie das persönliche Gespräch besonders wichtig ist.*

**4.** *Mimik und Gestik fördern personale Kommunikation.*
*Welche Gefühle drücken die Gesichter aus?*

*Ordnen Sie den Gesichtern folgende Bedeutung zu: fröhlich, distanziert, aufmerksam, unfreundlich, mißtrauisch, neutral.*

**5.** *Persönliche Kommunikation hat auch aktivierende Wirkung. Stellen Sie sich folgende Situationen (a-e) vor, und notieren Sie Ihre Vorstellungen in Form eines Szenariums. Gestalten Sie Ihre Vorstellungen in Form eines Rollenspiels (Gruppenarbeit).*

*a) Machen Sie folgende Personen miteinander bekannt.*
*Wer wird wem vorgestellt? Geschäftsführer – neuer Kunde, Mitarbeiter – Freundin, Freund/Freundin – Eltern, Rangniederer – Ranghöherer, Dame – Herr.*

*b) Stellen Sie sich in einem kurzen Vortrag vor, (eventuell Einstellungsgespräch). Welche Angaben/Ereignisse würden Sie nennen, welche weglassen?*

*c) Bitten Sie einen erregten, ungeduldigen Gast, in Ihrem Büro Platz zu nehmen und eine kurze Zeit auf Ihren Vorgesetzten zu warten. Wie helfen Sie dem Gast, die Zeit zu überbrücken?*

*d) Wie bitten Sie einen Freund, einen Gast oder einen Vorgesetzten, das Rauchen einzustellen? (Beachten Sie dabei die Kommunikationspartner und die Kommunikationssituation.)*

*e) Ein Kunde/Mitarbeiter beschuldigt Sie einer Nachlässigkeit. Wie überzeugen Sie ihn, daß er Unrecht hat? Wie reagieren Sie, wenn er Recht hat? (Nennen Sie ein Fallbeispiel aus dem Arbeitsalltag.)*

**6.** *Welche Vorteile ergeben sich aus der technisch vermittelten Kommunikation (Telefon)? Welche Besonderheiten der persönlichen Kommunikation werden dabei eingeschränkt oder gehen verloren?*

# 1.2 Mensch-Maschine-Kommunikation

Herkömmliche Kommunikation, in der Menschen direkt miteinander kommunizieren, wird zunehmend abgelöst durch Kommunikationsprozesse zwischen Mensch und Maschine, zwischen technischen Systemen, die Informationen aufnehmen, speichern, verarbeiten und abgeben. Man spricht von „Mensch-Maschine-Kommunikation" und „Maschine-Maschine-Kommunikation". Mit ihnen vollzieht sich ein grundlegender Wandel in vielen Lebensbereichen, vor allem aber in kaufmännisch-verwaltenden Berufen. Es entsteht eine völlig neue Kommunikationssituation: Der Mensch kommuniziert mit einer Maschine. Dabei ist ein genereller Trend deutlich zu erkennen: Der Mitarbeiter mit sicheren sprachlichen Kenntnissen ist gefragt.

## Mensch–Maschine–Kommunikation

**Beispiel**

*Diktatplatz für ein PC-Diktat* *Schreibplatz für ein PC-Diktat*

Beim „elektronischen Diktieren" wird die Sprache digitalisiert und statt auf Band im Computer gespeichert. Die Übertragung vom Diktatplatz zum Schreibplatz erfolgt über ein lokales Netzwerk.

## Maschine–Maschine–Kommunikation

**Beispiel**

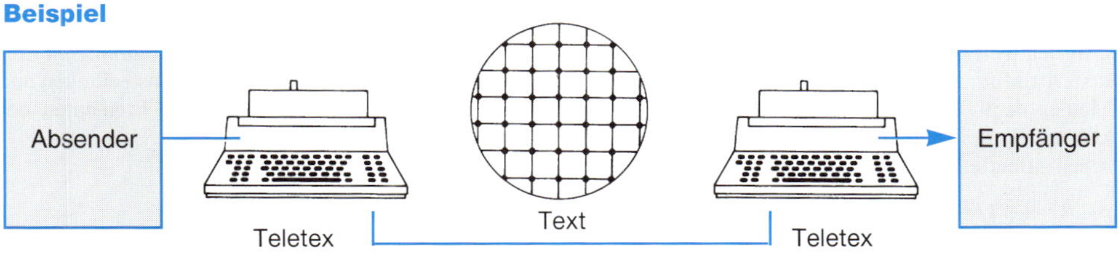


Für Kommunikationsprozesse, die mit Hilfe der neuen Medien erfolgen, hat sich der Begriff **Telekommunikation** (Kommunikation mit Hilfe elektronischer Medien) durchgesetzt.

„*Telekommunikation* bezeichnet solche Formen technisch vermittelter Kommunikation, bei denen es auf die Überbrückung (oft großer) Entfernungen im On-line-Betrieb[1] ankommt."

(Aus: Fischer Lexikon: Publizistik/Massenkommunikation. Hrsg. v. E. Noelle-Neumann, W. Schulz, J. Wilke, Frankfurt am Main 1989, Seite 104)

Noelle-Neumann, Schulz, Wilke rechnen zur Telekommunikation folgende Formen der Sprachkommunikation:

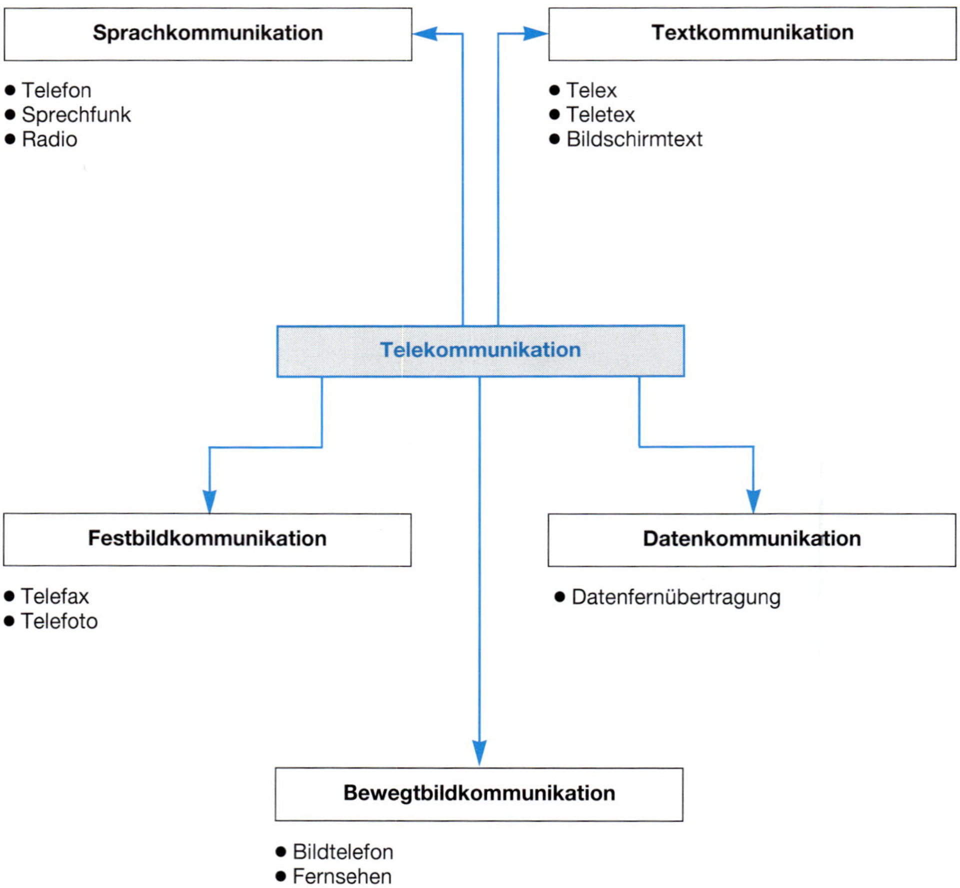


„An den Telekommunikationsformen wird eine charakteristische Entwicklung der sogenannten neuen Medien deutlich: Die Grenzlinien zwischen Massenkommunikation und Individualkommunikation, zwischen öffentlicher und privater Kommunikation werden immer unschärfer, neue Medien kombinieren Elemente herkömmlicher Kommunikationstechniken und verbinden diese darüber hinaus mit Elementen der Computertechnologie."

Aus: Fischer Lexikon: Publizistik/Massenkommunikation, Seite 105)

---

[1] *on line:* engl.; EDV; in direkter Verbindung mit der Datenverarbeitung arbeitend

# 1.3 Moderne Kommunikationssysteme zur Informationsübertragung

## ■ Teletex

### Beispiel

***Schneller geht´s mit Teletex!***

Frau Michel, eine halbe Stunde vor der Besprechung mit Herrn Kunz: Bei der Vorbereitung auf das Gespräch merkt sie: Sie hat ausgerechnet das wichtige Protokoll der letzten Sitzung nicht in ihren Unterlagen! Doch schnell weiß sie weiter: Herr Hinz hatte das doch damals in seiner Datenverarbeitungsanlage gespeichert ... Ein Anruf bei Herrn Hinz mit der Bitte, ihr das Protokoll schnell über Teletex zu schicken, genügt – und innerhalb kürzester Zeit hat Frau Michel das Protokoll vor sich, ohne ihren Arbeitsplatz auch nur einmal verlassen zu haben.

*Das sieht im Fall von Frau Michel so aus:*

DV-Anlage von Herrn Hinz
Sitzungsprotokoll im Speicher

Netzknoten

DV-Anlage von Frau Michel
speichert das Sitzungsprotokoll

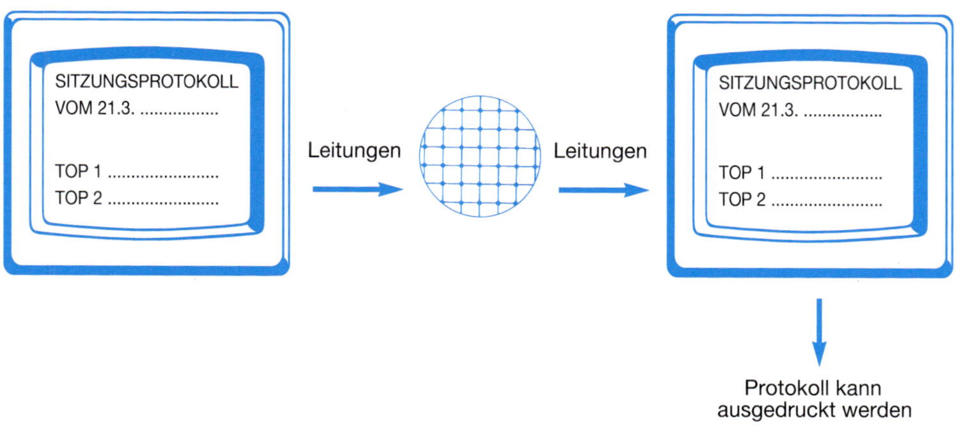


**Teletex** (Fernschreiber)

**Telex**
(engl.:„teleprinter“ = Fernschreiber; „exchange“ = Austausch)
Texte werden vom Speicher des Absenders in wenigen Sekunden in den Speicher des Empfänger übertragen.

Teletex ist im Vergleich zu Telex preisgünstiger und schneller.

**Beispiel**
Übertragungszeit für 1 A4-Brief (1 800 Anschläge):
- mit Telex ca. 4,5 Min.
- mit Teletex 10 Sek.

(Nach: Telekommunikationsdienste. Deutsche Bundespost, 1989, Informationsmappe 3 c, Seite 18)

## Telefax

**Beispiel**

***Telefax – das Bild per Telefon***

Sehr geehrte Frau Zoller,

da Sie morgen anstelle von Herrn Münch an der Besprechung teilnehmen, möchten wir Ihnen den kürzesten Weg vom Bahnhof zu unserem Büro mit einer kleinen Skizze veranschaulichen.

Wir freuen uns auf Ihren Besuch in Stuttgart und grüßen Sie herzlich

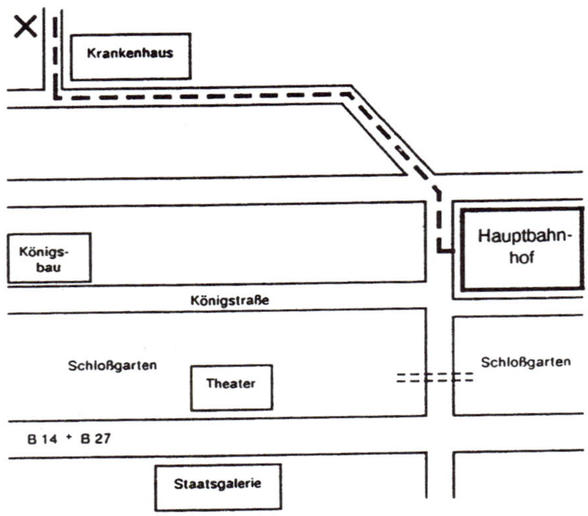


*Schematisch dargestellt sieht Telefax so aus:*

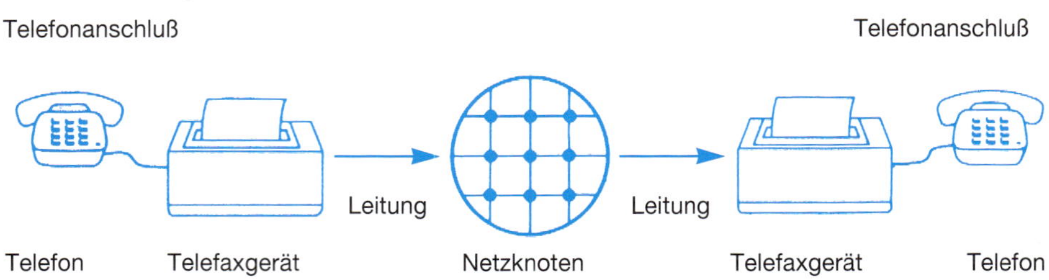


**Telefax** (Fernkopierer)
(lat.: „fac simile" – „mach ein gleiches")

Telefax übermittelt schriftliche und graphische Vorlagen wie Dokumente, Skizzen, Rechnungen und anderes.

(Aus: Telekommunikationsdienste, Deutsche Bundespost, 1989, Informationsmappe 3c, Seite 20, 22)

## Integrierte Systeme

Mit der Einführung des „Dienste-integrierenden digitalen Fernmeldenetzes" **ISDN** (Integrated Service Digital Network) ist es in naher Zukunft möglich, Sprache, Text, Bild und Daten über

- ein Telekommunikationsnetz,
- eine universelle Anschlußdose und über
- einen Anschluß mit einer Rufnummer zu übertragen.

Durch den Einsatz dieser modernen Technik kommt es zu Verbesserungen für alle Dienste.

**Beispiele**

| | |
|---|---|
| ISDN-Telefon: | bessere Sprachqualität |
| ISDN-Teletex: | schnellere Nachrichtenübermittlung |
| ISDN-Telefax: | bessere Kopierqualität, schnellere Übertragung |
| ISDN-Btx: | schnellerer Aufbau der Btx-Seiten, schnellere Datenübertragung |

(Nach: Telekommunikationsdienste, Deutsche Bundespost, Seite 36 f.)

Obwohl die technischen und wirtschaftlichen Auswirkungen der neuen Medien offensichtlich sind, deren Nutzung sich kein moderner Staat entziehen kann, weisen Kritiker zunehmend auch auf mögliche **Gefahren** hin. Sie befürchten, neue technische Verfahren der Bild- und Tonübertragung könnten die Privatsphäre des Menschen, ihr Fühlen und Denken nachteilig beeinflussen. Sie verweisen auf Datenmißbrauch, auf „Entmenschlichung" der Kommunikation, auf Vereinsamung des einzelnen, auf zunehmende Arbeitslosenzahlen. Andere rühmen wirtschaftliche und technische Erfolge, sehen Profit, versprechen neue Arbeitsplätze.

## Aufgaben

1. *Betrachten Sie die Abbildungen auf der Seite 155.*
   *a) Erklären Sie die Inhalte der Abbildungen.*
   *b) Welcher Zusammenhang besteht zu dem Schaubild Seite 156?*
2. *Informieren Sie sich im Duden über Wortbildung, Wortbedeutung und Herkunft folgender Begriffe:*
   Tele…, Telefon, Teletex, Telefax, Telebox, Telekommunikation.
3. *Vergleichen Sie die unterschiedlichen Kommunikationsformen auf den Seiten 155/156.*
   *a) Worin unterscheiden sich die dargestellten Kommunikationsabläufe? Achten Sie auf das Verhalten von Sender und Empfänger, auf den möglichen Rollenwechsel der Gesprächspartner. In welcher Situation ist eine/keine Rückkopplung möglich?*
   *b) Beschreiben Sie die Funktionen von Teletex und Telefax (Gemeinsamkeiten und Unterschiede).*
4. *Welche wesentlichen Unterschiede bestehen zwischen der personalen Kommunikation (von Angesicht zu Angesicht) und der technisch vermittelten Kommunikation?*
5. *Warum sind sichere Kenntnisse in der Muttersprache eine notwendige Voraussetzung für den Umgang mit modernen Informations- und Kommunikationssystemen? Nennen Sie Beispiele aus dem Arbeitsalltag.*
6. *Sie haben einen Brief mit nachstehendem Text geschrieben und bemerken, daß er zu spät ankommt. Übermitteln Sie die wesentlichen Aussagen in einem Telegramm.*
   Liebe Uschi, heute erhielt ich einen Brief von meiner Mutter, in dem sie mir mitteilt, daß sie krank ist. Du weißt, daß ich eigentlich 2 Wochen bleiben wollte, um in dem schönen Weserbergland so richtig auszuspannen. Nun muß ich die Reise abbrechen. Auch aus dem Besuch bei Euch wird nun nichts. Ich werde Donnerstag sehr früh hier abfahren und 9.50 Uhr in Magdeburg sein. Ich bitte dich, meine kleine Annett zum Bahnhof zu bringen; es ist das beste, wenn sie gleich mit zurückfährt. Ich habe 30 Minuten Aufenthalt in Magdeburg. Vielleicht kann ich Euch alle kurz begrüßen! Habt Ihr für die nächste Spielsaison schon das neue Theaterprogramm? Könnte ich ein Exemplar haben?
   Liebe Grüße für Euch alle. Eure Bettina
7. *Interpretieren Sie die folgende Karikatur.*
   *Schreiben Sie nach eigener Phantasie einen kurzen Text dazu. Vergleichen Sie Ihre Deutung mit denen Ihrer Mitschüler.*

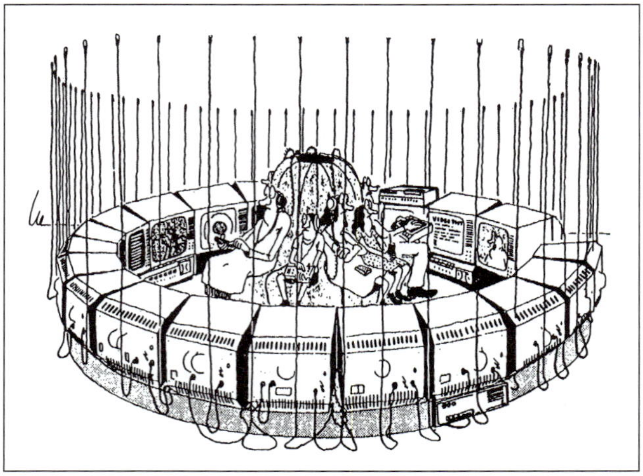

*Familien-Vision 2000*

8. *Schreiben Sie zum gleichen Thema einen neuen Text, in dem Sie Ihre persönlichen Vorstellungen darüber zum Ausdruck bringen, wie die neuen Medien und intakte menschliche Beziehungen vereinbar sind.*

# 2
# Natürliche und künstliche Sprachen

*Bernd Eisert/CCC*

Wenn bisher von „Sprache“ die Rede war, ist damit immer natürliche Sprache gemeint.

**Natürliche Sprachen** sind historisch entstandene Zeichensysteme, die auf menschlichen artikulierten Lauten basieren und in der Gesellschaft als wichtigstes Mittel der Kommunikation und der Erkenntnis dienen (vergleiche Kapitel I, Abschnitt 3 „Funktionen und Leistungen der Sprache“).

Daneben sind für bestimmte spezielle Kommunikationszwecke **künstliche Zeichensysteme** entwickelt worden, zum Beispiel mathematische und chemische Formelsysteme sowie Symbole (Wahrzeichen, Sinnbilder, Zeichen), die einen Gegenstand, einen Vorgang oder Zustand sichtbar machen. Wie Sachtexte verfolgen auch Symbole eine Kommunikationsabsicht, sie informieren und appellieren sowohl senderbezogen als auch empfängerbezogen.

**Beispiele**

*Senderbezogene Kommunikationsabsicht*

*Empfängerbezogene Kommunikationsabsicht*

Der Vorteil eines Symbols für Information und Kommunikation besteht unter anderem darin, daß es exakter und eindeutiger als die natürliche Sprache funktioniert, daß der „Empfänger“ schneller und umfassend informiert wird und sofort reagieren kann (Verkehrszeichen). Symbole sind meist international verständlich und haben sich in vielen Wissens- und Lebensbereichen gegenüber geschriebenen Texten durchgesetzt.

### Neue Symbole auf der Autobahn

Zwei neue Symbole werden zur Zeit auf den bundesdeutschen Autobahnen eingeführt:
Auf der Ankündigungstafel (1000 Meter vor einer Anschlußstelle und 2000 Meter vor einem Autobahnkreuz oder -dreieck) erleichtert künftig das Symbol „Autobahnausfahrt“ oder das Symbol „Autobahnkreuz“ oder „Autobahndreieck“ die Orientierung.

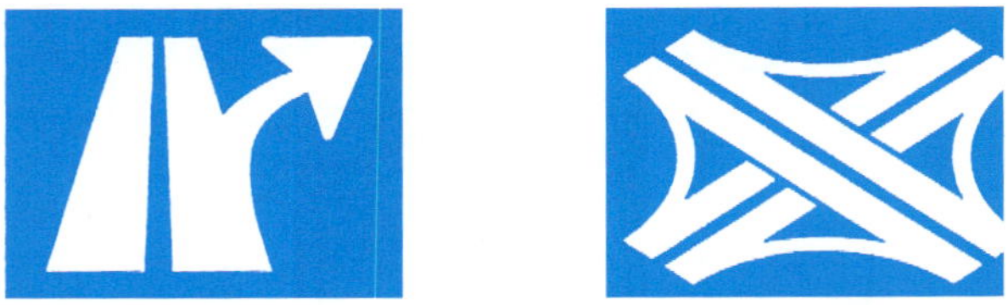

Der Autobahnbenutzer erkennt so auf den ersten Blick, ob er hier auf eine andere Autobahn wechseln oder die Autobahn verlassen kann.

## Aufgaben

1. *Worin bestehen die Vorteile künstlicher Zeichensysteme?*
2. *Nennen oder sammeln Sie Symbole aus verschiedenen Bereichen Ihres Freizeit- und Berufslebens.*
   a) *Welche Funktionen erfüllen diese Symbole?*
   b) *Erklären Sie mit Hilfe eines Nachschlagewerkes die Begriffe „Signal“, „Piktogramm“, „Etikett“ und „Emblem“.*
   *Ordnen Sie die von Ihnen genannten Beispiele diesen Oberbegriffen zu.*
   c) *Gestalten Sie Schilder zu folgenden Informationen:*
   - Ab 22 Uhr ist im Hause Ruhe zu bewahren.
   - Auf dem Schulhof ist Rauchen nicht erwünscht/verboten.
   - Während der Prüfung darf nicht gestört werden.
3. *Schreiben Sie zu nebenstehendem Verkehrsschild den entsprechenden Text (4 kurze Sätze).*

4. *Beschreiben Sie – ausgehend von der folgenden Skizze – das Herbeiführen der stabilen Seitenlage als erste Hilfsmaßnahme am Unfallort, und erklären Sie den Zweck dieser Maßnahme.*

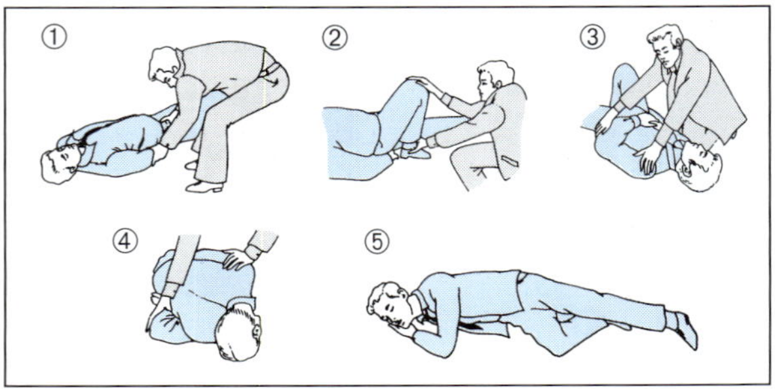

Zu den künstlichen Sprachen gehören auch die **Programmiersprachen,** die mit der Entwicklung und Einführung des Computers entstanden sind. Programmiersprachen dienen dazu, die sehr unübersichtliche Maschinensprache in eine verständlichere und anschaulichere Form zu „übersetzen“: Sie ermöglichen so die Kommunikation zwischen Mensch und Maschine. Programmiersprachen sind in der Regel an die englische Sprache angelehnt. Eine spezielle Syntax[1] enthält Regeln für die Struktur von Anweisungen, vergleichbar mit den grammatischen und semantischen Regeln einer natürlichen Sprache.

Da es sinnvoll ist, für bestimmte Anwendungsbereiche spezielle Programmiersprachen bereitzustellen, ist eine große Anzahl von Programmiersprachen entwickelt worden. Am verbreitetsten ist die Programmiersprache BASIC. Wie ihr Name (Beginner‘s All-purpose Sybolic Instruction Code = Allzweck-Befehlssprache für Anfänger) schon andeutet, ist sie vielseitig verwendbar und relativ einfach zu erlernen und zu verstehen.

**Beispiel**

*Ein kleines Programm zur Summierung von Zahlen in BASIC:*

```
10  S=O
20  INPUT „Anzahl der Summanden:“, N
30  FOR I=1 TO N
40  INPUT „Summand:“, A
50  S=S+A
60  NEXT I
70  PRINT „Summe: “, S
```

Heute kann der Computerbenutzer Anwenderprogramme für fast jeden Anwendungsbereich fertig kaufen (sogenannte Standard-Software), so daß er nicht mehr gezwungen ist, mit Hilfe einer Programmiersprache Programme selbst zu schreiben. Computerprogramme stellen eine Folge von Anweisungen dar, die dem Computer „sagen“, was er machen soll. Ohne sie ist auch der beste Computer nutzlos.

Die am weitesten verbreitete Software in der Bürokommunikation sind **Textverarbeitungsprogramme** (zum Beispiel Word, WordPerfekt, WordStar, TextMaker, PC Text, WindoText). Mit ihrer Hilfe können Texte gestaltet, korrigiert, Textpassagen gelöscht, eingefügt und umgestellt sowie mit graphischen Darstellungen verbunden werden. Die Bearbeitung von Texten kann damit wesentlich effektiver als mit einer Schreibmaschine erfolgen.

Die **künstliche Sprache eines Computers** weist gegenüber der natürlichen Sprache einige wesentliche Besonderheiten auf:

- Da der Computer nur Rechenoperationen ausführen kann, müssen die Bedeutungen streng logisch und eindeutig festgelegt werden und unabhängig vom Text- und Situationszusammenhang verständlich sein.
- Gefühle, Stimmungen und Wertungen lassen sich nicht ausdrücken. Stilistische Möglichkeiten einer natürlichen Sprache wie bildliche Übertragungen, Ironie, bewußte Mehrdeutigkeiten, Auslassungen und andere können nicht genutzt werden.
- Sprachbegleitende Mittel wie Gestik, Mimik, lautliche Modulationen, wie sie dem Sprecher einer natürlichen Sprache zur Verfügung stehen, entfallen.
- Der Computer ist nicht in der Lage, auf unvorhergesehene Situationen, das heißt vom Programmierer nicht definierte Daten zu reagieren.

[1] *Syntax:* Lehre vom Satzbau

*Im Notfall Scheibe einschlagen*

## Aufgaben

1. *Werden die natürlichen Sprachen durch den Einsatz künstlicher Sprachen überflüssig?*
2. *Welche Möglichkeiten der natürlichen Sprachen können beim Gebrauch künstlicher Sprachen nicht genutzt werden?*
3. *Welche Vorteile weist die Arbeit mit Textverarbeitungsprogrammen gegenüber der Arbeit an der herkömmlichen Schreibmaschine auf?*
   *Informieren Sie sich darüber, mit welchem Textverarbeitungsprogramm in Ihrem Arbeitsbereich gearbeitet wird.*
4. *Nennen Sie typische Anwendungsbereiche für den Einsatz von Personalcomputern im Büro, im Betrieb in Ihrem Arbeitsbereich und ähnliche.*
5. *Informieren Sie sich mit Hilfe eines Nachschlagewerkes über die Herkunft, Aussprache und Bedeutung folgender Begriffe:*
   Printer, Video, Computer, Software, Hardware, Bit, Byte, Cursor, Monitor; PC, DIN, RAM, EDV, Btx.

# 3
# Die Massenmedien – Vermittler und Gestalter von Informationen

**Massenmedien und ihre Besitzverhältnisse in der Bundesrepublik Deutschland**

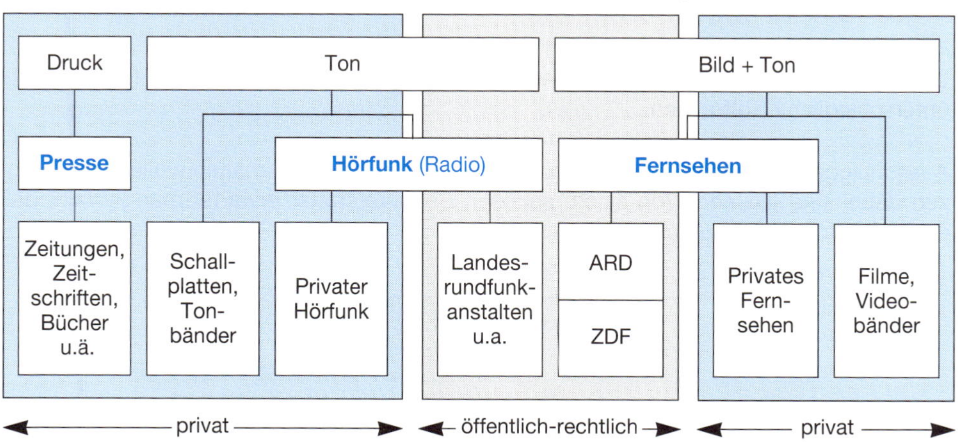


„**Massenkommunikation** ist vor allem dadurch gekennzeichnet, daß die Mitteilungen in großer Anzahl an eine anonyme, das heißt dem Kommunikator als Person unbekannte Menge von Rezipienten[1] verbreitet werden."

(Aus: Fischer Lexikon: Publizistik/Massenkommunikation. Seite 103)

[1] *Rezipient:* Empfänger von Informationen

Massenkommunikation erfolgt als Übertragung **einseitig.** Eine Kommunikation, in der Sender und Empfänger ihre Rollen tauschen, gibt es nicht. Aber der einzelne kann sich kaum nonverbaler Einflüsse (Mimik, Gestik) sowie der Wirkung bestimmter Denk- und Sprechmodelle oder Verhaltensweisen entziehen. Die Massenhaftigkeit der Verbreitung von Informationen erfolgt durch die Massenmedien, zum Beispiel Funkmedien, Druckmedien, Bild- und Tonträgermedien.

**Funktionen der Massenmedien**

- **Sozialisationsfunktion**
  (Prozeß der Einordnung des Individuums in die Gesellschaft)
  Einwirken auf Wissen und Vorstellungen, Gefühle und Stimmungen, Meinungen und Wertorientierungen, Handlungen und Verhalten, Erzeugung von Wertvorstellungen (Werbung)
- **Herstellen der Öffentlichkeit**
  Vermitteln von (auch internen) Ereignissen und Sachverhalten, worauf die Öffentlichkeit einen Anspruch hat; Einfluß auf öffentliche Meinung, auf politische Entscheidungen
- **Bildungsfunktion**
  Vermittlung von Bildungssendungen, Kulturprogrammen (Schulfernsehen, Fernsehspiele, Übertragungen von Kulturveranstaltungen, Naturereignissen, Forschung, Raumfahrt und andere)
- **Kritik und Kontrollfunktion**
  Kritische Haltung zu wirtschaftlichen und politischen Ereignissen und Entscheidungen, zu Einzelpersonen (Abgeordnete), zu Interessengruppen, Ausschüssen unter Wahrung von Objektivität (Sorgfalt und Wahrheit)

(Nach: Fischer Lexikon Publizistik. Seite 122)

Um ihre Kommunikationsabsicht zu verdeutlichen, verwenden Journalisten für ihre Texte unterschiedliche **Stilformen.**

Ausschlaggebend ist, ob sie informieren, überzeugen oder unterhalten wollen. Die Grenzen dabei sind fließend. Von einem seriösen Berichterstatter erwartet man jedoch, daß eine Nachricht keine subjektive Wertung enthält.

**Journalistische Formen**

**Tatsachenbetonte (referierende) Formen**
Nachricht (Meldung, Bericht),
Reportage, Feature,
Interview, Dokumentation

**Meinungsbetonte Formen**
Leitartikel, Kommentar,
Glosse, Kolumne,
Porträt, Karikatur,
Buch-, Kunst-, Film-,
Theater-, Musik-,
Fernsehkritik, Essay

**Phantasiebetonte Formen**
Zeitungsroman,
Kurzgeschichte, Feuilleton,
Spielfilm, Hörspiel,
Fernsehspiel, Lied, Comics,
Witzzeichnung

(nach: Fischer Lexikon Publizistik. Seite 71)

# 3.1 Sachliche Berichterstattung oder persönliche Meinung?

**Grundgesetz**
**Art. 5**

(1) Jeder hat das Recht, seine Meinung in Wort, Schrift und Bild frei zu äußern und zu verbreiten und sich aus allgemein zugänglichen Quellen ungehindert zu unterrichten. Die Pressefreiheit der Berichterstattung durch Rundfunk und Film wird gewährleistet. Eine Zensur findet nicht statt.

### Beispiel: Hinweis auf ein neues Fernsehmagazin...

## TV-TIP

„Fakt" heißt das neue Politmagazin in der ARD. Es kommt vom Mitteldeutschen Rundfunk. Damit wird erstmals in der ARD ein innenpolitisches Magazin aus dem Osten Deutschlands ausgestrahlt. „Fakt" will das Zusammenwachsen Deutschlands kritisch unter die Lupe nehmen. „Wir werden versuchen, neue Ideen einzubringen, wollen aktuelle Themen brennpunktartig vertiefen", kündigte MDR-Chefredakteur Wolfgang Kenntemich an.

(Aus: teleprisma, Wochenmagazin der „MZ", 28/92)

### ... und zwei Kritiken dazu

*Text 1*

## DIE KRITIK

### Von Osten nichts Neues

**Fakt.** (ARD/MDR). Auch das ein Preis der Einheit: Neue Sender, neue Politmagazine. Wolfgang Kenntemich, der Chefredakteur des MDR, will aus dem Osten „eine zusätzliche Farbe für die ARD" beibringen. „Fakt" soll das „Zusammenwachsen Deutschlands kritisch begleiten". Nun ja, man kann sich seine Begleiter nicht immer aussuchen, und mit der neuen Farbe ist es auch nicht so weit her. Nach dieser Premiere könnte eher gesagt werden, daß das „Zusammenwachsen" rein magazinmäßig erschreckend gut vorankommt.

Fakt ist nämlich, daß es auch hier im Westen Journalisten wie Christine Schönfeld gibt, die sich einen Minister wie Klaus Töpfer in die Sendung holen und den dann impertinent losbramarbasieren lassen. Statt ihn zu stoppen, ihn auf das Thema und die Frage festzulegen: Im konkreten Fall auf Krauses geplante Ostsee-Autobahn, die Töpfer natürlich in Bausch und Bogen befürwortet, während Frau Schönfeld in der Sache offenbar völlig ahnungslos ist …

Fakt ist auch, daß Harald Lüders vor einiger Zeit mit dem Honecker-Interview einen späten journalistischen Senkrechtstart erlebte. Jetzt versucht er, daraus eine Art Dauerbrenner zu machen; unter dem Stichwort „Begegnungen ermöglichen" konfrontiert er einen alten Antikommunisten mit einem alten MfS-Kommunisten. Die beiden dürfen sich fünf Minuten lang vor der Kamera rangeln, dann fragt Lüders den Antikommunisten, ob ihm „so ein Gespräch etwas bringt". Bei unsereinem weckt „so ein Gespräch", gegen das „Der heiße Stuhl" wie ein gepflegtes Symposion wirkt, jedenfalls nur den Wunsch, daß Lüders in Zukunft entweder genügend Sendezeit herausgehandelt oder die Finger davon läßt.

Fakt ist freilich auch, daß das neue Magazin zwei, drei solide Beiträge enthält, die man in dieser Qualität von „Kontraste" oder „Kennzeichen D" gewohnt ist: Von Osten nichts Neues – das ist Fakt.

*THOMAS ADAM*

(Frankfurter Rundschau vom 17.07.1992)

*Text 2*

**TV-KRITIK**

## Gelungener Start

**„Fakt“ / Mittwoch / 21.40 Uhr / ARD.** Erstmalig saß nun der Zuschauer beim neuen MDR-Magazin in der ersten Reihe. Spritzig und innovativ sollte es werden, hatte der Sender versprochen. Tatsächlich ließ sich „Fakt“ erfreulich an. Aktuell zeigten sich Wolfgang Fahndrich und Christine Schönfeld (beide wirkten noch verkrampft und zu aufgeregt) vom ehemaligen Grenzübergang Marienborn, um mit Umweltminister Töpfer über den am gleichen Tag beschlossenen Bundesverkehrswegeplan und damit verbundene Umweltprobleme zu diskutieren. Beim Beitrag über die Gründung des Komitees für Gerechtigkeit bemühte man Marx, um Zweifel am Sinn dieses Unterfangens zu nähren. Das war eher unverständlich.

Wenn es so etwas wie eine „Ostsicht“ auf die Probleme der Republik gibt, so wurde dies beim gutrecherchierten Bericht über die Frauenmilchsammelstellen deutlich. Während man in Europa das Netz dieser nützlichen Einrichtungen ausbaut, werden sie durch ignorante Bürokratie als Relikte der Ex-DDR geschlossen. Welch ein Unsinn. Nicht wohl wollte einem bei der merkwürdigen Karriere eines „schlagkräftigen“ Freiberger Polizeioberrates werden. Bis zum Vize-Polizeichef in Chemnitz konnte es der eifrige Beamte bringen, bevor ihn seine Vergangenheit einholte. Jetzt betätigt er sich als Asylantenschreck. Schlimm. Nach dem Motto: „Geld gab ich für Pfunde“ präsentierte sich die ironische „Lastenausgleichstelle“, bei der Übergewicht abgestrampelt werden konnte. Daraus hätte man mehr machen können. Unter die Haut ging die Schluß-Sentenz. Ein Ex-Dissident und sein Jäger, ein Stasi-Oberst, standen sich erstmals Auge in Auge gegenüber. Da wurde deutlich, wie schwierig noch für uns alle die Aufarbeitung gemeinsamer Vergangenheit sein wird.

*Hans-Erdmann Gringer*

(Mitteldeutsche Zeitung vom 17.07.1992)

# 3.2 Zeitungen und Zeitschriften

### Information durch Überschriften und äußere Gestaltung

## Aufgaben

1. *Worin bestehen die wesentlichen Unterschiede zwischen Individual- und Massenkommunikation? Welche Nachteile sehen Sie, wenn die Richtung des Informationsflusses nur einseitig verläuft?*
2. *Vergleichen Sie die Schlagzeilen der Tageszeitungen (S. 168 )*
   a) *nach dem Inhalt, nach der Wahl des Wortschatzes (Sprachebene) und nach dem Satzbau,*
   b) *nach der äußeren Gestaltung in bezug auf Anteil von Text und Bild, auf die Größe der Schrift, auf die optische Wirkung.*
3. *Verschaffen Sie sich einen Überblick über die Stilformen des Journalismus (S. 166), und informieren Sie sich über die Bedeutung der Wörter mit fremder Herkunft.*
4. *Belegen Sie mit Textbeispielen aus einer selbstgewählten Zeitung, welche Stilformen in den verschiedenen Sachbereichen (Politik, Wirtschaft, Technik, Kultur, Sport, Lokales und so weiter) bevorzugt werden und welche Kommunikationsabsicht (Appell, Information, Kommentar) zu erkennen ist (eventuell Kurzvortrag). Nutzen Sie zur Lösung dieser Aufgaben auch Kapitel III: „Sprache und Sprechen in außerberuflichen Situationen."*
5. *Formulieren Sie nach einer Sensationsmeldung oder einem Kommentar eine Nachricht.*
6. *Vergleichen Sie die beiden Kritiken zur Fernsehsendung „Fakt" (S. 167/168). Analysieren Sie die Texte in bezug auf Gemeinsamkeiten und Unterschiede in ihrer inhaltlichen und sprachlichen Darstellung.*
7. *Notieren Sie (mit Hilfe der W-Fragen) Angaben zum Inhalt.*
   a) *Was geschah wann wo?*
   b) *Welche Darbietungen der Fernsehsendung wurden in Text 1 und welche in Text 2 besonders herausgestellt? Welche Aussagen in den Texten stimmen überein?*
   c) *Wo wird mehr informiert, wo mehr die persönliche Meinung des Textautors geäußert?*
   d) *Welcher Eindruck wird durch die Ankündigung der Sendung einerseits und durch die Überschriften der Kritiker andererseits geweckt?*
8. *Untersuchen Sie die Texte 1 und 2 nach den folgenden sprachlichen Gesichtspunkten. Notieren Sie entsprechende Textbeispiele, und diskutieren Sie über Ihre Ergebnisse (Gruppenarbeit).*
   a) *Welche bildhaften Ausdrücke, Vergleiche, Redewendungen, wertenden Adjektive und Adverbien werden verwendet? Was sollen sie bewirken?*
   b) *Mit welchen weiteren sprachlichen Mitteln versuchen die Autoren der Texte, ihre Absicht zu verdeutlichen (Zustimmung, Ablehnung, Erläuterung, in Frage stellen, Übertreibung, Vorurteil, Spott, Ironie)?*
   c) *Welche Wirkung hat der Wechsel von Hochsprache und Umgangssprache auf den Leser?*

# 3.3 Fernsehen und Film

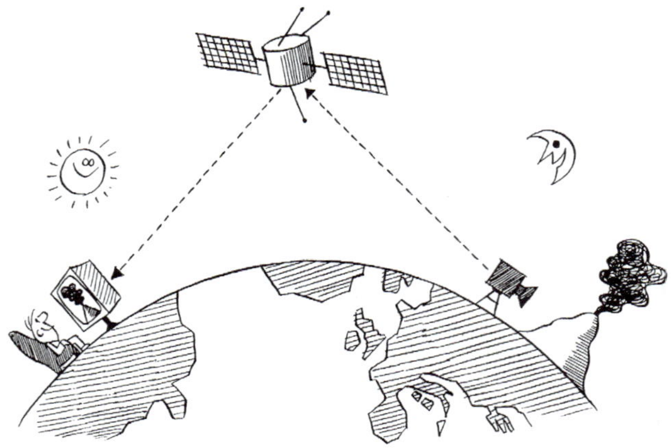

Im Bereich der Massenkommunikation werden weltweit über Satelliten zahlreiche Fernsehprogramme angeboten, die die menschliche Neugier auf Informationen aller Art befriedigen. Bedeutsame Ereignisse in der Politik (Staatsempfänge), in der Wissenschaft (Raumfahrt), im Sport (Olympische Spiele) oder Naturereignisse erlebt der Zuschauer zum gleichen Zeitpunkt mit. Er fühlt sich als Augenzeuge und erhält die Vorstellung, selbst dabeizusein.

Verwischt wird die Tatsache, daß der Kameramann mit Hilfe der Technik ein „Bild" auswählt und letzten Endes der Redakteur im Studio entscheidet, was der Zuschauer sieht oder auch nicht sieht.

Das Fernsehen kann zum Beispiel dem Zuschauer während eines Staatsbesuches als „Bild" eine dicht gedrängte Menge präsentieren, obwohl die Teilnahme der Bevölkerung eher gering war.

„Das Fernsehen besitzt das Vermögen, eine **Medienrealität** zu schaffen, die sich von der Realität, wie sie unmittelbare Beobachter erleben, erheblich unterscheidet. Nicht Einstellungen, sondern Vorstellungen werden hier geprägt." Die Annahme, „das Fernsehen sei einfach eine Verstärkung der menschlichen Sinnesorgane, der Augen und Ohren", wird damit in Frage gestellt.[1]

Hinzu kommt, daß der Zuschauer selbst auswählt, *was* er sehen will, *wie* er den Inhalt einer Sendung gedanklich verarbeitet und *was* er davon behält. Die folgenden Meinungen sollen das belegen:

### *Text 1*

Die Fernsehsucht ist eine unmäßige Begierde, seinen eigenen untätigen Geist mit den Einbildungen und Vorstellungen anderer aus deren Kameraproduktionen vorübergehend zu vergnügen. Man sieht – nicht um sich mit Kenntnissen zu bereichern, sondern um zu sehen, man sieht das Wahre und das Falsche prüfungslos durcheinander, und dies lediglich mit Neugier, ohne eigentliche Wißbegier. Man sieht – und gefällt sich in diesem behaglichen Geistesmüßiggang wie in einem träumenden Zustande. Die Zeitverschwendung, die dadurch herbeigeführt wird, ist jedoch nicht der einzige Nachteil, welcher aus der Vielseherei entsteht. Es wird dadurch das Müßiggehen zur Gewohnheit und bewirkt, wie aller Müßiggang, eine Abspannung der eigenen Seelenkräfte.

(Autor: K. Scheel. Als Zitat verwendet in Medien und Gesellschaft, S. Hirzel. Wissenschaftliche Verlagsgesellschaft, Stuttgart 1990; Beitrag von B. Sichtermann: „Die Sinne und die Medien oder: Das Recht am eigenen Bild", Seite 61)

---

[1] Nach: Fischer Lexikon Publizistik/Massenkommunikation, Seite 367

### Text 2

Es wäre falsch, zu sagen, der Mensch brauche gar kein Fernsehen, und es wäre noch falscher, zu sagen, er brauche noch mehr Fernsehen. Heute ist der Mensch der Zauberlehrling und das Fernsehen der multiple[1] Besen. Wenn Ihm, dem Lehrling, endlich der Meisterspruch einfällt, der den Spuk beendet, dann hat er immer noch einen Besen zur Hand, mit dem er die Geschichten zusammenkehren kann, die er als Augentier[2] braucht. Und er hat die Freiheit, die Besenkammer auch mal abzuschließen und sich **den** Bildern zu überlassen, welche stets die für ihn geheimnisvollste und aufregendste Geschichten erzählen: seine eigenen, inneren.

(Aus: „Medien und Gesellschaft“, Seite 68)

Nationale und internationale Kongresse und Fachtagungen belegen, daß das Interesse am Thema Medien und Gesellschaft zunimmt. Man will herausfinden, welche Wechselwirkungen zwischen Medien und Gesellschaft bestehen und wie die Medien unser Handeln unser Denken, ja unsere ganze Lebensweise beeinflussen und verändern.

H. Gareis stellt in „Medien und Gesellschaft“ dazu folgende Fragen:

- Wie objektiv ist eine Nachricht, die ja von Menschen gemacht und verbreitet wird?
- Gibt es eine Qualitätskontrolle der Medien?
- Ist die Konkurrenz der Medien untereinander heilsam oder schädlich?
- Kann der Konsument, also wir, sich gegen ein schlechtes Produkt wehren?
- Gibt es auch bei den Medien eine Art Umweltverschmutzung?
- Welche Macht haben die Medien?
- Können Medien, insbesondere das Fernsehen, Wahlen beeinflussen?
- Sind wir dann, wenn das so ist, eigentlich noch eine Demokratie, oder gibt es eine Diktatur der Medien?

(Nach: „Medien und Gesellschaft“, Seite 7)

### Die Gewalt aus der Röhre

*von Wolfgang Reischock*

Sonnabends erheben die Eltern keine Einwände, wenn Sven (12) länger aufbleibt. Er zieht sich dann in sein Zimmer zurück und schaltet den Fernseher ein – zumeist seine Lieblingssender RTL und Sat 1. Aus der Programmzeitschrift ist er schon informiert, was ihn diesmal erwartet: „Der Rächer – Ein Massenmörder schickt die Köpfe enthaupteter Krimineller an Scotland Yard... Die Nichte eines der Opfer wird in ein unterirdisches Verlies verschleppt.“ „Das Rätsel des silbernen Dreiecks – Inspektor Elliot stößt auf eine Serie von Wurfmessermorden.“ Später dann noch: „Frühreife Betthäschen – Betthäschen erzählen sich im Klubhaus ihre erotischen Abenteuer“ und „Männermagazin M – Alles, was Männer anmacht“. Doch selbst, wenn das Programm einmal weniger vielversprechend sein sollte, kann er sich immer noch eine Kassette aus der Videothek „reinziehen“.

Bedenken, daß der Konsum solcher Filme Aggressivität und anderes Fehlverhalten stimulieren könnte, werden von den Produzenten und Werbemanagern (die auf hohe Einschaltquoten für ihre Reklameeinblendungen aus sind) zurückgewiesen, und ihre wissenschaftlichen Ratgeber berufen sich auf Sigmund Freud: Das Erleben von Gewalt in der Unwirklichkeit des Films und der Umgang mit ihr in der Phantasie seien vielmehr geeignet, triebhaft angelegte Aggressionen abzubauen.

Der fünfzehnjährige Schüler Robert S. aus Gelsenkirchen scheint sich an solche Theorien nicht gehalten zu haben. Nach dem Anschauen eines Pornofilms ging er zu einem in seinem Haus wohnenden Mädchen, um – wie er hinterher bei der Polizei aussagte – „den Film in die Praxis umzusetzen“. Er schlug die Fünfzehnjährige, um sie einzuschüchtern, erst einmal zusammen, dann vergewaltigte er sie. Ein paar Tage später überfiel er die Schulfreundin seines ersten Opfers, zerrte sie in einen Kellerraum und vergewaltigte auch sie. Mitleid mit den Mädchen oder ein Unrechtsbewußtsein habe der Junge nicht erkennen lassen, berichtete der Kripobeamte, der ihn vernommen hatte. Für „bedenklich“ hält die Gelsenkirchener Polizei, „daß in zurückliegender Zeit Sexualstraftäter mehr-

[1] *multiple:* vielfältig

[2] Mit *Augentier* meint der Verfasser das Auge, die Phantasie, den Geist des Menschen, der in erster Linie „Bilder“ sehen will, die ihm „Geschichten“ erzählen und seine Phantasie anregen.

fach angegeben haben, daß sie durch harte Pornofilme oder durch Gewalt verherrlichende Filme zu ihrem Handeln ermuntert wurden"...

Ein Beispiel für viele. Fest steht (was auch experimentell nachgewiesen wurde), daß besonders Kinder und Jugendliche dazu neigen, Verhaltensweisen, die ihnen im Fernsehen emotional wirksam vorgeführt werden, nachzuahmen (wie ja generell ein großer Teil des menschlichen Sozialverhaltens durch Beobachtung und Imitation angeeignet wird). Der Zusammenhang stellt sich allerdings nur selten direkt und sofort her – in dem Sinne, daß eine Gewaltdarstellung zur unmittelbaren Kopie in der Lebensrealität treibt. Gewaltdarstellungen wirken vielmehr kumulativ, sie erzeugen durch ihre Wiederholung einen Gewöhnungseffekt; an der Gewalt scheint dann nichts Besonderes mehr zu sein, sie gehört zum „normalen" Leben. Die ständige Vorführung von Gewalt führt beim Zuschauer zu einer Erosion seines Wertsystems.

Es wäre freilich zu kurzschlüssig gedacht, wollte man die Bereitschaft zur Gewalt allein den Medien anlasten. Vielmehr schaukelt sich unter Verhältnissen, unter denen der Gebrauch der Ellenbogen zum alltäglichen Verhalten gehört, eine allgemeine Disposition zur Gewalt hoch. Die Medien, Fernsehen (einschließlich Videos) im besonderen, liefern dann aber die konkrete Kenntnis von Gewaltverhalten – bis hin zum „perfekten" Mord, und dies gleich ein dutzendmal oder öfter pro Woche. Allerdings: Gewalt kann man nicht nur in TV-Filmen, sondern auch in den Nachrichtensendungen sehen. Vielleicht führt gerade der Umstand, daß beides aus derselben Röhre kommt, zu einer fatalen Vermischung von Fiktion und Authentizität im Bewußtsein.

(Aus: Die Weltbühne, Heft 28 vom 07. Juli 1992. Gekürzt)

## Aufgaben

*1.* *Welche zusätzlichen Informationen können in einer Fernsehsendung durch das Bild, die Sprache, Mimik und Gestik im Vergleich zu einem Zeitungsartikel übermittelt werden? Welche zusätzlichen technischen Möglichkeiten hat das Fernsehen, auf die Phantasie des Zuschauers einzuwirken?*

*2.* *Vergleichen Sie die unterschiedlichen Standpunkte zur Wirkung des Fernsehens in den Textbeispielen 1 und 2, Seite 170/171.*
   - *a) Welchen Einfluß übt nach Aussagen des Autors im Text 1 das Fernsehen auf den Zuschauer aus?*
   - *b) Stimmen Sie dieser Meinung zu/nicht zu? Begründen Sie Ihre Antwort.*
   - *c) Diskutieren Sie über die unterschiedlichen Standpunkte der Fernsehbefürworter und deren Gegner.*

*3.* *Die Frage nach der Objektivität der Berichterstattung und die Möglichkeit einer Meinungsmanipulation beschäftigt viele Kritiker. Vergleichen Sie die Programmangebote einzelner Sender, und beantworten Sie in diesem Zusammenhang die von H. Gareis aufgeworfenen Fragen (Seite 171).*

*4.* *Informieren Sie sich in einem Programmheft über das Filmangebot an mehreren Fernsehabenden. Lesen Sie dazu den Text „Gewalt aus der Röhre".*
*Diskutieren Sie darüber,*
   - *a) in welchem Umfang negative Verhaltensweisen (Gewalt, Brutalität, Verachtung, Rücksichtslosigkeit und andere) demonstriert werden,*
   - *b) inwiefern solche Sendungen – wie eine Gebrauchsanweisung – das Bewußtsein und das Verhalten der Zuschauer beeinflussen und*
   - *c) wieweit es einen Zusammenhang zwischen Fernsehsendung und Gewalt gibt.*

*5.* *Wählen Sie eine geeignete Fernsehsendung (nach Programmheft) aus, die alle Schüler Ihrer Klasse sehen können.*
*Diskutieren Sie in der Klasse über den Inhalt der Fernsehsendung, die Absicht der Fernsehproduzenten und über die Wirkung auf den Zuschauer. Vergleichen Sie die unterschiedlichen Standpunkte zur Sendung (Problemdiskussion).*

# VI
# Kreativer Umgang mit Kunst und Literatur

Sie sägten die Äste ab,
Auf denen sie saßen
Und schrieen sich zu
Ihre Erfahrungen
Wie man schneller sägen konnte,
Und fuhren mit Krachen in die Tiefe,
Und die ihnen zusahen
Schüttelten die Köpfe
Und sägten weiter.

Bertolt Brecht

- Wo finden Sie Informationen über den Schriftsteller und Regisseur Bertolt Brecht?
- Aus welcher Zeit stammt der Text, welcher literarischen Gattung ist er zuzuordnen, und welche Aussagen enthält er?
- Wird im Text auf reale Personen oder Ereignisse angespielt?
- Verfassen Sie einmal selbst eine Kurzgeschichte mit ähnlicher Aussage.

# 1
# Literatur als Teilbereich der Kunst

Seit frühester Zeit vermitteln die Werke der Kunst anschauliche Bilder und Vorstellungen vom Denken und Fühlen der Menschen, von ihren Beziehungen zur Gesellschaft und Natur.

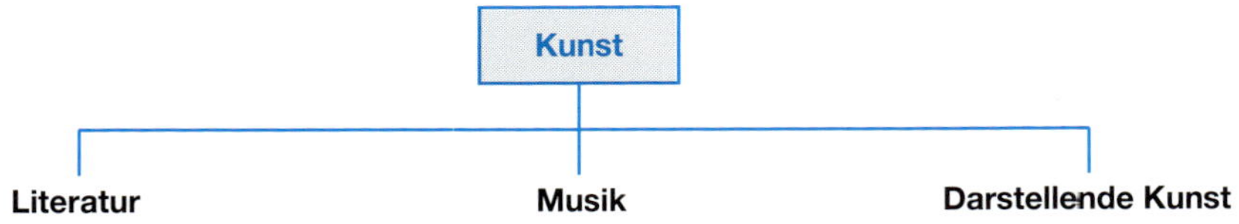


Literatur (lateinisch: *literatura* = Buchstabenschrift, Sprachenkunst) ist eine spezifische Form der Kunst, zu der wir im weitesten Sinne alles schriftlich Überlieferte rechnen.

Es wird unterschieden nach

- allgemein mitteilender,
- wissenschaftlicher,
- populärwissenschaftlicher,
- künstlerischer und
- religiöser

Literatur.

Zur künstlerischen (auch: *belletristische* = schöngeistige, erzählende) Literatur zählen Texte, die im Alltag als „Dichtung" bezeichnet werden und zum Beispiel als Roman, Fabel oder Gedicht vorliegen. In ihnen wird die erfundene, erdichtete Wirklichkeit dargestellt, und sie lehrt den Leser, sich etwas vorzustellen, vorauszusehen und sich auf Neues vorzubereiten. Sie werden daher als „fiktionale Texte" bezeichnet (*Fiktion* = Erdachtes, erzählte Annahme eines nicht wirklichen Tatbestandes).

Man unterscheidet folgende Textsorten:

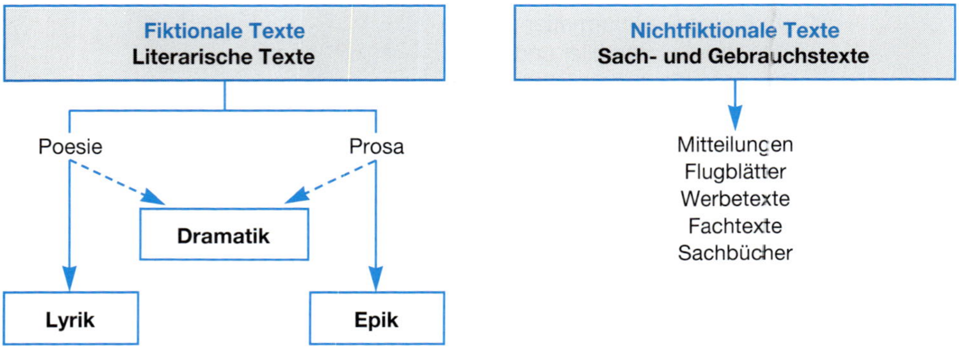

Spezifisches Merkmal der Literatur ist die Sprache, die der Autor im künstlerischen Schaffensprozeß bewußt einsetzt, um Freude und Lust beim Lesen zu erregen und zur Formung des Menschen beizutragen. Er benutzt die Sprache nicht nur zur unmittelbaren Mitteilung, sondern auch als künstlerisches Gestaltungsmittel. Jede Entscheidung des Schriftstellers hinsichtlich der sprachlichen Gestaltung hängt zusammen mit dem Handlungs- und Figurenaufbau, der Konflikt- und Perspektivgestaltung und den Wirkungsabsichten. Daraus ergeben sich vielfältige Besonderheiten im Aufbau des Textes, im Satzbau und bei der Wortwahl.

Für jeden Leser bedeutet das mehr als nur die informative Aufnahme des Inhaltes. Er erschließt für sich die literarischen Gestaltungsmittel und die sprachlichen Erscheinungen und fügt sie zu einer Inhalt-Form-Beziehung.

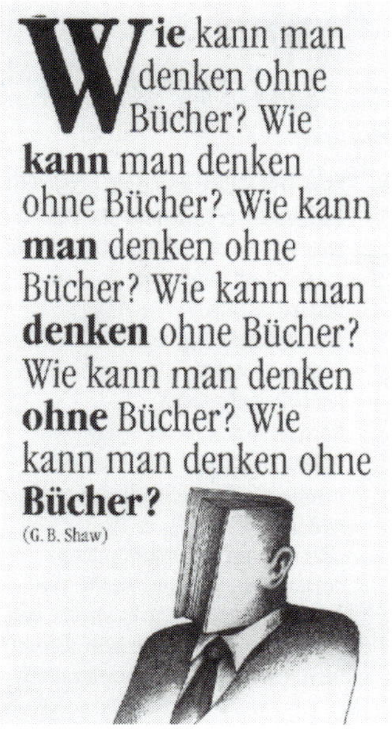


# 1.1 Lesen und Texte selbst gestalten

### Thesen zur Leseerziehung

**1. Die Mutter aller Lesefreuden ist das Erzählen von Geschichten.**

Schule aber hat das Erzählen verlernt
*und müßte doch wissen,*
daß das Erzählen eine für das Lernen unverzichtbare Grunderfahrung vermittelt. Diese Grunderfahrung, ohne die niemand Leser wird, heißt: Geschichten sind schön.
...

**3. Die Vielfalt der Textsorten muß berücksichtigt werden.**

Schule aber bevorzugt die Kurzformen – Häppchenliteratur –
*und müßte doch wissen,*
daß im Alltagsleben eines Lesers den Langformen erheblich größere Bedeutung zukommt.

**4. Lesen ist immer ein selektiver Prozeß.**

Schule nimmt aber zu wenig Rücksicht auf die Erfahrung der Schüler
*und müßte doch wissen,*
daß Interpretation nur gelingen kann, wenn der Lehrer die Funktion eines objektiven Maßstabes aufgibt und akzeptiert, daß sie auch vom Schüler her beeinflußt wird.
...

**6. Kinder- und Jugendliteratur ist politisch geworden.**

Schule orientiert sich zu wenig an den literarischen Entwicklungen der letzten Dekaden
*und müßte doch wissen,*
daß die Kinder- und Jugendliteratur von heute viele Textsorten umschließt und formal hervorragende Texte bietet, die von den Inhalten her Schüler betreffen und betroffen machen. Jugendliteratur hat längst die Lesealtersgrenzen nach oben durchstoßen. Nicht gegen klassische Texte, sondern wegen der klassischen Texte muß die Jugendliteratur in den Literaturunterricht.

**7. Die Literatur ist eine Schwester aller Musen.**

Schule bevorzugt das möglichst lange Reden über einen möglichst kurzen Text
*und müßte doch wissen,*
daß Transformationen von Texten in Spiel, Bild, Lied und viele andere musische Bereiche Brücken zum Verständnis sind.
...

**10. Begeisterung steckt an.**

Schule hat es verlernt, die eigene Begeisterung für das Lesen überspringen zu lassen
*und müßte doch wissen*
(um Joachim Kaiser zu zitieren), daß Bildung unfruchtbar bleibt, wenn's die Gebildeten aus lauter Kleinmut nicht mehr wagen, zu allererst durch Enthusiasmus zu lehren.

(Aus: Lesen ist wie fliegen. Der Schriftsteller Willi Fährmann. Arena Taschenbuch 1660, Landau 1989)

## Aufgabe

*Der Schriftsteller Willi Fährmann übt in seinen Thesen Kritik am Umgang mit Literatur in der Schule:*

*a) Welche Erfahrungen konnten Sie in Ihrer Schulzeit sammeln?*
*b) Welchen Stellenwert hat das Lesen heute für Sie?*

### Keiner kennt mehr 'ne Ballade, schade!

Von Sybil Gräfin Schönfeldt

In einem Roman von Astrid Lindgren gibt es jemanden, der sich abends im Bett Gedichte aufsagt, wenn er nicht einschlafen kann. Meine Großtante holte bei nächtlichen Sommergewittern den Bohnensalat aus der Speisekammer, trug ihn in den eiskalten Keller, damit er nicht schlecht würde, und sang dabei Psalmen, erste bis letzte Strophe.

Das ist Trost, Trosteinsamkeit der Romantiker. Poesie als Beschwörung, als menschlichste aller Stimmen. Reim und Rhythmus als die ewige Bestätigung der eigenen Hoffnung „(...) es muß doch Frühling werden!" – In der FAZ stand als Überschrift auf der „Politik"-Seite: „(...) und Hans Apel blicket stumm/auf dem ganzen Tisch herum." Meine Patentante, die von wahrhaft sanfter Gemütsart war, sagte von einer Cousine, die auf irgendeine Art und Weise das bekommen hatte, was sie verdiente: „Da sitzt sie nun bei Wasserratzen/muß Wassernickels Glatze kratzen."

Das ist zweimal Lyrik als Konvention. Der Journalist und die Tante wußten, daß ihre Zuhörer das kannten, was sie zitierten, und so reichten ein, zwei Verse aus, um ganze Raisonnements[1] samt Pointe und der „Moral von der Geschicht" zu ersetzen: Da ist der „Vater" Apel, der mit den Unarten seiner Kinder nicht zurechtkommt – wobei es dem Leser überlassen bleibt, ob mit dem Zappelphilipp die junge SPD, die Alternativen oder die Grünen gemeint sind –, dort die Patentante, die die erfreuliche Gelegenheit hat, die eigene Schadenfreude dadurch zu mildern, aber eben doch auszusprechen, daß sie sich der klassischen Formulierung von Wilhelm Busch bedient.

[1] *Raisonnement:* vernünftige Beurteilung, Überlegung; Vernünftelei

Sprache als Spießgeselle, Verse als Florett[1] und Maske zugleich. – Einer meiner Söhne geriet als Grundschüler an meinen Morgenstern und verfiel ihm von einem Augenblick zum anderen. Kein Gespräch, in dem „Ka em zwei ein, ka em zwei ein" nicht seinen Platz gefunden hätte, von Palmström und seinem Taschentuch, dem Architekten (... jedoch entfloh/nach Afrik´od Ameriko) und seinem Lattenzaun (mit Zwischenraum/hindurchzuschaun) oder dem unglücklich verliebten Glockenton (er fliegt in falscher Richtung) ganz zu schweigen. Das ist Lyrik als Zauber. Das war die unbeschreibliche Entdeckung, was Sprache auch sein kann. Und: daß jemand genau auf die gleiche Art verrückt und heiter sein kann, genauso mit Wörtern zu spielen versteht, wie man sich´s erträumt hätte, wenn man gewußt hätte, daß man so träumen kann. Jetzt ist die Zunge befreit. Jetzt besitzt man das Wort, besitzt es auf ewig, weil es in diesem magischen Moment der Entdeckung das eigene gewesen ist.

Und welche Wonne, wenn man jemanden trifft, Jahre oder Jahrzehnte später, der einstimmen kann in das, was einen entzückt, oder der einfach sagt: „Ja, das ist auch eine meiner Lieblingszeilen: „Ach, wie ist es dunkel in des Todes Kammer ..." So etwas kann ein Test sein: Wer kann „des Himmels unverhofftes Blau" lokalisieren? Wer hat welche Gefühle bei „Deutschland heiliges Wort/du voll Unendlichkeit"? So etwas ist aber auch ein Test für Alter und Schulmisere. Denn die armen Kinder der ersten Generationen nach '68 sind lyrische Wüstenkinder. Nichts haben sie auswendig gelernt, denn damals war der Reim als unzulässige Harmonisierung dessen verschrien, was sich – wie wir alle wissen – nicht in Einklang bringen läßt.

Aber bürgerliche Verlogenheit hin und Strenge der Soziologen her. Es steckt uns was im Leibe, das auf den Rhythmus wartet und das widerhallt, wenn ein drängelnder Jambus erklingt: „Es schlug mein Herz/geschwind zu Pferde/und fort ..." Ach, wie beginnt dann das eigene Herz zu schlagen, und alle Liebessehnsucht ist wieder beschworen. – Ja, natürlich, es ist alles schon in Reime gebracht. Der erste Zahn. Auf den Tod eines Kindes. „Mädchen, mein Mädchen, was lieb ich dich", und wenn´s gar um das gebrochene Herz geht ... Jeder hat den Schmerz beschrieben, und welche Erleichterung für die eigene Seele, die Wunden in so vielen fremden Tränen zu baden! Das ist die lyrische „Hausapotheke", die Eigentherapie, ist vor allem eine Schule der Gefühle.

Die Ducks und Mickeys kommen über ein „Ächzächz" kaum hinaus. Was für eine Chance für Kinder, mit dem Reichtum der Wörter den Reichtum der Nuancen kennenzulernen, die unsere Empfindungswelt ausmacht. Laßt Kinder wieder Lieder und Gedichte lernen, alle Strophen. Das übt das Gedächtnis und hat noch einen Nutzwert: Das Lesen von Gedichten beruhigt gestreßte Gemüter! Schon zehn Minuten klassischer Lektüre helfen, „vom Alltagsgetriebe Abstand zu nehmen", wie Psychologen jüngst festgestellt haben. Alsdann: Es gibt nichts Gutes/außer man tut es!

(Aus: v. Heesen: Welt des Lesens. Köln, München: Stam-Verlag, 1989, S. 186.)

## Aufgaben

1. Formulieren Sie den Autorenstandpunkt, und nennen Sie die Argumente, mit denen die Autorin ihre Leser überzeugen möchte.
2. Teilen Sie ihre Auffassung, und inwieweit stimmen Sie mit den genannten Gesichtspunkten überein?

---

[1] *Florett:* Stoßwaffe zum Fechten

## Schülergedichte

*Lutz Rathenow, 20*

Türen

Türen
können offen sein jedermann
Türen
können auffliegen bereitwillig
Türen
können verwehren den Zutritt

Komm einfach rein
EINTRITT OHNE ZU KLOPFEN
EINTRITT EINZELN
EINTRITT NUR NACH AUFFORDERUNG
ANMELDUNG IM ZIMMER NEBENAN
ZUTRITT VERBOTEN

Türen haben ihre Sprache
Türen haben ihre Macht

*Diana Lorenz, 17*

Konsultation

Der Beistift schläft
auf weißem Heftpapier.
Und meine Konzentration
geht auf der Bank spazieren.
Ich möchte so frech sein wie sie.

Aber morgen wird man mich fragen,
wer ich bin.

(Aus: Offene Fenster 5 – Schülergedichte, Verlag Neues Leben, Berlin 1975, S. 75/55)

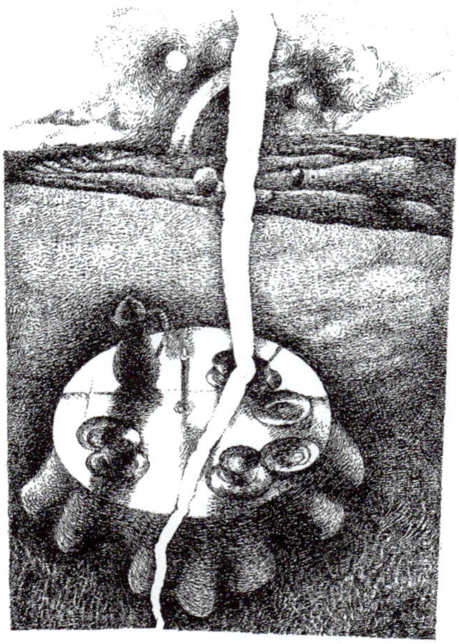

*Grafik: Studentenarbeit der Hochschule für Grafik und Buchkunst Leipzig*

Gedichte sind Wohnungen der Gedanken
die man nicht (oder noch nicht) aussprechen kann
und verknotete Sätze darin sollen Spaß machen
für verblüffende Lösungen

(Aus: Reinhard Bernhof: Tägliches Utopia. 1. Auflage, Verlag Philipp Reclam jun., Leipzig 1987, S. 69)

Versuchen Sie, Ihre eigenen Gedanken in einem Gedicht auszudrücken. Hilfreich ist dafür zum Beispiel das sogenannte **Cluster-Verfahren** (engl. cluster= Büschel, Bündel, Traube).

**Beispiel**

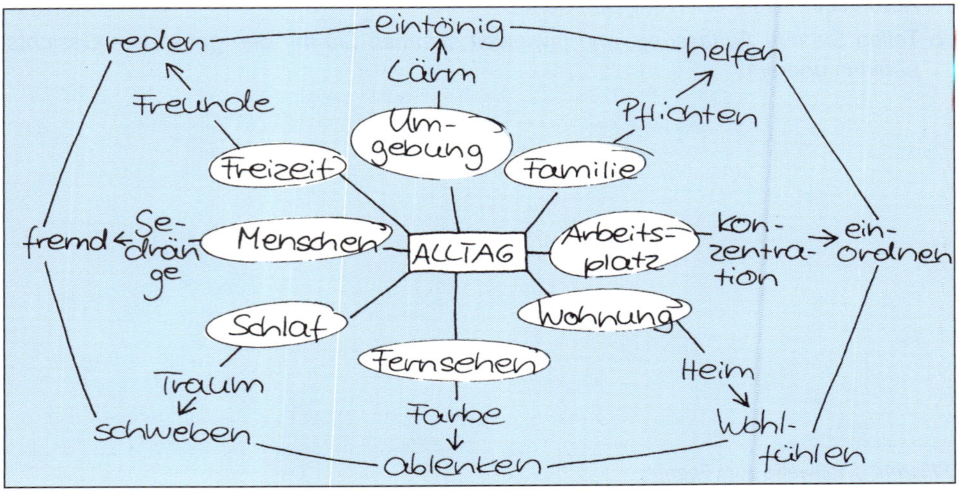

Zu einem gemeinsam gesuchten Wort bilden Sie Assoziationsketten. Aus dem so erhaltenen Wortangebot können Sie nun in freien Rhythmen oder in Reimform ein Gedicht schreiben. Sie werden erstaunt über das Ergebnis sein.

## Aufgaben

1. *Gestalten Sie nach oben genanntem Verfahren einen Text, dessen Inhalt Sie zum Beispiel den Bereichen Freizeit, Partnerschaft, Freundschaft, Umwelt entnehmen.*
2. *Bevor Sie das Gedicht Ihre Mitschüler hören lassen, sprechen Sie es mehrfach selbst laut für sich. Achten Sie dabei auf rhetorische Möglichkeiten, und wählen Sie die Ihrer Meinung nach geeignetsten aus.*
3. *Die besten Ergebnisse könnten Sie Ihrer Schülerzeitung anbieten oder bei geeigneten Anlässen vortragen.*

Briefe und Tagebuchaufzeichnungen geben uns die Möglichkeit, bisher Unausgesprochenes, Verdrängtes zur Sprache zu bringen oder die Dinge ganz einfach vor dem Vergessen zu bewahren, die uns gefallen, bewegen oder nachdenklich stimmen.

So fühlen sich viele Menschen von den Tagebüchern der Maxie Wander (1933–1977) angesprochen, obwohl die Aufzeichnungen gar nicht für die Öffentlichkeit bestimmt waren.

3. Dez. 1976

Was schreibe ich, welchen Unsinn, welche Banalität! Das kommt davon, wenn man sich pedantisch an die „Wahrheit" hält. Aber die Dinge haben ihr eigenes Leben, sie widersetzen sich mir, widersetzen sich, brutal festgelegt zu werden, weil sie dann fertig sind und tot. Wir sollten nicht über alles reden wollen. Während ich schreibe und über dem Geschriebenen grüble, enthüllt sich mir das Geheimnis der Schweigsamen, der Nichtschreiber. Sie begnügen sich mit der unwiederbringlichen Einmaligkeit jedes Geschehens, sie sind nicht so eitel und kleinmütig, es konservieren und aufbewahren zu wollen. Vergebliches Mühen. Niemals wird ein Leser etwas nachvollziehen können, was er nicht schon kennt, und sei es nur aus innerer Anschauung. Niemals wird er etwas lesen können, was außerhalb seiner Erfahrungen und Möglichkeiten liegt. Wozu also schreiben? Für die verwandten Seelen, die einem nahe sind, ohne daß wir die Dinge zerreden, das Geheimnis töten?

(Aus: Wander, Maxie: Tagebücher und Briefe. 3. Auflage, Aufbauverlag Berlin und Weimar, 1990, Seite 80 f.)

## Aufgabe

*Sammeln und notieren Sie die Erlebnisse und Eindrücke einer Woche, und wählen Sie daraus eine Episode, die Sie anderen mitteilen möchten. Stellen Sie das Erlebte so dar, daß Sie als Urheber der Geschichte erkennbar sind.*

# 1.2
# Überblick über literarische Formen

Die Einteilung der literarischen Grundformen erfolgt in 3 Gattungen:

- **Epik**

Sie umfaßt die erzählende Literatur. Zu ihr rechnen frühe literarische Äußerungen der Menschheit, wie zum Beispiel Märchen, Sagen, Legenden. Sie schließt eine Vielzahl von **Genres** (frz.: Art, Gattung, Wesen) ein: *Epos, Roman, Novelle* und anderes.
Entsprechend der widergespiegelten Wirklichkeit sind diese Formen einem unablässigen Wechsel unterzogen. So entstanden neue epische Genres meist in Zeiten wichtiger gesellschaftlicher Veränderungen. Der Roman war zum Beispiel das Ergebnis der Herausbildung der bürgerlichen Klasse und löste das Epos ab.

- **Lyrik**

Diese Gattung hat ihren Ursprung im Lied, in dem der Text mit einer Melodie verbunden war. Vom Lied hat die Lyrik den Rhythmus, den Takt und die regelmäßige Bindung der Sprache in Zeilen und Strophen übernommen. Traditionelle Genres sind zum Beispiel *Hymne, Ode, Ballade* und *Elegie.*
Bedeutsam für die Entwicklung der deutschen Literatur wurde die Gestaltung des Verses in freien Rhythmen in der Zeit des Sturm und Drang. Freie Rhythmen herrschen in der modernen Lyrik vor. Sie bieten eine unerschöpfliche Vielfalt von Gestaltungsmöglichkeiten.

- **Dramatik**

Sie umfaßt außer allen für das *Sprechtheater* geschriebenen Stücken auch das *Hörspiel* und das *Fernsehspiel.* Ebenso können der Spielfilm, das Musiktheater, das Ballett und die Pantomime von literarischer Dramatik beeinflußt sein; sie bilden aber auf Grund ihrer spezifischen Mittel eigene Gattungen.

## Aufgaben

1. *Nennen Sie literarische Werke, die Sie in Ihrer Schulzeit kennenlernten, und ordnen Sie diese mit Hilfe der nachstehenden Übersicht den einzelnen Gattungen und Genres zu.*
2. *Wählen Sie aus der Textsammlung dieses Buches Beispiele, und begründen Sie anhand von spezifischen Merkmalen die Zuordnung zu den entsprechenden Genres. Verwenden Sie zum Auffrischen Ihres Wissens Nachschlagewerke.*

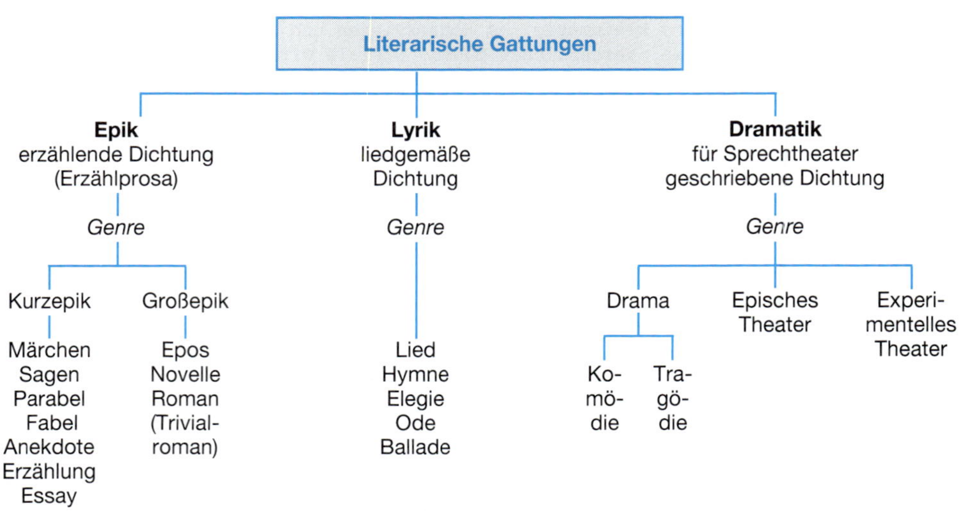


*Neue Genres:* Hörspiel, Fernsehdramatik, Reportage

# 2 Textsammlung

## 2.1 Jugend und Zukunft

*Hans-Peter Szyska: Spinne*

EVA STRITTMATTER

Eva Strittmatter wurde 1930 in Neuruppin geboren. Ihr geben Natur, Mensch, Gesellschaft und Kunst Anlaß zu lyrisch-philosophischen Betrachtungen. Sie spürt Begegnungen mit Menschen, Reiseeindrücken und gesellschaftlichen Ereignissen nach und versucht, das Geheimnis der Sprache und des Wortes zu ergründen.

### An meinen achtzehnjährigen Sohn

*Eva Strittmatter*

Du glaubst gar nicht, wie traurig ich bin,
Mein Sohn, wenn ich dich sehe.
Und schon nehm ich als endgültig hin,
Daß ich dich nicht verstehe.
Und helfen kann ich dir auch nicht,
Und helfen kann dir keiner.
Und einmal liebte ich dein Gesicht,
Und einmal warst du *mein Kleiner,*
Mein Junge, Land Unbekannt
Und sicherste Utopie.

Und damals war ich es, die dich erfand
Und bestimmte das Was und Wie
Für dich über all diese Zeit.
Und ich glaubte, ich könnte dich schützen
Vor Lebenslüge und Lebensleid
Und könnte dir lebenslang nützen.
Nun habe ich dich aus der Sorge entlassen,
Und du gehst erleichtert fort
Und verstehst doch nicht, dich der Welt einzupassen
Und flüchtest von Ort zu Ort.
Du rauchst Zigaretten und bildest dir ein,
Dadurch erwachsen zu scheinen,

Und in Wirklichkeit bist du noch schrecklich klein,
Und ich möchte sehr um dich weinen.
Theoretisch weiß ich: das Leben ist gut.
Und die Guten gehn nicht verloren.
Doch bei dir fehlt mir zum Gleichmut der Mut:
Ich habe dich einmal geboren.

Doch diese eine Geburt reicht nicht
Für immer und alle Zeiten.
Auch du verfällst der irdischen Pflicht.
Gegen dich und für dich zu streiten.

(Aus: Strittmatter, Eva: Mondschnee liegt auf den Wiesen.
3. Auflage, Aufbau-Verlag Berlin und Weimar, 1977, Seite 123)

## Aufgaben

1. *Geben Sie den Gedankengehalt des Gedichtes wieder.*
2. *Warum wählt Eva Strittmatter das 18. Lebensjahr als Anlaß für das Gedicht?*
3. *Untersuchen Sie den Aufbau der Strophen und die Wortwahl der Autorin.*
4. *Berührt dieses Gedicht Ihren eigenen Erlebnisbereich?*
   *Umschreiben Sie die Situation eines Menschen in diesem Alter aus Ihrer Sicht.*

ALBERT EINSTEIN
(1879–1955)

Zum Wesen unserer wertvollen Erziehung gehört es ferner, daß das selbständige kritische Denken im jungen Menschen entwickelt wird, eine Entwicklung, die weitgehend durch Überbürdung mit Stoff gefährdet wird.

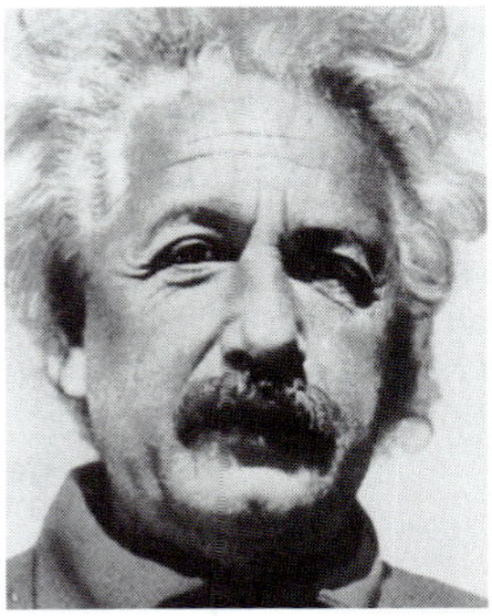

## Aufgaben

1. *Nehmen Sie Stellung zum Ausspruch Einsteins.*
   *Wie wurde in Ihrer Erziehung durch Schule und Elternhaus das selbständige kritische Denken angelegt und entwickelt?*
2. *Wie beurteilen Sie aus Ihrer Sicht den letzten Aspekt des Ausspruchs?*

WOLFGANG MATTHEUER

Der Maler Wolfgang Mattheuer, geboren 1927 in Reichenbach/Vogtl., lebt als freischaffender Künstler in Leipzig.

## Aufgaben

1. *Beschreiben Sie den Bildaufbau.*
2. *Setzen Sie sich mit dem Titel des Bildes auseinander. Welche Absicht verfolgt Ihrer Meinung nach der Künstler, und wie wirkt das Bild auf Sie?*

## Schwebendes Liebespaar

*Wolfgang Mattheuer*

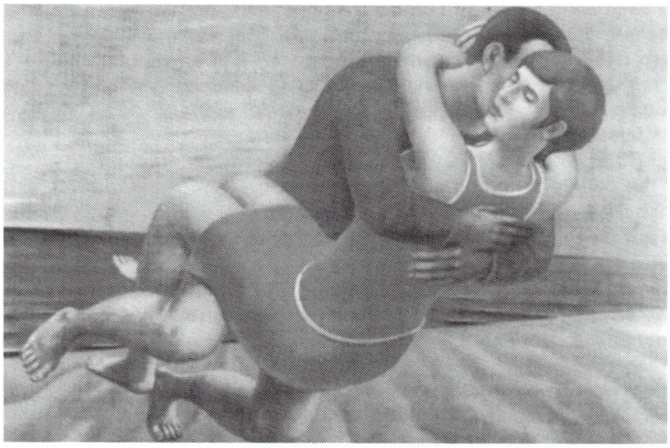

REGINA WEITZ

Regina Weitz wurde 1932 geboren und lebt seit 1952 in Köln. Von ihr wurden Satiren, Stories und Lyrik in Zeitungen und Zeitschriften veröffentlicht.

## Zwei Menschen

*Regina Weitz*

die sich sehnen
suchen
die sich sehen
betrachten
die sich berühren
gefallen
die sich bedenken
begreifen
die sich verstehen
fühlen
die sich küssen
lieben
die sich hingeben
hinnehmen
die sich kennen
weh tun
die sich angreifen
verwunden
die sich abwenden
zweifeln
die sich quälen
leiden
die sich brauchen
erkennen
die sich wiedersuchen
neuzubeginnen
die sich sehnen

*Anatoli Kaplan*

(Aus: Hans, Jan (Hrsg.): Aber besoffen bin ich von dir. 1. Auflage, Rowohlt Taschenbuch Verlag GmbH, Reinbek bei Hamburg, 1990, Seite 58)

## Aufgaben

1. *Welches Bild entwirft die Autorin von Menschen, die zueinander gehören? Gehen Sie bei Ihrer Interpretation auch auf die sprachliche Gestaltung ein.*
2. *Warum wählt die Autorin diesen Versaufbau? Was beabsichtigt Regina Weitz bei ihrem experimentellen Umgang mit der Sprache?*

ULRICH PLENZDORF

Ulrich Plenzdorf, geboren 1943 in Ost-Berlin, läßt seinen Helden Edgar Wibeau am Ende des Buches feststellen: „Ich war zeitlebens schlecht im Nehmen. Ich konnte einfach nichts einstecken. Ich Idiot wollte immer Sieger sein. Daß ich dabei über den Jordan ging, ist echter Mist."

## Ich analysierte mich kurz

*Ulrich Plenzdorf*

Ich analysierte mich kurz und stellte fest, daß ich eigentlich lesen wollte, und zwar wenigstens bis gegen Morgen. Dann wollte ich bis Mittag pennen und dann sehen, wie der Hase läuft in Berlin. Überhaupt wollte ich es so machen: bis Mittag schlafen und dann bis Mitternacht leben. Ich wurde sowieso im Leben nie vor Mittag wirklich munter. Mein Problem war bloß: Ich hatte keinen Stoff. – Ich meine jetzt keinen Hasch und das. Opium. Ich hatte nichts gegen Hasch. Ich kannte zwar keinen. Aber ich glaube, ich Idiot wäre so idiotisch gewesen, welchen zu nehmen, wenn ich irgendwo hätte welchen aufreißen können. Aus purer Neugierde …

Was ich also meine, ist: ich hatte keinen Lesestoff. Oder denkt einer, ich hätte vielleicht Bücher mitgeschleppt? Nicht mal meine Lieblingsbücher. Ich dachte, ich wollte nicht Sachen von früher mit rumschleppen. Außerdem kannte ich die zwei Bücher so gut wie auswendig. Meine Meinung zu Büchern war: Alle Bücher kann kein Mensch lesen, nicht mal alle sehr guten. Folglich konzentrierte ich mich auf zwei. Sowieso sind meiner Meinung nach in jedem Buch fast *alle* Bücher. Ich weiß nicht, ob mich einer versteht. Ich meine, um ein Buch zu schreiben, muß einer ein paar tausend Stück andere gelesen haben. Ich kann's mir jedenfalls nicht anders vorstellen. Sagen wir: dreitausend. Und jedes davon hat einer verfaßt, der selber dreitausend gelesen hat. Kein Mensch weiß, wieviel Bücher es gibt. Aber bei dieser einfachen Rechnung kommen schon … zig Milliarden und das mal zwei raus. Ich fand, das reicht. Meine zwei Lieblingsbücher waren: Robinson Crusoe. Jetzt wird vielleicht einer grinsen. Ich hätte das nie im Leben zugegeben. Das andere war von diesem Salinger. Ich hatte es durch puren Zufall in die Klauen gekriegt. Kein Mensch kannte das. Ich meine: kein Mensch hatte es mir empfohlen oder so. Bloß gut. Ich hätte es dann nie angefaßt. Meine Erfahrungen mit empfohlenen Büchern waren hervorragend mies. Ich Idiot war so verrückt, daß ich ein empfohlenes Buch blöd fand, selbst wenn es gut war. Trotzdem werd ich jetzt noch blaß, wenn ich denke, ich hätte dieses Buch vielleicht nie in die Finger gekriegt. Dieser Salinger ist ein edler Kerl. Wie er da in diesem nassen New York rumkraucht und nicht nach Hause kann, weil er von dieser Schule abgehauen ist, wo sie ihn sowieso exen wollten, das ging mir immer ungeheuer an die Nieren. Wenn ich seine Adresse gewußt hätte, hätte ich ihm geschrieben, er soll zu uns rüberkommen. Er muß genau in meinem Alter gewesen sein.

Mittenberg war natürlich ein Nest gegen New York, aber erholt hätte er sich hervorragend bei uns. Vor allem hätten wir seine blöden sexuellen Probleme beseitigt. Das ist vielleicht das einzige, was ich an Salinger nie verstanden habe. Das sagt sich vielleicht leicht für einen, der nie sexuelle Probleme hatte. Ich kann nur jedem sagen, der diese Schwierigkeiten hat, er soll sich eine Freundin anschaffen. Das ist der einzige Weg. Ich meine jetzt nicht, irgendeine. Das nie. Aber wenn man zum Beispiel merkt, eine lacht über dieselben Sachen wie man selbst. Das ist schon immer ein sicheres Zeichen, Leute. Ich hätte Salinger sofort wenigstens zwei in Mittenberg sagen können, die über dieselben Sachen gelacht hätten wie er. Und wenn nicht, dann hätten wir sie dazu gebracht.

Wenn ich gewollt hätte, hätte ich mich hinhauen können und das ganze Buch trocken lesen können oder auch den Crusoe. Ich meine: ich konnte sie im Kopf lesen. Das war meine Methode zu Hause, wenn ich einer gewissen Frau Wiebau mal wieder keinen Ärger machen wollte. Aber darauf war ich schließlich nicht mehr angewiesen. Ich fing an, Willis Laube nach was Lesbarem durchzukramen. Du Scheiße! Seine Alten mußten plötzlich zu Wohlstand gekommen sein. Das gesamte alte Möblement einer Vierzimmerwohnung hatten sie hier gestapelt, mit allem Drum und Dran. Aber kein lumpiges Buch, nicht mal ein Stück Zeitung. Überhaupt kein Papier. Auch nicht in dem Loch von Küche. Eine komplette Einrichtung, aber kein Buch. Willis alte Leute mußten ungeheuer an ihren Büchern gehangen haben. In dem Moment fühlte ich mich unwohl. Der Garten war dunkel wie ein Loch. Ich rannte mir fast überhaupt nicht meine olle Birne an der Pumpe und an den Bäumen da ein, bis ich das Plumpsklo fand. An sich wollte ich mich bloß verflüssigen, aber wie immer breitete sich das Gerücht davon in meinen gesamten Därmen aus. Das war ein echtes Leiden von mir. Zeitlebens konnte ich die beiden Geschichten nicht auseinanderhalten. Wenn ich mich verflüssigen mußte, mußte ich auch immer ein Ei legen, da half nichts. Und kein Papier, Leute. Ich fummelte wir ein Irrer in dem ganzen Klo rum. Und dabei kriegte ich dann dieses berühmte Buch oder Heft in die Klauen. Um irgendwas zu erkennen, war es zu dunkel. Ich opferte also zunächst die Deckel, dann die Titelseite und dann die letzten Seiten, wo erfahrungsgemäß das Nachwort steht, das sowieso kein Aas liest. Bei Licht stellte ich fest, daß ich tatsächlich völlig exakt gearbeitet hatte. Vorher legte ich aber noch eine Gedenkminute ein. Immerhin war ich soeben den letzten Rest von Mittenberg losgeworden. Nach zwei Seiten schoß ich den Vogel in die Ecke. Leute, das konnte wirklich kein Schwein lesen. Beim besten Willen nicht. Fünf Minuten später hatte ich den Vogel wieder in der Hand. Entweder ich wollte bis früh lesen oder nicht. Das war meine Art. Drei Stunden später hatte ich es hinter mir. Ich war fast gar nicht sauer! Der Kerl in dem Buch, dieser Werther, wie er hieß, macht am Schluß Selbstmord. Gibt einfach den Löffel ab. Schießt sich ein Loch in seine olle Birne, weil er die Frau nicht kriegen kann, die er haben will, und tut sich noch ungeheuer leid dabei. Wenn er nicht völlig verblödet war, mußte er doch sehen, daß sie nur darauf wartete, daß er was *machte,* diese Charlotte …

(Aus: Plenzdorf, Ulrich: Die neuen Leiden des jungen W. 4. Auflage, Hinstoff Verlag, Rostock 1973, S. 23-27)

## Aufgaben

1. *Welche Philosophie entwickelt Edgar Wibeau vom Schreiben eines Buches?*

2. *Edgar kommt auf ungewöhnliche Weise an den Goethe-Roman „Die Leiden des jungen Werthers". Welche Haltung nimmt er zu dessen Helden ein?*

3. *Belegen Sie seine Aussagen mit entsprechenden Textstellen, und untersuchen Sie die Wortwahl. Ordnen Sie Ihre Beispiele folgenden sprachlichen Kategorien zu:*
   - *Umgangssprache,*
   - *Jargon,*
   - *Slang.*

4. *Welchen Zusammenhang können Sie aus dem Verhalten der Hauptfigur und der politischen Haltung des Autors in dem Roman erkennen?*

5. *Edgar Wibeau war begeistert von dem Roman Jerome B. Salingers „Der Fänger im Roggen". Leihen Sie sich das Buch in Ihrer Bibliothek aus.*

# 2.2 Frauen in der Gesellschaft

Dorothea Kunz-Fischer

Dorothea Kunz-Fischer steht seit Jahrzehnten hinter allen Frauenforderungen. Ihre Lyrik und Kurzgeschichten richten sich an „Erwachsene von fünfzehn bis in alle Ewigkeit“.

## Noch ein paar Worte

*Dorothea Kunz-Fischer*

Tochter, meine schöne Mari,
gleich wirst du gehn.
Laß dir noch sagen.
Hirnrissig ist, was heute früh
dir auf dem Standesamt verkündet wurde.
Du bist nicht eines Mannes Frau
und er ist nicht dein Mann.
Besitzansprüche sind nicht zu erheben.
Ihr zwei wollt, weil ihr wollt,
mit- bei- und füreinander leben.
Vielleicht gehts gut.
Wenn nicht, dann trennt euch ohne Wunden,
und bleibt euch gut.
Und eines noch, Mari, steh deine Frau!
Du stehst für jede Frau!
Adieu, mein Kind, du schaust so süchtig.
Er wartet schon.
Ich hab dich lieb.
Und laß mich nie bedauern,
dich nicht im ersten Bad ersäuft zu haben.

(Aus: Hans, Jan (Hrsg.): a. a. O., Seite 73.)

## Aufgaben

1. *Geben Sie Ihren ersten Eindruck wieder.*
2. *Deuten Sie die sprachlichen Gestaltungsmittel unter besonderer Berücksichtigung der Wortwahl.*
3. *Erläutern und erwägen Sie die Ratschläge der Autorin, und beachten Sie dabei, daß die Verse besonders an junge Menschen gerichtet sind.*
4. *Was verstehen Sie unter Besitzansprüchen im rechtlichen Sinne?*
5. *Welche Rechte der Frau sind nach Ihrer Meinung in jeder Beziehung zwischen Mann und Frau unantastbar?*

Christa Wolf

Christa Wolf, 1929 in Landsberg (Warthe) geboren, gestaltete in ihrer Erzählung „Der geteilte Himmel“ persönliche Entscheidungen um den 13. August 1961. Rita, eine Studentin, erlebt ihre erste Liebe, auf die sie zugunsten moralischer und politischer Ansprüche der Gesellschaft meint, verzichten zu müssen. Im nachfolgenden Textausschnitt erlebt Rita die tausendjährige Heimatstadt ihres Freundes Manfred. Zu diesem Zeitpunkt scheint der Himmel noch ungeteilt.

# Ein Mädchen kommt in die große Stadt

*Christa Wolf*

Sie kannte keine Städte, wenn man davon absieht, daß sie schon zum Einkaufen oder auf Besuch hiergewesen war. Sie war neugierig auf alles und jedes. Sie hatte Herzklopfen, als sie den Schauplatz ihrer künftigen Abenteuer besichtigen ging. Sie wollte ausdauernd, unerschrocken und gründlich sein.

Ihr fiel auf: Das sind ja mehrere Städte. Sie sind in Ringen umeinander gewachsen wie ein alter Baum. Sie schritt die Straßenringe ab und überwand in Stunden mühelos Jahrhunderte.

Es zog sie ins Stadtinnere, das überhaupt nicht für diesen Verkehr und für diese Menge Leute gemacht war und das in seinen Fugen krachte, wenn der Abendstrom des Nachhausegehens, Einkaufens und Von-der-Arbeit-Kommens losging. Das machte ihr Spaß, sie ließ sich treiben und stoßen, sie stellte sich in einen Winkel und wartete, daß ringsum die Lichter ansprangen.

Sie hatte auch ein bißchen Angst. Hier achtet keiner auf keinen, wie leicht kann einer hier verlorengehen, dachte sie. Junge Leute bleiben in der Straßenbahn sitzen und lassen alte Frauen stehen, die Autos spritzen dir den Straßenschmutz an die Beine, in den Geschäften werfen sie sich in der Eile gegenseitig die Türen an den Kopf, und in den großen Warenhäusern rufen sie die Verkäuferinnen, die zur Direktion kommen sollen, mit Lautsprechern aus …

Sie ging die langen, gesichtslosen Kasernenreihen der Arbeiterviertel lang, sie las die Tafeln an den Straßenecken: „Hier fiel in den Märzkämpfen des Jahres 1923 der Genosse …" Manche Straße hatte auf einmal ihre Jahreszahl und ihr Gesicht. Die zweimal hunderttausend Leute lebten nicht hier, weil es besonders Spaß machte, hier zu leben. Das sah man ihren Gesichtern an: eine andere Art von Erregtheit, von Gewitztheit, von Festigkeit und Müdigkeit. Freiwillig kam man wohl nicht hierher. Was aber zwang sie?

Rita stieg für zwanzig Pfennig auf den hohen, uralten Turm am Markt, sie blieb lange da oben und suchte in der Ferne ihren heimatlichen Bergzug, aber sie konnte ihn nicht finden.

Von der weiten, baumlosen Ebene aus fuhr der Wind ungehindert in die Stadt. Jedes Kind konnte hier die Richtung des Windes nach dem vorherrschenden Geruch bestimmen: Chemie oder Malzkaffee oder Braunkohle. Über allem diese Dunstglocke, Industrieabgase, die sich schwer atmen. Die Himmelsrichtungen bestimmte man hier nach den Schornsteinsilhouetten der großen Chemiebetriebe, die wie Festungen im Vorfeld der Stadt lagen. Das alles ist noch nicht alt, keine hundert Jahre. Nicht mal das zerstreute, durch Dreck und Ruß gefilterte Licht über dieser Landschaft ist alt: ein, zwei Generationen vielleicht.

Ich mache mir nichts aus Vorahnungen, aber daß mir manchmal schwer zumute sein würde, das hab ich gewußt, wie ich auf meinem Turm stand. Hunderttausend Gesichter, wenn ich wollte. Unter den hundert in meinem Dorf bin ich nicht so allein gewesen.

Auch heutzutage noch kommt ein Mädchen zum erstenmal im Leben in die große Stadt.

Ein schräger Sonnenstrahl traf für Sekunden gerade ihren Turm, gerade sie. Sie sah, daß die Wolken schneller zogen. Der Aprilwind beeilte sich, den Himmel zu räumen. Bald würde Sonne in die Straßen da unten fallen. Sie stieg die vielen Stufen hinab und ging langsam zurück in die alte, grünüberschleierte Villenstraße. Manfred sah ihr gespannt entgegen. Sie seufzte. „Kein Plätzchen, wo nicht schon einer ist. Höchstens auf dem Turm …"

Er lachte und ging nun mit ihr. Er hatte für all die fremden, langweiligen und zugeschlossenen Straßen und Plätze den Schlüssel, der hieß Erinnerung. Er öffnete ihr die Stadt, sie sah, daß sie verborgene Schönheiten und Reichtümer hatte. Manfred aber tauchte neben ihr in seine Kindheit und Jugend unter. Er wusch sich rein von Ängsten und Nöten, von Bitterkeit und Scham, die aus jenen halb unbewußten Jahren in ihm waren. Auch was er nicht ausdrücklich erzählte – nicht alles ist aussprechbar –, löste sich jetzt von ihm, und er fühlte sich leicht werden wie lange nicht. Später hat er manchmal daran gedacht: Die frühlingshafte, von häufigen, schnellen Regengüssen blankgewaschene Stadt, Ritas Gesicht vor grauen, zerlaufenen Häuserfassaden, ein dürftiger Park, vorbeieilende Schatten vieler Menschen.

Und der Fluß.

Sie waren in dem Armeleuteviertel, das an die vornehme Villenstraße seiner Eltern stieß, über zerbröckelnde Holztreppen, ineinandergeschachtelte lichtlose Höfe, durch dumpfige, schwammzerfressene, mit niedergetretenen Ziegeln gepflasterte Hausflure geschlichen – den Indianerpfad seiner Kindheit – und standen plötzlich, überraschend für Rita, am Fluß. Der war, seit Manfred ihn als Kind verlassen hatte, nützlicher und unfreundlicher geworden: er führte watteweißen Schaum mit sich, der übel roch und vom Chemiewerk bis weit hinter die Stadt den Fisch vergiftete. Die Kinder von heute konnten nicht daran denken, hier schwimmen zu lernen, obwohl die Ufer flach und von Gras und Weiden gesäumt waren.

Doch der Anmarschweg für alle Jahreszeiten war das Flußtal geblieben. Von hier aus blies der Wind seinen Frostatem in die menschenwarmen Stadtstraßen, und jetzt sammelte hier der Frühling seine Kräfte. Er hatte dem Strauchergrün schon das erste Blütengelb hinzugefügt, und morgen würde er diese ganz ernste, beschäftigte Stadt überwältigen und in ihren Vorgärten blühen ohne alle Scham. Auch hatte der Fluß nicht verlernt, Menschengesichter zu spiegeln, wenn sie sich an einer ruhigen Stelle weit genug über ihn beugten, den Atem anhielten und in das fließende Wasser blickten, lange.

(Aus: Wolf, Christa: Der geteilte Himmel. 7. Auflage, Mitteldeutscher Verlag, Halle 1963, Seite 37-41)

## Aufgaben

1. *Welches Bild einer Großstadt läßt die Autorin vor den Augen der Studentin entstehen? Ordnen Sie Ihre Textbelege nach:*

| *Äußeres Erscheinungsbild* | *Erzeugte Gefühle* |
| --- | --- |
| ... | ... |

2. *Mit welchen bildhaften Ausdrücken und Vergleichen (Metaphern) wird das Verhältnis Mensch – Fluß verdeutlicht?*

3. *Würden Sie Ihre Liebe zu einem Menschen gesellschaftlichen Zwängen opfern? Diskutieren Sie darüber mit Ihren Mitschülern. Lesen Sie diesen Roman, der seinerzeit sehr kontrovers diskutiert wurde.*

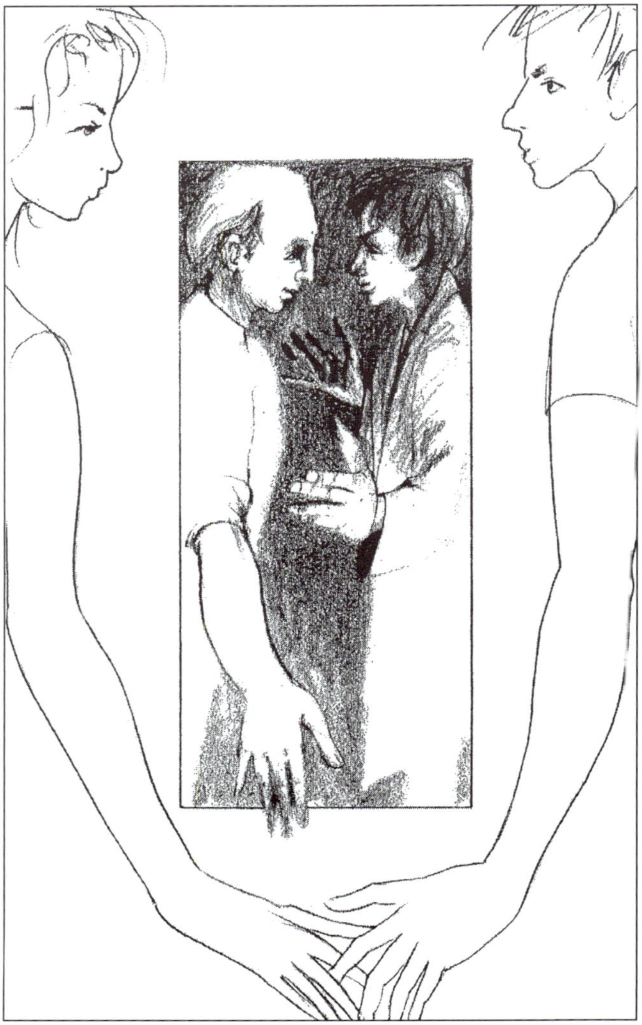

*Zeichnung: Wolfgang Würfel*

Jean-Jacques Rousseau
(1712–1778)

Die ganze Erziehung der Frauen muß sich also auf die Männer beziehen, ihnen gefallen, ihnen nützlich sein, sich von ihnen lieben und ehren lassen, sie aufziehen, solange sie jung sind, sie umsorgen, wenn sie groß sind, ihnen raten, sie trösten, ihnen das Leben angenehm und süß machen, das sind die Pflichten der Frauen zu allen Zeiten, und das muß man sie von ihrer Kindheit an lehren.

## Aufgaben

*Rousseau, französischer Schriftsteller und Philosoph, lebte in der Zeit von 1712 bis 1778. Stellen Sie fest, ob seine Feststellungen auch heute noch Gültigkeit besitzen.*

1. *Notieren Sie die Adjektive und Verben, mit denen Rousseau die Pflichten der Frau umschreibt.*
2. *Welche Adjektive und Verben würden Sie aus heutiger Sicht den Forderungen Rousseaus entgegenstellen? Vervollständigen Sie die Übersicht.*

Heinrich Böll
(1917–1987)

Heinrich Böll wurde 1917 in Köln geboren und starb 1987 in Langenbroich.
Seine Erzählkunst war geprägt von starkem realistischem Gestaltungsvermögen. Gegen Faschismus und Krieg richtete sich seine kompromißlose gesellschaftskritische Anklage, die von einer unbeirrbaren humanistischen Grundhaltung durchdrungen war.

## Die ungezählte Geliebte

*Heinrich Böll*

Die haben mir meine Beine geflickt und haben mir einen Posten gegeben, wo ich sitzen kann: ich zähle die Leute, die über die neue Brücke gehen. Es macht ihnen ja Spaß, sich ihre Tüchtigkeit mit Zahlen zu belegen, sie berauschen sich an diesem sinnlosen Nichts aus ein paar Ziffern, und den ganzen, den ganzen Tag, geht mein stummer Mund wie ein Uhrwerk, indem ich Nummer auf Nummer häufe, um ihnen abends den Triumph einer Zahl zu schenken. Ihre Gesichter strahlen, wenn ich ihnen das Ergebnis meiner Schicht mitteile, je höher die Zahl, um so mehr strahlen sie, und sie haben Grund, sich befriedigt ins Bett zu legen, denn viele Tausende gehen täglich über ihre neue Brücke …

Aber ihre Statistik stimmt nicht. Es tut mir leid, aber sie stimmt nicht. Ich bin ein unzuverlässiger Mensch, obwohl ich es verstehe, den Eindruck von Biederkeit zu erwecken.

Insgeheim macht es mir Freude, manchmal einen zu unterschlagen und dann wieder, wenn ich Mitleid empfinde, ihnen ein paar zu schenken. Ihr Glück liegt in meiner Hand. Wenn ich wütend bin, wenn ich nichts zu rauchen habe, gebe ich nur den Durchschnitt an, manchmal unter dem Durchschnitt, und wenn mein Herz aufschlägt, wenn ich froh bin, lasse ich meine Großzügigkeit in einer fünfstelligen Zahl verströmen. Sie sind ja so glücklich! Sie reißen mir jedesmal das Ergebnis förmlich aus der Hand, und ihre Augen leuchten auf, und sie klopfen mir auf die Schulter. Sie ahnen ja nichts!

Und dann fangen Sie an zu multiplizieren, zu dividieren, zu prozentualisieren, ich weiß nicht was. Sie rechnen aus, wieviel heute jede Minute über die Brücke gehen und wieviel in zehn Jahren über die Brücke gegangen sein werden. Sie lieben das zweite Futur, das zweite Futur ist ihre Spezialität – und doch, es tut mit leid, daß alles nicht stimmt …

Wenn meine kleine Geliebte über die Brücke kommt – und sie kommt zweimal am Tage –, dann bleibt mein Herz einfach stehen. Das unermüdliche Ticken meines Herzens setzt einfach aus, bis sie in die Allee eingebogen und verschwunden ist. Und alle, die in dieser Zeit passieren, verschweige ich ihnen. Diese zwei Minuten gehören mir, mir ganz allein, und ich lasse sie mir nicht nehmen. Und auch wenn sie abends wieder zurückkommt aus ihrer Eisdiele – ich weiß inzwischen, daß sie in einer Eisdiele arbeitet –, wenn sie auf der anderen Seite des Gehsteiges meinen stummen Mund passiert, der zählen, zählen muß, dann setzt mein Herz wieder aus, und ich fange erst wieder an zu zählen, wenn sie nicht mehr zu sehen ist. Und alle, die das Glück haben, in diesen Minuten vor meinen blinden Augen zu defilieren, gehen nicht in die Ewigkeit der Statistik ein: Schattenmänner und Schattenfrauen, nichtige Wesen, die im zweiten Futur der Statistik nicht mitmarschieren werden …

Es ist klar, daß ich sie liebe. Aber sie weiß nichts davon, und ich möchte auch nicht, daß sie es erfährt. Sie soll nicht ahnen, auf welche ungeheure Weise sie alle Berechnungen über den Haufen wirft, und ahnungslos und unschuldig soll sie mit ihren langen braunen Haaren und zarten Füßen in ihre Eisdiele marschieren, und sie soll viel Trinkgeld bekommen. Ich liebe sie. Es ist ganz klar, daß ich sie liebe.

Neulich haben sie mich kontrolliert. Der Kumpel, der auf der anderen Seite sitzt und die Autos zählen muß, hat mich früh genug gewarnt, und ich habe höllisch aufgepaßt. Ich habe gezählt wie verrückt, ein Kilometerzähler kann nicht besser zählen. Der Oberstatistiker selbst hat sich drüben auf die andere Seite gestellt und hat später sein Ergebnis einer Stunde mit meinem Stundenergebnis verglichen. Ich hatte nur einen weniger als er. Meine kleine Geliebte war vorbeigekommen, und niemals im Leben werde ich dieses hübsche Kind ins zweite Futur transponieren lassen, diese meine kleine Geliebte soll nicht multipliziert und dividiert und in ein prozentuales Nichts verwandelt werden. Mein Herz hat mir geblutet, daß ich zählen mußte, ohne ihr nachsehen zu können, und dem Kumpel drüben, der die Autos zählen muß, bin ich sehr dankbar gewesen. Es ging ja glatt um meine Existenz.

Der Oberstatistiker hat mir auf die Schulter geklopft und hat gesagt, daß ich gut bin, zuverlässig und treu. „Eins in der Stunde verzählt“, hat er gesagt, „macht nicht viel. Wir zählen sowieso einen gewissen prozentualen Verschleiß hinzu. Ich werde beantragen, daß Sie zu den Pferdewagen versetzt werden.“

Pferdewagen ist natürlich die Masche. Pferdewagen ist ein Lenz wie nie zuvor. Pferdewagen gibt es höchstens fünfundzwanzig am Tage, und alle halbe Stunde einmal in seinem Gehirn die nächste Nummer fallen zu lassen, das ist ein Lenz!

Pferdewagen wäre herrlich. Zwischen vier und acht dürfen überhaupt keine Pferdewagen über die Brücke, und ich könnte spazierengehen oder in die Eisdiele, könnte sie mir lange anschauen oder sie vielleicht ein Stück nach Hause bringen, meine kleine ungezählte Geliebte …

(Aus: Böll, Heinrich: Die Brücke von Berczata. Hörspiel nach einer Szene aus „Wo warst du, Adam?“; gedr. in: Zauberei auf dem Sender und andere Hspe. Hrsg. U. Lauterbach 1962)

## Aufgaben

1. *In welcher Situation befindet sich der Ich-Erzähler?*
2. *Worin besteht das Glück des Mannes?*
3. *Warum zählt er seine „kleine Geliebte“ nicht?*
4. *Welches Anliegen könnte der Autor mit dieser Kurzgeschichte verbinden?*

# 2.3 Arbeitswelt – gestern und heute

FRANZ KAFKA
(1883–1924)

In Kafkas literarischem Werk vermischen sich humanistisches Empfinden und Denken mit tiefer Verzweiflung über die Unsicherheit der menschlichen Existenz. Er schildert in seinen Werken, wie der auf sich allein gestellte Mensch in Konflikt mit einer seelenlosen Bürokratie gerät und zum Untergang verurteilt ist.

## Der Nachbar

*Franz Kafka*

Mein Geschäft ruht ganz auf meinen Schultern. Zwei Fräulein mit Schreibmaschinen und Geschäftsbüchern im Vorzimmer, mein Zimmer mit Schreibtisch, Kasse, Beratungstisch, Klubsessel und Telefon, das ist mein ganzer Arbeitsapparat. So einfach zu überblicken, so leicht zu führen. Ich war ganz jung, und die Geschäfte rollen vor mir her. Ich klage nicht, ich klage nicht.

Seit Neujahr hat ein junger Mann die kleine leerstehende Nebenwohnung, die ich ungeschickterweise so lange zu mieten gezögert habe, frischweg gemietet. Auch ein Zimmer mit Vorzimmer, außerdem aber noch eine Küche. Zimmer und Vorzimmer hätte ich wohl brauchen können – meine zwei Fräulein fühlten sich schon manchmal überlastet – aber wozu hätte mir die Küche gedient. Dieses kleinliche Bedenken war daran schuld, daß ich mir die Wohnung habe wegnehmen lassen. Nun sitzt dort dieser junge Mann. Harras heißt er. Was er dort eigentlich macht, weiß ich nicht. Auf der Tür steht: „Harras Bureau". Ich habe Erkundigungen eingezogen, man hat mir mitgeteilt, es sei ein Geschäft ähnlich dem meinigen. Vor Kreditgewährung könne man nicht geradezu warnen, denn es handle sich doch um einen jungen aufstrebenden Mann, dessen Sache vielleicht Zukunft habe, doch könne man zum Kredit nicht geradezu raten, denn gegenwärtig sei allem Anschein nach kein Vermögen vorhanden. Die übliche Auskunft, die man gibt, wenn man nichts weiß.

Manchmal treffe ich Harras auf der Treppe, er muß es immer außerordentlich eilig haben, er huscht förmlich an mir vorüber. Genau gesehen habe ich ihn noch gar nicht, den Büroschlüssel hat er schon vorbereitet in der Hand. Im Augenblick hat er die Tür geöffnet. Wie der Schwanz einer Ratte ist er hineingeglitten, und ich stehe wieder vor der Tafel „Harras Bureau", die ich schon viel öfter gelesen habe, als sie es verdient. Die elend dünnen Wände, die den ehrlich tätigen Mann verraten, den Unehrlichen aber decken. Mein Telefon ist an der Zimmerwand angebracht, die mich von meinem Nachbarn trennt. Doch hebe ich das bloß als besonders ironische Tatsache hervor. Selbst wenn es an der entgegengesetzten Wand hinge, würde man in der Nebenwohnung alles hören. Ich habe mir abgewöhnt, den Namen der Kunden beim Telefon zu nennen. Aber es gehört natürlich nicht viel Schlauheit dazu, aus charakteristischen, aber unvermeidlichen Wendungen des Gesprächs die Namen zu erraten. Manchmal umtanze ich, die Hörmuschel am Ohr, von Unruhe gestachelt, auf den Fußspitzen den Apparat und kann es doch nicht verhüten, daß Geheimnisse preisgegeben werden.

Natürlich werden dadurch meine geschäftlichen Entscheidungen unsicher, meine Stimme zittrig. Was macht Harras, während ich telefoniere? Wollte ich sehr übertreiben – aber das muß man oft, um sich Klarheit zu verschaffen –, so könnte ich sagen: Harras braucht kein Telefon, er benutzt meins, er hat ein Kanapee an die Wand gerückt und horcht, ich dagegen muß, wenn geläutet wird, zum Telefon laufen, die Wünsche der Kunden entgegennehmen, schwerwiegende Entschlüsse fassen, großangelegte Überredungen ausführen – vor allem aber während des Ganzen unwillkürlich durch die Zimmerwand Harras Bericht erstatten.

Vielleicht wartet er gar nicht das Ende des Gesprächs ab, sondern erhebt sich nach der Gesprächsstelle, die ihn über den Fall genügend aufgeklärt hat, huscht nach seiner Gewohnheit durch die Stadt und, ehe ich die Hörmuschel aufgehängt habe, ist er vielleicht schon daran, mir entgegenzuarbeiten.

(Aus: Kafka, Franz: Der Nachbar. Textsammlung moderner Kurzgeschichten. Frankfurt/M. 1971)

## Aufgaben

1. *Welches Bild entwirft der Ich-Erzähler von sich und seinem Arbeitsumfeld?*
2. *Welche Auswirkungen hat der Einzug des neuen Nachbarn auf den Erzähler? Belegen Sie Ihre Aussagen mit Textstellen.*
3. *Nennen Sie sprachliche Mittel, mit denen der Erzähler seine Begegnung mit Harras beschreibt. Was beabsichtigt er damit?*
4. *Auf welche Problematik will der Autor hinweisen?*

Hans Marchwitza
(1890–1965)

Hans Marchwitza, mit 14 Jahren als Kohlenschlepper arbeitend und als Bergarbeiter nach einem Streik im Ruhrgebiet entlassen, widmete sein literarisches Schaffen dem arbeitenden Menschen.

## Arbeitslos

*Hans Marchwitza*

1 Die Straße ist grau, ein ganzes Heer
steht vor dem Nachweis, an Toren,
abgetrieben, die Taschen leer, –
sie warten wie ich, blaugefroren.
Alles Proleten, wohin ich seh,
die Stadt ist grau von den Haufen.
Ein Sklavenmarkt „Wart oder geh". –
Menschenfleisch ist billig zu kaufen.

Ich martere mich über „Wo" und „Wie",
hetze mich müde durch Straßen.
Ich komme mir vor wie ein Hundevieh –
so wertlos, gekränkt und verlassen.
Die Füße brennen vom Pflasterstein,
ohne Sohlen lauf ich seit Wochen.
Man blickt mir ins Gesicht hinein,
als hätt ich was Böses verbrochen.

Kein Wunder, die Plorren gehen aus der Naht,
den Lumpen verraten die Flicken.
Das Wohlfahrtsamt spart, es spart der Staat,
die Kleidung verfault in Fabriken.
Lichterreklamen, Ausverkauf!
Hemden, Schuhe und Tuche
türmen sich hinter Glasscheiben auf,
ich stehe davor, frier und fluche.

Ich weiß nicht warum, es ist alles besetzt,
doch ich steh vor Fabriken und warte.
Knallt der Schalter, denk ich: Vielleicht jetzt
man schaut verächtlich die Karte.
„Wir brauchen nur kräftige Leute, Mann!"
Dafür stand ich Tage und Wochen!
Ich reihe mich wieder hinten an
und klappre im Frost mit den Knochen.

Ein Tier hinkt heran, tief hängt sein Maul.
„Es ist aus der Grube gekommen!"
lacht der Stallmann und prügelt den Gaul.
Mein letzter Trost ist genommen.
Ich gaff auf das blinde, hinkende Tier:
„Verbraucht!" Auf der Haut steht´s geschrieben
mir geht es, Prolet, nicht besser als dir!
Maschine, vom Hunger getrieben!

Ich fürchte die Nacht, die mich schreckt,
in den Traum verfolgen mich Sorgen!
Wie oft hat mich das Grauen geweckt
vor dem dürren, brotlosen Morgen!
Es wächst die hungrige Schlange,
füllt Straßen und Städte, wächst riesengroß …
Noch ist sie geduldig …! Wie lange?

## Aufgaben

1. *Verfolgen Sie die Etappen, die das lyrische Ich von Strophe 1 bis 6 durchlebt.*
2. *Mit welchen sprachlichen Bildern wird das Elend des Arbeitslosen verdeutlicht?*
3. *Welche Vergleiche benutzt der Autor zur Kennzeichnung der Hoffnungslosigkeit?*
4. *Warum endet das Gedicht mit einer Frage?*

JOHANN GOTTHILF AUGUST PROBST
(1759–1830)

Johann Gotthilf August Probst beendete 1776 die Seilerlehre. Später gab er sein Handwerk auf und wurde Lehrer. In seinem Buch mit dem Untertitel „Beitrag zu Erziehungsmethoden deutscher Handwerker" schilderte er die Praktiken der Handwerksmeister und charakterisierte damit die Regierungszeit Friedrich Wilhelm II., den Adel und Bürgertum fast zwei Jahrhunderte lang als fürsorglichen Landesvater und aufgeklärten Monarchen feierten.

## Leiden eines Lehrlings

*Johann Gotthilf August Probst*

Ich hatte nur noch ein halbes Jahr zu lernen, und meinem Meister waren die 20 Reichstaler Lehrgeld jetzt zu wenig. Er drängte und quälte mich, daß er mehr haben wollte. Ich sagte es meiner Mutter: diese aber wollte zu mehreren sich nicht verstehen. Die Nachricht davon machte ihn beinahe rasend, er sagte: Er habe müssen 30 Reichstaler geben und so viel müsse ich ihm auch schaffen. Er gab vor, ich hätte ihm mehr als 50 Taler Schaden verursacht, und wenn ich nichts mehr geben wolle, so solle ich noch ein Jahr länger lernen. Meine Mutter war unerbittlich, sie redete mir zu, nur noch dieses halbe Jahr auszuhalten, das übrige werde sich schon finden.

Aber nun war die Tyrannei unbeschreiblich. Und was das allerschlimmste war, so wurde mir jetzt die Gelegenheit geraubt, mich völlig in dem Handwerk zu perfektionieren. Ich war nie anhaltend und gründlich unterrichtet worden, und jetzt, da es hohe Zeit war, das Versäumte nachzuholen, jetzt, da ich bald als Geselle auftreten, und mich selbst ernähren sollte, jetzt wurde ich absichtlich von nützlichen Geschäften entfernt und mußte den größten Teil meiner Zeit verschleudern. Ich wußte noch keine einzige Art der Arbeiten erträglich zu verfertigen: denn wenn er mich eben an ein Geschäft gewiesen hatte, so waren gleich wieder hundert andere Dinge vorhanden, die ich verrichten mußte. Jetzt aber stand ich die mehreste Zeit an der Wiege oder verrichtete Hausgeschäfte, denn durch solche Mittel suchte nur mein Meister noch immer mehr Geld von mir zu erhalten. Da dieses aber fehl schlug, so machte er mir das Leben unerträglich. Keine Stunde verging, da mir der Geiz meiner Mutter nicht auf die empfindlichste Art vorgerückt worden wäre. Tränen waren es, die meine Speise befeuchteten, mit Tränen legte ich mich nieder. Mit Tränen stand ich auf. Mein Bett wurde mir genommen bis auf den Überzug, den ich mitgebracht hatte, und man gab mir Matratzen, die mit untauglichem Werg ausgestopft waren, um meiner mitgebrachten schönen Betten zu schonen. Nicht genug, daß er mir nichts Neues mehr zeigte, ich bekam überhaupt so wenig nützliche Geschäfte in die Hände, daß ich das Erlernte beinahe vergaß.

Er nahm nun auch einen Gesellen an, dem ich wie ein Anfänger das Rad drehen mußte. Dieser war ein sehr guter, aber dabei dreister Mensch. Über Tische nahm er sich das Beste aus der Schüssel, ohne daß mein Meister dagegen etwas zu sagen sich getraute. Er war nämlich ein sehr guter fleißiger Arbeiter, so daß er bei allem dem mit ihm zufrieden war. Dies war indessen der Fall bei dem Gesellen nicht. Denn an einem Sonntag hatte dieser auf der Herberge zu etlichen anderen Gesellen gesprochen und sich über das schlechte Essen und die elende Wirtschaft des Meisters beklagt. Ein anderer dabei stehender Gesell sagte dies zu Hause seinem Meister. Dieser, der ein guter Dutzbruder von dem meinigen war, erzählte ihm alles haarklein wieder, und mein Meister hielt es dem Gesellen vor. Dieser leugnete es gar nicht, und im Augenblick erhielt er eine Ohrfeige. Der Geselle war keine Memme, wehrte sich, prügelte den Meister brav durch, und warf ihn die Treppe herunter. In weniger Zeit erschien der Meister wieder auf dem Boden mit einer großen Stange, und indem der Geselle den Schlag aufhalten wollte, schlug ihn der Meister die zwei Gelenke an den beiden Mittelfingern entzwei. Der Geselle tat einen lauten Schrei und lief die Treppe herunter, unterdeß ihm der Meister noch etliche Hiebe über den Kopf gab.

Jener ging nun zu dem Altmeister. Es wurde ein Handwerk berufen, nachdem er einen halben Taler erlegt hatte, denn so viel kostet es jedesmal, weil denn die Meister allemal einen kleinen Schmaus haben. Die Meister kamen zusammen, aber die Gesellen mußten zurück bleiben, und hier ward die Gerechtigkeit mit Füßen getreten. Man gab sich alle mögliche Mühe, diesem Menschen, der ein Pole war, die preußischen Rechte von einer fürchterlichen Seite bekannt zu machen: dem Meister wurde durchgeholfen, und der arme Mensch mußte, zu seinen Schmerzen, außer dem Fordergelde, noch einen halben Taler Strafe erlegen, und sich gleich aus der Stadt begeben. Einige Gesellen redeten ihm zu, er solle seine Sache bei der Obrigkeit anbringen, aber er war zu sehr in Furcht gesetzt, und hatte auch zu wenig Geld, als daß er sich dieses zu unternehmen gewagt hätte.

Nicht lange danach besetzte sich ein junger Meister in unserer Straße. Er hatte, weil er gute Ware verfertigte, viel Abgang, und tat meinen Meister einzigen Abbruch in der Nahrung. Dies erregte dann natürlich seinen Neid. So oft die vierteljährliche Zusammenkunft der Meister und Gesellen war, so oft suchte der meinige jenen mit den pöbelhaftesten Spottreden zu beleidigen. Dieser war immer stille. Endlich beredete sich mein Meister mit noch einigen seiner Anhänger, daß sie ihn bei der ersten Gelegenheit durchprügeln wollten. Die Gelegenheit fand sich bald.

Es war eben die Zeit, daß ein Geselle sein Meisterstück machte, wobei denn allemal ungefähr 30 bis 40 Taler verschmaust und vertrunken werden. Es wurde darauf angelegt, jenen zu berauschen. Weil nun bei solchen Gelegenheiten Essen und Trinken den Teilnehmern nichts kostet, indem derjenige, der das Meisterstück macht, Wein, Bier und Speisen im Überfluß anschaffen muß, wenn er nicht ein Lumpenhund genannt werden will, so wurde Ersterer richtig ins Garn gelockt.

Kaum hatte er so viel zu sich genommen, als seine Gegner wünschten, die sich diesen Tag sehr freundlich stellten, so ging´s an ein Vexieren[1]. Jener, den der Trunk beredt gemacht, antwortete frisch: ein Wort gab das andere, und mein Meister fing an auszuschlagen. Er fiel ihm gleich in die Haare, riß ihm eine ganze Haarlocke und den Zopf aus, und prügelte den Halbtrunkenen erschrecklich. Als dieser wieder aufkam, schimpfte er. Gleich fiel ihn ein anderer noch mörderischer an und zerstampfte ihm auf dem gefrorenen Erdreich das ganze Gesicht: und so wurde er von drei bis vieren nach einander so zerschlagen, daß ihm Hören und Sehen verging, und er nach Hause getragen werden mußte. Die Altmeister stunden dabei und hatten ihre herzliche Freude daran: doch gingen sie bald darauf hinweg, und damit sie nicht zur Verantwortung gezogen werden möchten, gaben sie vor, sie wären, um den Streit zu hindern, dazwischen gelaufen, hätten aber solche Stöße bekommen, die sie genötigt hätten, sich zu entfernen.

Als der gemißhandelte Meister wiederhergestellt war, brachte er die Sache vor Gericht: allein er wurde übertäubt, indem man ihn beschuldigte, er sei so besoffen gewesen, daß er alle geprügelt habe, und seine Wunden kämen daher, daß er in der Trunkenheit auf die Steine gefallen sei. Er hatte keinen gültigen Zeugen, keinen Freund, der Mut genug besessen hätte, die Wahrheit zu sagen, und bekam also überdies auch einen derben Verweis.

(Aus: An der Saale hellem Strande – Literarische Streifzüge. 1. Auflage, Halle-Leipzig: Mitteldeutscher Verlag 1989, S. 104 ff.)

## Aufgaben

1. *Welches Bild zeichnet der Autor vom Alltag eines Lehrlings in der damaligen Zeit?*
2. *Suchen Sie nach sprachlichen Belegen, die die Situation des Lehrlings verdeutlichen.*
3. *Vergleichen Sie diese mit den Rechten und Pflichten eines Auszubildenden in Ihrer Ausbildungsfirma.*

---

[1] *Vexieren:* necken, quälen

# 2.4 Bewältigung des Alltags

INGEBORG BACHMANN
(1926–1971)

Ingeborg Bachmann, geboren 1926 in Klagenfurth, widmete sich nach dem Studium der Lyrik und der Musik. Ihrem Unbehagen zu den bestehenden Verhältnissen und ihrer Sehnsucht nach Veränderung verlieh sie in ihren Gedichten Ausdruck. Sie starb im Alter von 45 Jahren in Rom.

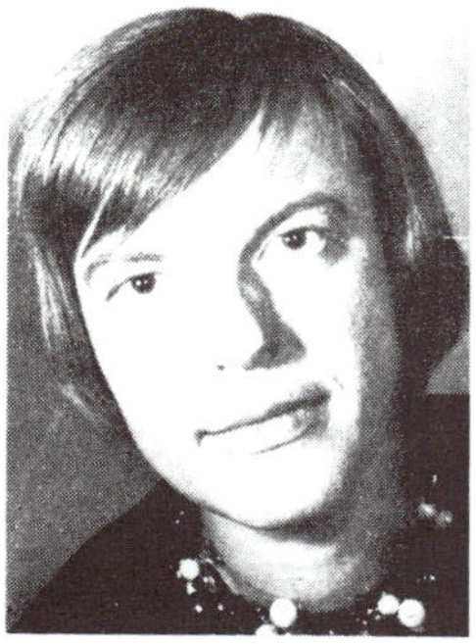

## Reklame

*Ingeborg Bachmann*

Wohin aber gehen wir
*ohne sorge sei ohne sorge*
wenn es dunkel und wenn es kalt wird
*sei ohne sorge*
aber
*mit Musik*
was sollen wir tun
*heiter und mit musik*
und denken
*heiter*
angesichts eines Endes
*mit Musik*
und wohin tragen wir
*am besten*
unsere Fragen und die Schauer aller Jahre
*in die Traumwäscherei ohne sorge sei ohne sorge*
was aber geschieht
*am besten*
wenn Totenstille

eintritt

(Aus: Bachmann, Ingeborg: Reklame.
In: Echtermeyer (Hrsg.): Deutsche Gedichte. Düsseldorf 1958)

## Aufgaben

1. *Die Autorin vertritt die Ansicht, Poesie müsse scharf und unerbittlich sein. Wird sie diesem Anspruch mit Ihrem Gedicht gerecht?*
2. *Welche Mittel aus der Werbesprache verwendet die Autorin?*
3. *Hilft uns Werbung bei der Suche nach dem Sinn des Lebens? Nimmt sie uns Entscheidungen ab? Begründen Sie Ihren Standpunkt.*

Erich Kästner
(1899–1974)

Erich Kästner wurde 1899 in Dresden geboren. Zunächst war er als Volksschullehrer tätig, später als Redakteur. Bekannt wurde er durch viele Kinder- und Jugendbücher. Er schrieb seine Gedichte in salopper, eingängiger Form für den täglichen Gebrauch, in denen der Leser Begebenheiten des täglichen Lebens wiederfindet.

## Sachliche Romanze

*Erich Kästner*

Als sie einander acht Jahre kannten
(und man darf sagen: sie kannten sich gut),
kam ihre Liebe plötzlich abhanden.
Wie andern Leuten ein Stock oder Hut.

Sie waren traurig, betrugen sich heiter,
versuchten Küsse, als ob nichts sei,
und sahen sich an und wußten nicht weiter.
Da weinte sie schließlich. Und er stand dabei.

Vom Fenster aus konnte man Schiffen winken.
Er sagte, es wäre schon Viertel nach Vier
und Zeit, irgendwo Kaffee zu trinken.
Nebenan übte ein Mensch Klavier.

Sie gingen ins kleinste Café am Ort
und rührten in ihren Tassen.
Am Abend saßen sie immer noch dort.
Sie saßen allein, und sie sprachen kein Wort
und konnten es einfach nicht fassen.

(Aus: Kästner, Erich: Gesammelte Schriften für Erwachsene. Bd. 1, Droemer/Knaur 1969)

Karin Kiwus

Karin Kiwus, geboren 1942 in Berlin, arbeitet seit 1975 als Sekretärin der Abteilung Literatur in der Akademie der Künste. Sie erhielt 1977 den Bremer Literatur-Förderpreis.

## So oder so

*Karin Kiwus*

Schön
geduldig
miteinander
langsam alt
und verrückt werden

andrerseits

allein
geht es natürlich
viel schneller

(Kiwus, Karin: So oder so. In: Aber besoffen bin ich von dir. 1. Auflage, Reinbek bei Hamburg, Rowohlt 1979, S. 67)

## Aufgaben

1. *Welches Bild vermittelt Kästner von der Liebe?*
2. *Vergleichen Sie die Aussagen beider Gedichte. In welcher Stimmung wird der Leser am Ende aus den Gedichten entlassen?*
3. *Kennzeichnen Sie Sprache, Ton und Form der Gedichte, und vergleichen Sie die Ergebnisse miteinander.*

HILDE DOMIN

Hilde Domin, geboren 1912, studierte nach dem Besuch des Gymnasiums Jura, dann Nationalökonomie. Nach mehreren Vortragsreisen durch Europa und Amerika lebt sie heute in Heidelberg. In ihrem literarischen Schaffen geht es ihr um die Beseitigung von Unrecht und um die Übernahme von öffentlicher Verantwortung.

## Unaufhaltsam

*Hilde Domin*

1 Das eigene Wort,
wer holt es zurück,
das lebendige
eben noch ungesprochene
Wort?

Wo das Wort vorbeifliegt
verdorren die Gräser,
werden die Blätter gelb,
fällt Schnee.
Ein Vogel käme dir wieder.
Nicht dein Wort,
das eben noch ungesagte,
in deinen Mund.
Du schickst andere Worte
hinterdrein,
Worten mit bunten, weichen Federn.
Das Wort ist schneller,
das schwarze Wort.
Es kommt immer an,
es hört nicht auf,
anzukommen.

Besser ein Messer als ein Wort.
Ein Messer kann stumpf sein.
Ein Messer trifft oft
am Herzen vorbei.
Nicht das Wort.

Am Ende ist das Wort,
immer
am Ende
das Wort.

(Aus: Domin, Hilde: Rückkehr der Schiffe.
Frankfurt, Fischer, 1962)

## Aufgaben

1. *Untersuchen Sie den Aufbau des Gedichtes. Welche Bedeutung kommt ihm für die inhaltliche Aussage zu?*
2. *Was wird in den Strophen über das „Wort“ gesagt? Erarbeiten Sie die sprachlichen Bilder und Vergleiche.*
3. *Können Sie die Ansicht der Autorin bestätigen: „Besser ein Messer als ein Wort“? Begründen Sie Ihren Standpunkt.*

# 2.5 Anpassung oder Widerstand?

## Klaus Schlesinger

Klaus Schlesinger, 1937 in Berlin geboren, gehört zu den Schriftstellern, die laut Beschluß des Schriftstellerverbandes der DDR vom 7. Juni 1979 aus den Reihen der Mitglieder ausgeschlossen wurden. Ihm wurde zur Last gelegt, daß er vom Ausland her gegen die Kulturpolitik von Partei und Regierung, gegen die sozialistische Rechtsordnung, und damit gegen die DDR, in verleumderischer Weise aufgetreten sei. Der folgende Ausschnitt wurde der Erzählung *Am Ende der Jugend* entnommen.

### Entscheidungen

*Klaus Schlesinger*

...

Wir gingen langsam an den leeren elfenbeinfarbenen Bänken, auf denen an Sprechtagen die Patienten saßen, vorbei, rauchten und schnippten die Asche in die kastenförmigen Behälter, die an der Wand angebracht waren, standen dann im hinteren Teil des Ganges, genau vor der Tür, die auf die Straße führte. Ich drückte auf die Klinke, die hart war und kühl. Ich weiß bis heute nicht, was mich dazu veranlaßte. Jeder wußte doch, die Tür war versperrt. So wie jeder wußte, daß es von dort nur wenige Schritte bis zur Grenze waren. Heute frage ich mich oft, ob ich die Klinke heruntergedrückt hätte, wenn mir klar gewesen wäre, was dann folgte.

Ich drückte also auf die Klinke und öffnete die Tür. Sonnenlicht traf mich so überraschend, daß ich die Augen zusammenkniff. Ich spürte Martins Hand in meinem Rücken, die mich sanft nach vorne schob, trat hinaus, stockte aber schon nach wenigen Schritten, so daß Martin an meine Seite kam, mich überholte, die zwei Stufen, die auf das Straßenpflaster führten, hinabschritt und dort stehenblieb. Ich folgte ihm zögernd und begriff erst jetzt, in welcher Situation wir uns befanden. Ich sah rechts von uns, vielleicht sechs oder sieben Meter entfernt, die stahlgrauen Uniformen der Kampfgruppenleute, die geschulterten Maschinenpistolen, den LKW, der mit dem schwarzen Schlund seiner Hinterfront uns zugewandt war und von dem einige Männer Gitterzäune abluden und sie quer über die Straße aufzustellen begannen, genau zwischen sich und der Menge schauender Menschen; ich sah links von uns die Brücke, die über den trüben, ölschlierigen Kanal führte, sah eine Gruppe grünuniformierter Polizisten, einen französischen Jeep und lässig herumstehende Reporter, denen Fotoapparate vor der Brust und an den Handgelenken baumelten, und vor uns, hoch und grau, die Seitenfront eines Amtsgebäudes, und, gelbgrün und spärlich belaubt, die Bäume davor und die Menschen hinter dem Gitterzaun, der sich langsam komplettierte, ein frischgelackter Metallzaun, grasgrüner Strich auf steingrauer Straße, und der Geruch nach Staub, Kanalwasser und Spätsommer, der mich so plötzlich traf wie die Ahnung, ich stünde an einem Platz, den einzunehmen ich garnicht in der Lage war, gezwungen etwas zu tun, nach links zu gehen oder nach rechts, ein Zwang, der sich von selbst ergab und dem nachzukommen es nur ein paar Bewegungen des Körpers bedurfte, zehn oder zwölf Schritte vielleicht, nicht mehr. Wir standen dazwischen, standen genau zwischen den stahlgrauen Uniformen der Kampfgruppenleute auf dieser und den grasgrünen Uniformen der Polizisten auf der anderen Seite! Es war ein Platz oder besser: eine Situation, bei der ich instinktiv wußte, sie war so gewaltig für mich, daß ich ihr nicht in gleicher Größe gegenübertreten konnte, ja ich empfand ein körperliches Gefühl der Kleinheit, und es traf mich mit einer solchen Heftigkeit, daß ich mich sekundenlang nicht bewegen konnte, als der uns nächststehende Kampfgruppenmann den Kopf drehte, uns bemerkte und eher erschrocken als drohend, aber nichtsdestoweniger mit scharfer Stimme rief: Treten Sie zurück, Bürger!, wodurch er sofort die Aufmerksamkeit der Menschengruppe links von uns erregte, und ich spürte die Blicke der Grünuniformierten, wache, gespannte, beinahe suggestive Blicke, während die Reporter ihre Kameras vor die Augen rissen, und auch rechterhand starrten drei, vier Dutzend Augenpaare auf uns, mit ebenso wachen, ebenso gespannten, ebenso suggestiven Blicken.

Ich weiß nicht, wie lange das alles dauerte, sicher nicht länger als ein paar Sekunden; ich war mir sicher, daß alles gleich zu Ende sein würde, meine Lähmung, dieses merkwürdige Gefühl der Nichtigkeit, sicher war das alles gleich vorbei, dachte ich, und konnte schon meine Schultern bewegen, als Martin losging. Er ging einfach los! Erst langsam, als zögerte er, dann schneller und entschlossen. Ich stand und begann zu schrumpfen. Alles in mir zog sich zusammen. Etwas Unbekanntes, Fremdes legte sich über meine Haut, sog meinen Kopf leer, schlug auf meinen Magen, riß an den Därmen und zog die Hoden unerträglich schmerzhaft zusammen. Ich stand, schnappte nach Luft und sah Martins Rücken sich entfernen, hatte den Gedanken, daß ich jetzt meine Beine bewegen müßte, ganz mechanisch ihm folgen, wie ich es immer getan hatte, sah plötzlich Marie und ihren berghohen Bauch, hörte Rosenbergs polternden Triumph und das schnarrende Schnappen der Objektivverschlüsse wie hundertfach verstärktes Maschinengewehrhämmern; vor mir das Amtsgebäude wuchs mitsamt seinen spärlich belaubten Bäumen ins Riesenhafte, und tatsächlich schien mich niemand zu bemerken, alle standen und starrten auf Martin, die einen auf seinen Rücken, die anderen auf sein Gesicht, alle auf Martin, als wäre ich nicht vorhanden, so daß ich, meiner Glieder plötzlich wieder mächtig, langsam mich rückwärts zu bewegen begann, im Krebsgang schlich ich, hob vorsichtig, als ich den Widerstand der ersten Stufe an meinem Hacken spürte, erst das rechte, dann das linke Bein, und weiter zurück, zur zweiten Stufe, ließ meinen Kopf unbewegt, nur meine Augen schossen nach links und nach rechts, jetzt war ich ganz wach, und noch immer sah keiner zu mir hin, und als ich die Tür in meinem Rücken spürte, hinter mich griff und tastend die Klinke erreichte, wagte ich meinen Kopf nach links zu drehen, sah Martin die Brücke überqueren und sich umdrehen, suchte seine Augen, aber da war er schon umringt von Reportern und Polizisten und versank in einem Gewühl heftig gestikulierender Menschen, während ich mich unbemerkt durch die Tür schob, im langen Gang der Klinik stand und wie betäubt und ohne etwas zu bemerken hinauslief …

(Aus: Schlesinger, Klaus: Berliner Traum. 1. Auflage, Rostock, Hinstorff Verlag, 1977, Seite 169-171)

## Aufgaben

1. *Diese Kurzgeschichte entstand unter dem Eindruck der Ereignisse um den 13. August 1961. Informieren Sie sich über den geschichtlichen Hintergrund dieser Erzählung.*
2. *Welche Konflikte gestaltet der Autor in der Figur des Ich-Erzählers und seines Freundes Martin?*
3. *Mit welchen sprachlichen Bildern verdeutlicht der Autors die Entscheidungen des Ich-Erzählers?*
4. *Warum wählt Schlesinger für den Beginn der einzelnen Abschnitte seiner Erzählung Personalpronomen?*

WOLF BIERMANN

Wolf Biermann, 1936 in Hamburg geboren, siedelte 1963 nach Ost-Berlin über. Dort studierte er und arbeitete als Regisseur am Theater. Seit 1965 erhielt er Auftrittsverbot und konnte nicht mehr publizieren. Während einer Konzertreise in die Bundesrepublik im Jahre 1976 wurde ihm die DDR-Staatsangehörigkeit aberkannt.
Der folgenden Verse wegen wurde Biermann literarisch und politisch geächtet.

## Rücksichtslose Schimpferei

*Wolf Biermann*

Ich bin der einzelne
das Kollektiv hat sich von mir
i s o l i e r t
Stiert mich so verständnislos nicht an
Ach, ich weiß ja schon
Ihr wartet mit ernster Sicherheit
daß ich euch
in das Netz der Selbstkritik schwimme.
Das Kind nicht beim Namen nennen
die Lust dämpfen und
den Schmerz schlucken
den goldenen Mittelweg gehen
am äußersten Rande des Schlachtfelds
den Sumpf mal Meer, mal Festland nennen
das eben nennt ihr
V e r n u n f t
Und merkt nicht, daß eure Vernunft
aus den Hirnen der Zwerge
aus den Schwänzen der Ratten
aus den Ritzen der Kriechtiere
entliehen ist?

(Aus: Willberg, Hans-Joachim: Deutsche Literaturepochen. 4. Auflage, Bonn, Ferd. Dümmlers Verlag, 1972, S. 167)

## Aufgaben

1. Welches sind die Mittel, die dem einzelnen empfohlen wurden, um für das „sozialistische Kollektiv“ tauglich zu sein?
2. Wogegen wehrt sich der Autor?

WOLFGANG MISCHNICK

Wolfgang Mischnick, 1921 in Dresden geboren, war nach dem Kriegsende in seiner Heimatstadt als Stadtverordneter und später im Deutschen Bundestag als stellvertretender Fraktionsvorsitzender tätig. Aus den Aufzeichnungen über seine politische Arbeit ist die folgende Fabel übernommen.

## Die Schwarzarbeiter
## Eine Fabel von Mephistopheles

*Wolfgang Mischnick*

Einstmals fingen die Füchse ihr Futter in freier Jagd, ein jeder für sich, so gut er konnte. Die Stärkeren und Flinkeren fingen etwas mehr, die Schwächeren und Unbeholfenen etwas weniger. Trafen Sie auf ein größeres Tier – etwa auf einen Eber – so griffen sie es im Rudel an, und jeder suchte seinen Anteil an der Beute zu erhaschen, so gut er eben konnte.

Einige unter ihnen aber fanden das ewige Hasten und Jagen gar zu beschwerlich und unter ihrer fuchsischen Würde. Darum sannen sie darauf, wie sie sich einen Anteil an der Beute ohne eigene Anstrengung sichern könnten. Und sie fanden viele, die sich gern in den Dienst dieser herrlichen Idee stellten. Sie erklärten das heilige Recht der auserwählten Herrenfüchse, andere für sich jagen zu lassen, für den unerforschlichen Willen des éternel-renard (Fuchs-Gottheit) und für unverbrüchliche füchsische Sitte.

Die wenigen aber, die ihnen nicht glaubten, sondern aufbegehrten gegen die Nichtstuer und ihre Hokus-Pokus-Macher, belegten sie mit Acht und Bann. Sie nannten sie Demagogen und Wühler gegen die geheiligte füchsische Ordnung, Schandflecke der Fuchsheit, nicht wert, ein füchsisches Antlitz zu tragen.

Trotzdem wurde die Zahl der Unzufriedenen und Empörer größer und größer. Sie riefen: „Zum Teufel mit euren füchsischen Rechten! Wir wollen, daß jeder wieder seinen vollen Anteil an der Beute habe, so groß, wie er ihn eben zu erhaschen vermag.“

„Aber nicht doch, liebe Brüder“, sagten andere. „Wo blieben da unsere hohen ethischen Werte? Wären wir alle gleich stark und gleich gewandt, so möchte diese Idee als eine sittliche und ausreichende angesehen werden. Da wir es aber nicht sind, so wäre diese Art der Verteilung der Beute unsittlich und unmoralisch. Die füchsische Gerechtigkeit geht uns über alles. Darum wollen wir alles, was wir fangen, zusammentragen und dann jedem geben, was er braucht.“

„Hau, Hau!“, sagten die Füchse und waren begeistert von dieser genialen Idee. Nun brauchten sie sich doch nicht mehr zu schinden und nicht mehr zu jagen, bis ihnen der Speichel von den Lefzen troff. Nun sorgte die ganze Fuchsheit für jeden einzelnen, und wenn einer einem Hasen nachjagte, der gar zu tolle Haken schlug, so ließ er ihm einfach laufen und dachte: Es wird ihn schon ein anderer fangen. Wozu soll ich mich quälen! Ich habe ja doch nichts davon. Und er rannte zum gemeinsamen Futterplatz, wo die Beute verteilt werden sollte.

Doch hatten die anderen Füchse keinen größeren Gemeinschaftssinn bewiesen, und darum war wenig zum Verteilen da. „So geht das nicht", sagten da die Füchse und wählten einen Ausschuß. Der Ausschuß aber stellte Aufpaßfüchse und Kontrollfüchse an. Die brauchten nicht mehr zu jagen, sondern sollten nur darauf achten, daß die anderen ordentlich jagten. Und Zählfüchse, Schreibfüchse und Verteilungsfüchse sollten dafür sorgen, daß die Beute richtig erfaßt und gerecht verteilt würde.

„Ohne uns klappt der Laden nicht", sagten sich die Aufpasser und Verteiler. „Wir sind die Wichtigsten im Fuchsstaate. Was ist also gerechter, als daß wir erst einmal für uns sorgen!" Für die anderen blieb somit noch weniger übrig: denn auch die Zahl der Jäger war ja kleiner geworden.

„Das hat ja alles keinen Sinn", sagten daher die schlaueren unter den Jagdfüchsen. „Was nützt uns die ganze Fuchsheits-Idee, wenn wir dabei verhungern?" Und sie fingen wieder an, auf eigene Faust zu jagen und ihre Beute selbst zu fressen.

Da aber erhoben die Ausschußfüchse und die Aufpaßfüchse und die Zähl- und Verteil- und Schreibfüchse ein Geschrei: „Ja, sind diese Schweine-Füchse denn von allen guten Geistern verlassen? Haben denn diese Schwarzjäger gar keinen Gemeinschaftssinn und gar keine Moral im Leibe?" Und sie wählten neue Ausschüsse und setzten noch mehr Kontrollfüchse ein und bestimmten, daß jeder Jagdfuchs, der noch dabei getroffen würde, daß er seine Beute selbst fraß, sofort totgebissen werden sollte.

Die Kontrollfüchse hatten jedoch selbst Hunger, und darum taten sie den Jagdfüchsen nichts, wenn diese die Beute mit ihnen teilten. Sie waren bald die Wohlgenährtesten von allen, und das wurde ihnen zum Verhängnis.

„So geht das nicht", sagten die Füchse, „da muß aufs schärfste durchgegriffen werden." Sie wählten neue Ausschüsse und setzten Oberkontrolleure ein, die die Kontrollfüchse kontrollieren sollten. Mit jedem Jagdfuchs sollten hinfort mindestens zwei Kontrollfüchse mitlaufen, die nicht nur ihn, sondern auch sich selbst gegenseitig kontrollieren sollten.

Nun biß einer den anderen, und alle bissen die armen Jagdfüchse, sobald sie sich vom Hunger treiben ließen, von dem erjagten Gemeinschaftsgut auch nur einen kleinen Bissen zu nehmen. Auf diese Weise wurden die Jagdfüchse systematisch ausgerottet. Wer nicht verhungerte, wurde totgebissen. Zuletzt war nur noch ein einziger übrig. Der wurde eines Tages von zwei Oberkontrollfüchsen dabei erwischt, wie er heimlich ein ganzes Kaninchen verzehrte.

„Warte nur, du asoziales Individuum", bellten sie ihn an. „Von dir, du Schädling, werden wir die fuchsische Gesellschaft befreien."

Und so geschah es.

Da aber die Kontroll- und Schwatz- und Verteilungs- und Zähl- und Schreibfüchse das Jagen verlernt hatten, so ging einer nach dem anderen am Hunger ein. Das Fuchsengeschlecht ging zu Grunde. Doch die sittlichen Werte waren gerettet.

(Aus: Mischnick, Wolfgang: Von Dresden nach Bonn. 1. Auflage, Stuttgart, Deutsche Verlags-Anstalt, 1991, S. 278-281)

## Aufgaben

1. *Wiederholen und vertiefen Sie Ihr Wissen zum Genre Fabel. Verwenden Sie dazu geeignete Fachliteratur.*
2. *Geben Sie den Inhalt der Fabel mit eigenen Worten wieder.*
3. *Fertigen Sie eine Inhaltsangabe an. Beachten Sie dabei die Anforderungen, die an die Wiedergabe eines Textes gestellt werden.*
4. *Überprüfen Sie die Aktualität der Fabel. Welches Bild zeichnet der Autor von der menschlichen Gesellschaft, und welche Perspektiven sieht er für die Zukunft?*
5. *Suchen Sie nach Belegen aus Ihrer Umwelt, die ein Für und Wider dieser Zukunftsvision darstellen.*

# 2.6 Menschen, Land und Natur

MARGARETE JEHN

Beim Hörspiel *Papa hat nichts gegen Italiener* von Margarete Jehn handelt es sich um ein erdachtes Gespräch zwischen Vater und Sohn über Probleme des Alltags. Anlaß zu den Fragen geben die Erfahrungen, die der Sohn im Elternhaus seines Freundes Charly – eines Arbeiterkindes – macht. Er stellt seinem Vater, einem höheren Beamten, Fragen, die diesen in Widersprüche verwickeln und in Verlegenheit bringen.

## Papa hat nichts gegen Italiener

*Margarete Jehn*

*Vater und Sohn sind allein.*

SOHN: Papa, Charly hat gesagt, sein Vater hätt was gegen Italiener.

VATER: So? Letzte Woche hast du´s doch noch ganz anders erzählt.

SOHN: Das war vielleicht vorher. Bevor Charlys Vater Vincenzo kennengelernt hat.

VATER: Und wer ist das – Vincenzo?

SOHN: Vincenzo? Ein Italiener. Der trainiert immer mit uns auf dem Bolzplatz.

VATER: Und Charlys Vater mag diesen Vincenzo nicht?

SOHN: Er hat gesagt, er will mit diesem Makkaronifresser nicht an einem Tisch sitzen. Charlys Mutter hat aber nichts gegen Vincenzo.

VATER: Und was sagt dieser Ma – und was sagt dieser Vincenzo dazu?

SOHN: Nichts. Er sagt, wenn Charlys Vater was gegen ihn hat, dann will er sich auch nicht aufdrängen, dann bleibt er eben zu Haus. Vincenzo hat nur ein ganz kleines Zimmer, sagt Charly, da ist nicht mal ´ne Heizung drin. Aber er muß eine Menge Geld dafür bezahlen – das machen die Leute hier mit allen Gastarbeitern so.

VATER: Tja – meistens haben diese Gastarbeiter aber selbst schuld. Sie brauchten doch diese Wucherpreise nicht zu zahlen.

SOHN: Charly hat gesagt, sonst kriegen die überhaupt keine Wohnung. Die meisten Leute hier mögen Italiener nicht. Du hast doch nichts gegen Italiener, Papa, oder?

VATER: Was sollte ich gegen Italiener haben?

SOHN: Was haben die Leute denn gegen die Italiener?

VATER: Die Leute sind eben der Meinung, daß Italiener und Türken und so weiter nicht viel taugen.

SOHN: Und was denkst du von den Italienern?

VATER: Nichts. Was soll ich denn schon von ihnen denken!

SOHN: Man müßte viel mehr für die Italiener tun, sagt Charly.

VATER: Dann sag du Charly mal, es genügt nicht, daß man so etwas sagt – besser ist, man hält den Mund und tut etwas für sie.

SOHN: Tust du denn etwas für die Italiener, Papa?

VATER: Ich kann nichts für sie tun. weil ich keine Italiener kenne. Außerdem sind Italiener nicht die einzigen Gastarbeiter in der Bundesrepublik! Ich hab mich neulich zum Beispiel sehr nett mit einem türkischen Ehepaar unterhalten.

SOHN: Und hast du auch was für die getan?

VATER: Ich kann doch nicht für jeden, den ich zufällig treffe, gleich was tun! Wie stellst du dir das denn vor? In gewisser Weise hab ich schon etwas für sie getan.

SOHN: Wie denn?

VATER: Ich habe sie wie Gäste behandelt.

SOHN: Wie denn?

VATER: Frag doch nicht so dumm! Wie behandelt man Gäste?

SOHN: Weiß ich nicht.

VATER: Gäste behandelt man höflich.

SOHN: Wie ist man denn, wenn man höflich ist?

VATER: Man vermeidet es, seine Überlegenheit zu zeigen, man benimmt sich taktvoll. Mir ist es zum Beispiel nicht in den Sinn gekommen, diesen Türken zu zeigen, daß ich mehr kann und weiß als sie.

SOHN: Weißt du denn mehr als die?

VATER: Natürlich weiß ich mehr als sie.

SOHN: Woher weißt du denn, daß du mehr weißt?

VATER: Weil ich als Beamter eine höhere Bildung besitze als türkische Fabrikarbeiter, das leuchtet vielleicht sogar dir ein.

SOHN: Wie ist das denn, eine höhere Bildung?

VATER: Na, wenn man sich zum Beispiel gewählt ausdrückt, wenn man gutes Deutsch spricht.

SOHN: Sprichst du auch besser Türkisch als die Türken, Papa?

VATER: Unsinn, ich spreche überhaupt nicht Türkisch.

SOHN: Dann sind die Türken ja vielleicht auch gebildet. Und du merkst das bloß nicht, weil du ja nicht Türkisch sprichst. Oder?

VATER: Nein, diese Türken waren nicht gebildet.

SOHN: Haben die dir das gesagt?

VATER: Das habe ich gesehen. Schluß jetzt!

*(Pause)*

SOHN: Du, Papa, Charly hat gesagt, zwischen einem Türken und einem Italiener, da merkt man manchmal gar keinen Unterschied.

VATER: Möglich. Ich hab noch nicht drauf geachtet.
SOHN: Merkt man zwischen einem Deutschen und einem Italiener auch keinen Unterschied?
VATER: Die Frage kannst du dir doch selbst beantworten. Seh ich etwa aus wie Vincenzo?
SOHN: Nö, du bist dicker.
VATER: Darum geht es ja gar nicht! Die Deutschen sind meistens groß und hellhäutig, die Italiener sind klein und dunkelhäutig.
SOHN: Vincenzo ist aber gar nicht klein.
VATER: Dann ist Vincenzo eben eine Ausnahme. Ich möchte zum Beispiel kein Italiener sein.
SOHN: Warum denn nicht? Wenn einer nicht so weiße Haut hat, das find ich aber viel schöner.
VATER: Auf das Aussehen kommt es ja überhaupt nicht an.
SOHN: Auf was denn? Du? Papa?
VATER: Auf das, was jemand darstellt.
SOHN: Was stellst du denn dar, Papa?
VATER: Solch eine blöde Frage beantworte ich nicht.
SOHN: Ich glaube, Mama findet Italiener auch viel schöner.
VATER: Mama? Mama würde sich schön bedanken, wenn sie mit einem Italiener verheiratet wäre.
SOHN: Warum denn?
VATER: Weil ein Italiener ihr nicht das alles bieten könnte, was ihr Leben jetzt so angenehm macht.
SOHN: Warum denn nicht?
VATER: Dir ist doch sicher schon aufgefallen, daß Mama besser angezogen ist als zum Beispiel Charlys Mutter und viele andere Frauen.
SOHN: Nö.
VATER: Sie ist aber besser angezogen. Deine Mutter ist eine gepflegte Frau.
SOHN: Wenn sie mit einem Italiener verheiratet wär, wär sie dann keine gepflegte Frau?
VATER: Wenn sie mit einem Italiener verheiratet wäre, könnte sie nicht so hübsche Kleider tragen und nicht jede Woche zum Friseur gehen.
SOHN: Warum denn nicht?
VATER: Weil das zu teuer wäre.
SOHN: Würde der Italiener denn nicht so viel Geld verdienen wie du?
VATER: Nein, er würde vermutlich nicht so viel Geld verdienen.
SOHN: Warum denn nicht?
VATER: Weil die Italiener nicht so fleißig sind wie die Deutschen.
SOHN: Warum sind die denn nicht so fleißig?
VATER: Das liegt an ihrer Mentalität, an ihrer geistigen Einstellung.
SOHN: Aber wenn die keine Lust zum Arbeiten hätten, dann würden die doch gar nicht herkommen, oder?

(Aus: Jehn, Margarete: Papa, Charly hat gesagt … Gespräche zwischen Vater und Sohn. Reinbek, Rowohlt, 1975, S. 39-45)

## Aufgaben

1. *Erarbeiten Sie die wesentlichsten Fragen und Antworten in einer Gegenüberstellung unter der Überschrift „Papa hat nichts gegen Italiener".*
2. *Welche Vorurteile werden genannt, und wie stehen Sie dazu?*
3. *Zeigen Sie an Textbeispielen die ironisch-hintergründige Situationskomik.*

SIR ALEXANDER FLEMING
(1881-1955)

Der einzelne ist es, der etwas Neues entdeckt. Aber was es auch sei, je komplizierter die Welt ist, um so weniger sind wir imstande, ohne die Mitarbeit von anderen zum Erfolg zu gelangen.

## Aufgaben

1. *Für welche Bereiche könnte nach Ihrer Meinung dieser Ausspruch Gültigkeit haben?*
2. *Erarbeiten Sie eine Gliederung für eine Erörterung.*
3. *Erörtern Sie diesen Ausspruch, indem Sie ihn in Beziehung zu Ihrem eigenen Erleben setzen.*

Ernest Hemingway

Ernest Hemingways (1898 bis 1961) erzählerische Skizze wurde im April 1938 von Barcelona aus durchtelegrafiert. Der Schriftsteller nahm als Kriegskorrespondent am spanischen Freiheitskampf teil und verfolgte mit Interesse und Anteilnahme die Vorgänge in Spanien.

## Alter Mann an der Brücke

*Ernest Hemingway*

Ein alter Mann mit einer stahlumränderten Brille und sehr staubigen Kleidern saß am Straßenrand. Über den Fluß führte eine Pontonbrücke[1], und Karren und Lastautos und Männer, Frauen und Kinder überquerten sie. Die von Maultieren gezogenen Karren schwankten die steile Uferböschung hinter der Brücke hinaus, und Soldaten halfen und stemmten sich gegen die Speichen der Räder. Die Lastautos arbeiteten schwer, um aus alledem herauszukommen, und die Bauern stapften in dem knöcheltiefen Staub einher. Aber der alte Mann saß da, ohne sich zu bewegen. Er war zu müde, um noch weiter zu gehen.

Ich hatte den Auftrag, die Brücke zu überqueren, den Brückenkopf auf der anderen Seite auszukundschaften und ausfindig zu machen, bis zu welchem Punkt der Feind vorgedrungen war. Ich tat das und kehrte über die Brücke zurück. Jetzt waren dort nicht mehr so viele Karren und nur noch wenige Leute zu Fuß, aber der alte Mann war immer noch da.

„Wo kommen Sie her?“ fragte ich ihn.

„Aus San Carlos“, sagte er und lächelte.

Es war sein Heimatort, und darum machte es ihm Freude, ihn zu erwähnen, und er lächelte.

„Ich habe Tiere gehütet“, erklärte er.

„So“, sagte ich und verstand nicht ganz.

„Ja“, sagte er, „wissen Sie, ich blieb, um die Tiere zu hüten. Ich war der letzte, der die Stadt San Carlos verlassen hat.“

Er sah weder wie ein Schäfer noch wie ein Rinderhirt aus, und ich musterte seine staubigen, schwarzen Sachen und sein graues, staubiges Gesicht und seine stahlumränderte Brille und sagte: „Was für Tiere waren es denn?“

„Allerhand Tiere“, erklärte er und schüttelte den Kopf. „Ich mußte sie dalassen.“

Ich beobachtete die Brücke und das afrikanisch aussehende Land des Ebro[2]-Deltas und war neugierig, wie lange es jetzt wohl noch dauern würde, bevor wir den Feind sehen würden, und ich horchte die ganze Zeit über auf die ersten Geräusche, die immer wieder das geheimnisvolle Ereignis ankündigen, das man ‚Fühlung nehmen‘ nennt, und der alte Mann saß immer noch da.

---

[1] *Pontonbrücke:* Brückenschiff
[2] *Ebro*: Fluß in Spanien

„Was für Tiere waren es?" fragte ich.

„Es waren im ganzen drei Tiere", erklärte er. „Es waren zwei Ziegen und eine Katze und dann noch vier Paar Tauben."

„Und Sie mußten sie dalassen?" fragte ich.

„Ja, wegen der Artillerie[1]. Der Hauptmann befahl mir, fortzugehen wegen der Artillerie."

„Und Sie haben keine Familie?" fragte ich und beobachtete das jenseitige Ende der Brücke, wo ein paar letzte Karren die Uferböschung herunterjagten.

„Nein", sagte er, „nur die Tiere, die ich angegeben habe. Der Katze wird natürlich nichts passieren. Eine Katze kann für sich selbst sorgen, aber ich kann mir nicht vorstellen, was aus den andern werden soll."

„Wo stehen Sie politisch?" fragte ich.

„Ich bin nicht politisch", sagte er. „Ich bin sechsundsiebzig Jahre alt. Ich bin jetzt zwölf Kilometer gegangen, und ich glaube, daß ich jetzt nicht mehr weiter gehen kann."

„Dies ist kein guter Platz zum Bleiben", sagte ich. „Falls Sie es schaffen könnten, dort oben, wo die Straße nach Tortosa abzweigt, sind Lastwagen."

„Ich will ein bißchen warten", sagte er, „und dann werde ich gehen. Wo fahren die Lastwagen hin?"

„Nach Barcelona zu", sagte ich ihm.

„Ich kenne niemand in der Richtung", sagte er, „aber danke sehr. Nochmals sehr schönen Dank."

Er blickte mich ganz ausdruckslos und müde an, dann sagte er, da er seine Sorgen mit jemandem teilen mußte: „Der Katze wird nichts passieren, das weiß ich; man braucht sich wegen der Katze keine Sorgen zu machen. Aber die andern; was glauben Sie wohl von den andern?"

„Ach, wahrscheinlich werden sie heil durch alles durchkommen."

„Glauben Sie das?"

„Warum nicht?" sagte ich und beobachtete das jenseitige Ufer, wo jetzt keine Karren mehr waren.

„Aber was werden sie unter der Artillerie tun, wo man mich wegen der Artillerie fortgeschickt hat?"

„Haben Sie den Taubenkäfig unverschlossen gelassen?" fragte ich.

„Ja."

„Dann werden sie wegfliegen."

„Wenn Sie sich ausgeruht haben, würde ich gehen", drängte ich. „Stehen Sie auf, und versuchen Sie jetzt einmal zu gehen."

„Danke", sagte er und stand auf, schwankte hin und her und setzte sich dann rücklings in den Staub.

„Ich habe Tiere gehütet", sagte er eintönig, aber nicht mehr zu mir. „Ich habe doch nur Tiere gehütet."

Man konnte nichts mit ihm machen. Es war Ostersonntag, und die Faschisten rückten gegen den Ebro vor. Es war ein grauer, bedeckter Tag mit tiefhängenden Wolken, darum waren ihre Flugzeuge nicht am Himmel. Das und die Tatsache, daß Katzen für sich selbst sorgen können, war alles an Glück, was der alte Mann je haben würde.

(Aus: Hemingway, Ernest: Sämtliche Erzählungen, Reinbek, Rowohlt, 1966, Seite 273-275)

## Aufgaben

1. *Welche unterschiedlichen Gefühle und Gedanken bestimmen die Gestaltung des alten Mannes durch den Autor?*
2. *Mit welchen sprach-künstlerischen Mitteln verdeutlicht der Autor sein Anliegen?*
3. *Gehen Sie auf die Wahl einer Brücke als Schauplatz der Handlung ein.*
4. *Nennen Sie Textstellen, die auf den Schauplatz Krieg hinweisen.*
5. *Warum wählte Hemingway den „offenen Schluß" für seine Erzählung?*

---

[1] *Artillerie:* Truppengattung, mit Geschützen ausgerüstet

JOHANN WOLFGANG VON GOETHE

Von 1802 bis 1806 war Bad Lauchstädt um eine Attraktion reicher: Goethe war hier Theaterdirektor. Sein Publikum waren Badegäste, vor allem aber hallesche Studenten. Oft mußte er von seinem Platz im Zuschauerraum für Ordnung sorgen. Er pflegte laut zu rufen: „Man lache nicht!"

## Aus einem Brief an Friedrich von Schiller

*Johann Wolfgang von Goethe*

Gestern Abend habe ich die neunte Vorstellung überstanden. 1 500 Reichstaler sind eingenommen und jedermann ist mit dem Hause zufrieden. Man sitzt, sieht und hört gut und findet für sein Geld immer noch einen Platz. Mit fünf- bis sechstehalbhundert Menschen kann sich niemand über Unbequemlichkeit beschweren.

Es kommt darauf an, daß eine geschickte Wahl der Stücke, bezüglich auf die Tage, getroffen werde, so kann man auch für die Zukunft gute Einnahmen hoffen. Überhaupt ist es mir nicht bange, das Geld, was in der Gegend zu solchem Genuß bestimmt sein kann, ja etwas mehr, in die Kasse zu ziehen. Die Studenten sind ein närrisches Volk, dem man nicht Feind sein kann und das sich mit einigem Geschick recht gut lenken läßt. Die ersten Tage waren sie musterhaft ruhig, nachher fanden sich einige sehr verzeihliche Unarten ein, die aber, worauf ich hauptsächlich achtgebe, sich nicht wie ein Schneeball fortwälzen, sondern nur momentan und, wenn man billig sein will, durch äußere Umstände gewissermaßen provoziert waren. Der gebildete Teil, der mir alles zu Liebe tun möchte, entschuldigt sich deshalb mit einer gewissen Ängstlichkeit, und ich suche die Sache, sowohl in Worten als in der Tat, im ganzen läßlich zu nehmen, da mir doch überhaupt von dieser Seite nur um ein Experiment zu tun sein kann.

Auch ein eigenes Experiment mache ich auf unsere Gesellschaft selbst, indem ich mich unter so vielen Fremden auch als ein Fremder in das Schaupielhaus setze. Mich dünkt, ich habe das Ganze sowohl als das Einzelne mit seinen Vorzügen und Mängeln noch nicht so lebhaft angeschaut.

(Aus: Goethe, Johann Wolfgang von: Briefe. Herausgegeben von Holzhauer, Berlin und Weimar 1970)

*Goethe-Theater in Bad Lauchstädt*

## Aufgaben

1. *In seinem Brief an Schiller schildert Goethe das Theaterleben. Gibt es Parallelen zum heutigen Theater?*
2. *Informieren Sie sich über Inszenierungen eines Theaters in Ihrem Umfeld.*
3. *Vergleichen Sie den Anteil klassischer und moderner Stücke auf dem nachfolgenden Spielplan.*
4. *Bereiten Sie mit interessierten Mitschülern einen gemeinsamen Theaterbesuch inhaltlich vor. Versuchen Sie, Schauspieler zu gewinnen, die mit Ihnen im Anschluß über die Aufführung diskutieren.*

nt.
neues theater
Spielplan August 1992
Großer Saal/Hoftheater
Fr. 14. 20.00 Genoveva oder Die weiße Hirschkuh (Hof)
23.00 ZWÖLF-ELF. Menschen bei Nacht (Hof)
Sa. 15. 20.00 Schwierigkeiten beim Umsturz (Hof)
23.00 Wer den Mond besingt (Hof)
So. 16. 16.00 Ick wundre mir über jarnischt mehr (Hof)
20.00 Das blaue Kla4 (Hof)
Mi. 19. 20.00 Nickel und die sechsunddreißig Gerechten (Hof)
Do. 20. 20.00 Nickel und die sechsunddreißig Gerechten (Hof)
Fr. 21. 20.00 Schwierigkeiten beim Umsturz (Hof)
23.00 ZWÖLF-ELF. Menschen bei Nacht (Hof)
Sa. 22. 20.00 Der Ritter vom Mirakel (Hof)
23.00 Wer den Mond besingt (Hof)
So. 23. 20.00 Nickel und die sechsunddreißig Gerechten (Hof)
Di. 25. 20.00 Genoveva oder Die weiße Hirschkuh (Hof)
Do. 27. 20.00 Premiere
café bizarre (Hof)
Fr. 28. 20.00 Schwierigkeiten beim Umsturz (Hof)
23.00 ZWÖLF-ELF. Menschen bei Nacht (Hof)
Sa. 29. 19.30 Revue 50 (Saal)
So. 30. 20.00 café bizarre (Hof)
neues theater. Große Ulrichstr. 51. 4020 Halle. Tel.: 3 77 86

# 2.7
# Literatur als Ware

Zur untersten Stufe der Belletristik rechnen wir die Texte der Unterhaltungsliteratur (zum Beispiel Schlagertexte) oder der trivialen Heftchenliteratur.

Was wir der **Trivialliteratur** (trivial = abgedroschen) zuordnen, ist oftmals abhängig vom Zeitgeschmack.

Folgende Merkmale sollen beim Erkennen und Zuordnen solcher Texte helfen:

**Merkmale der Trivialliteratur**

- Der Handlungsort entspricht nicht der täglich erlebten Realität, sondern einer Traumwelt (zum Beispiel Wilder Westen, Utopia, Luxusdampfer), das Milieu wird dem Wunschdenken entnommen (zum Beispiel Hochadel, Arztpraxis, Mädchenpensionat).
- Die Dinge des Alltags erwecken den Anschein der Vergleichbarkeit mit dem eigenen Leben (zum Beispiel Auto, Telefon, Liebeskummer).
- Die handelnden Personen werden in das Schema „Gut – Böse", „Reich – Arm" eingeordnet und bieten da nur wenig Spielraum. Gesellschaftliche Hintergründe werden nicht beleuchtet oder pauschal bewertet.
- Das Happy-End ist vorprogrammiert. Alle Umwege und Probleme der handelnden Personen lösen sich nach einem bestimmten Klischee (= Abklatsch, abgegriffene Nachahmung ohne Aussagewert).
- Die Sprache ist einfach, plakativ und läßt keine eigenen Deutungen zu. Es werden Vergleiche benutzt, die der Vorstellungswelt des Lesers entsprechen.
- Der Leser legt am Ende befriedigt das Heft aus der Hand, da seine Erwartungen, die der Titel in ihm wachgerufen hatte, sich erfüllt haben.

Es ist kein Raum für das eigene Erleben gegeben, es soll nicht mitgedacht, sondern **konsumiert** werden.

# Von Liebe keine Ahnung

*Lisa Hell*

## *Der Romananfang*

„Erlauben Sie mir, daß ich mich vorstelle?" fragte ihr Begleiter. „Ich heiße Anthony Mitchell und bin von Beruf Psychiater. Ich würde mich freuen, wenn sie mich Tony nennen."

„Psychiater?" fragte Blanche erstaunt. Dann lachte sie und fügte etwas spöttisch hinzu: „Sehe ich so aus, als ob ich einen Psychiater brauche? Sind Sie mir deshalb nachgelaufen?"

„Ich habe Sie angesprochen, weil ich Sie reizend finde – unter anderem."

Blanche wandte sich verlegen ab. War er ihr wirklich gefolgt, um ihr das zu sagen? Ein komischer Kauz, aber ein sehr netter!

„Unter anderem?" fragte sie. „Wie soll ich das verstehen?"

Tony betrachtete eine Weile den daumenlutschenden Benny, dem allmählich vor Müdigkeit die Augen zufielen, dann erklärte er zögernd: „Ich habe Sie auch wegen Benny angesprochen."

Wegen Benny? Blanche verstand nicht.

„Können Sie mir das erklären?"

Hatte er sie nun angesprochen, weil er Benny nett fand, oder schob er das nur vor, um sie kennenzulernen?

„Ich werde es versuchen."

„Ja, bitte, und ich wäre Ihnen dankbar, wenn Sie sich kurz fassen. Sie sehen, der Kleine ist müde und braucht sein Fläschchen."

Wenn Benny nicht gewesen wäre, hätte sie nicht so zur Eile gedrängt, aber das brauchte er ja nicht zu wissen.

„Also das ist so", begann Tony umständlich und betrachtete dabei abwechselnd Benny, Blanche und seine Hände. „Ich schreibe eine Abhandlung über Mütter, die ihre Kinder ganz ohne männliche Hilfe erziehen. Es ist äußerst interessant, wie sich das auf das Verhalten der Kinder auswirkt. Vor allem auf das der kleinen Jungen. Natürlich muß ich dazu mehrere Mütter und mehrere Kinder beobachten, und da dachte ich… "

## *Aus dem Schlußkapitel*

… Anthony starrte die schöne blonde Frau mit den grünen Augen wortlos an. Sie hieß Blanche, sie hatte Blanches Stimme, sie hatte Blanches Haar und ihre schönen grünen Augen. Aber sie konnte unmöglich Blanche sein. Die Blanche, die er kannte, war eine einfache junge Frau. Sie konnte sich keinen prächtigen Schmuck und keine eleganten Kleider leisten.

Blanche betrachtete den hochgewachsenen Mann mit den breiten Schultern und dem müden Gesicht nicht weniger erstaunt. Er hatte Anthonys Stimme und seine dunklen Augen, aber der elegante, dunkle Anzug schlotterte an ihm wie ein Sack, und das Gesicht war viel zu schmal und zu blaß. Nein, das konnte unmöglich Anthony sein!

„Anthony?" fragte sie leise.

„Blanche?" antwortete Anthony ungläubig.

„Kennt ihr euch?" David lachte fröhlich. „Wozu mache ich euch dann noch miteinander bekannt?"

„Ja, wir kennen uns, David. Bitte, laß uns einen Augenblick allein."

Mit ausgestreckten Armen ging Blanche auf Anthony zu. „Ich bin es wirklich", sagte sie leise. „Freust du dich denn gar nicht, mich wiederzusehen?"

„Ich … ich verstehe das alles nicht", murmelte Anthony verstört.

„Das macht nichts, Darling, ich werde es dir gleich erklären."

Blanche lachte zärtlich. „Ich bin so froh, daß du da bist. Einen Augenblick hatte ich dich gar nicht erkannt. Was ist passiert? Du siehst so blaß und schmal aus, warst du krank?"

„Ich habe mich in eine Frau verliebt, die mich ziemlich kalt hat abblitzen lassen, das ist passiert", antwortete Anthony bitter.

„Kannst du ihr, bitte, verzeihen? Sie liebt dich nämlich, und sie wird dich bestimmt niemals mehr verlassen!"

„Sie war frech und süß und verlogen und arm. Als sie verschwand, hat sie mein Herz gebrochen."

„Anthony, Anthony, Herzen können nicht brechen, das weißt du als Arzt besser als ich. Küß mich, damit du mich endlich wiedererkennst, und damit ich weiß, daß du mir verzeihst." ...

(Aus: Hell, Lisa: Von Liebe keine Ahnung. 1. Auflage, Bastei-Verlag, Gustav H. Lübbe GmbH & Co., 1989, Seite 27 und Seite 124-125)

## Aufgaben

1. *Lesen Sie den obenstehenden ersten Abschnitt des Trivialromans „Von Liebe keine Ahnung". Welche Erwartungshaltung entsteht beim Leser?*
2. *Lesen Sie den Auszug aus dem Schlußkapitel des gleichen Romans. Mit welchen sprachlichen Klischees arbeitet die Autorin? Stellen Sie entsprechende Textbeispiele zusammen, die typisch für die Trivialliteratur sind.*
3. *Überprüfen Sie, welche der genannten Merkmale für diesen Roman zutreffen. Belegen Sie Ihre Aussagen anhand von Textstellen.*
4. *Versuchen Sie, einen eigenen Schluß zu skizzieren, und vergleichen Sie ihn mit der vorgegebenen Lösung (unten).*
5. *Stellen Sie in einem Kurzvortrag Bücher vor, die Sie der Trivialliteratur zuordnen. Begründen Sie Ihre Wahl.*

*Lösung*

„Auf Sie, Anthony, und Ihre bezaubernde Frau! Werden Sie mit ihr nach Washington ziehen oder weiterhin bei uns bleiben?"
Anthony sah seine Kollegen nachdenklich an. „Dieses Problem möchte ich lieber mit meiner Senatorin besprechen", antwortete er schließlich lächelnd. „Und das kann eine ganze Weile dauern, denn wir sehen uns leider viel zu selten. Und wenn wir uns sehen … na, Sie wissen ja! Wir sind erst sechs Wochen verheiratet, und haben noch viel wichtigere Dinge vor."
„Na dann, auf den Nachwuchs", rief einer der anderen Ärzte fröhlich. „Vielleicht gibt es irgendwann sogar drei Senatoren in der Familie Durwood."
„Lassen Sie das bloß nicht meine Frau hören", meinte Anthony augenzwinkernd. „Sie ist Senatorin, kein Senator! Auf diese Unterscheidung legt sie großen Wert, und man sollte sie nicht reizen, denn sie ist sehr, sehr temperamentvoll."
Lächelnd dachte Anthony an die letzte Nacht mit Blanche. O ja, sie war temperamentvoll – in jeder Beziehung!

ENDE

# VII
# Sprachlich-kommunikative Normen

*Aus einem Bewerbungsschreiben*

... Nach der Lehre hatte ich keinen Bock mehr, in meinem Beruf weiterzumachen. ... Ich habe mich für eine Umschulung entschlossen ... Ich ersuchen sie höflichst um die Möglichkeit einer persönlichen Vorsprache und um ein Termin.
Auf eine positive Antwort hoffent,
mit freundlichen Grüssen
...

**Betreten Unbefugter verboten**

***Heute für den öffentlichen Publikumsverkehr geschlossen***

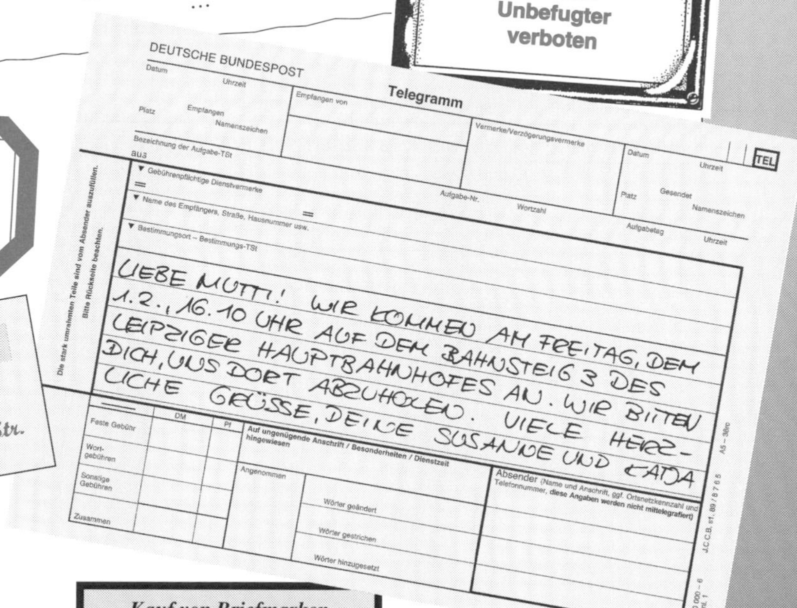
DEUTSCHE BUNDESPOST
Telegramm

LIEBE MUTTI! WIR KOMMEN AM FREITAG, DEM 1.2., 16.10 UHR AUF DEM BAHNSTEIG 3 DES LEIPZIGER HAUPTBAHNHOFES AN. WIR BITTEN DICH, UNS DORT ABZUHOLEN. VIELE HERZLICHE GRÜSSE, DEINE SUSANNE UND KATJA

*Frau*
*Juliane Schulz*
*Carl Maria von Weber Str.*
*6311 Neustadt*

***Kauf von Briefmarken am Automat***

*Aus einem Lebenslauf*

*Ich wurde am 4.10.1970 in dem schönen Städtchen W. geboren. Meine lieben Eltern waren ...*

- Welche sprachlich-kommunikativen Normen werden in den Textbeispielen jeweils verletzt?
- Ordnen Sie die Beispiele den Normbereichen Rechtschreibung, Grammatik, Semantik (Bedeutungslehre) und Stilistik/Textnormen zu.

Sprachlich-kommunikative Tätigkeit vollzieht sich wie jede menschliche Tätigkeit nach bestimmten Mustern, Regeln oder Normen. Wir befolgen viele dieser Normen unbewußt und werden oft erst auf sie aufmerksam, wenn wir unsicher sind oder wenn gegen diese Normen verstoßen wird.

Verstöße gegen die Normen, die sich in einer Kommunikationsgemeinschaft allmählich herausgebildet haben, können die Kommunikation stören oder beeinträchtigen und zu unerwünschten Nebenwirkungen führen.

Hierorts, den heutigen

1. Meine Neigung zu Dir ist unverändert.
2. Du stehst heute abend, 7 1/2 Uhr, am zweiten Ausgang des Zoologischen Gartens, wie gehabt.
3. Anzug: Grünes Kleid, grüner Hut, braune Schuhe. Die Mitnahme eines Regenschirms empfiehlt sich.
4. Abendessen im Gambrinus, 8.10 Uhr.
5. Es wird nachher in meiner Wohnung voraussichtlich zu Zärtlichkeiten kommen.

(gez.) Bosch
Oberbuchhalter

(Aus: K. Tucholsky, Zeitungsdeutsch und Briefstil (1931). In: K. Tucholsky: Lerne lachen ohne zu weinen. Auswahl 1928-1929, Band 5, Berlin 1972, Seite 178)

# 1
# Rechtschreibnormen

## 1.1
## Schreibung der Laute

Im Deutschen stimmen Aussprache und Schreibung der Laute oft nicht überein.

**Beispiele**

[i:] – Lied, Lid, ihr, sieht

ewig [...iç] (Ich-Laut)

Man kann sich deshalb beim Schreiben nicht auf das Gehör verlassen. Die wichtigsten Grundregeln sollte man kennen, die Schreibung häufig gebrauchter Wörter sollte man beherrschen.

Außerdem ist es notwendig, sich die Schreibung wichtiger Wortstämme und wichtiger Wortbildungs- und Flexionselemente einzuprägen und ihr Erkennen in Zusammensetzungen und Ableitungen sowie in flektierten (gebeugten) Wortformen zu üben. Bei Unsicherheiten hilft oft, das Wort auf das Ausgangswort zurückzuführen oder ein stammverwandtes Wort zu suchen, dessen Schreibung bekannt ist.

In Zweifelsfällen sollte man immer im Duden nachschlagen!

### Aufgaben

**1.** *Ergänzen Sie die folgende Tabelle zur Schreibung langer Vokale nach dem angegebenen Muster (Lautschrift nach Duden, Band 1: Rechtschreibung der deutschen Sprache). Beachten Sie, daß für jeden langen Vokal mindestens zwei Schreibmöglichkeiten bestehen.*

| Laute | Buchstaben | Beispiele |
|---|---|---|
| [a:] | a, aa, ah | Haken, Haar, Hahn |
| [e:] (geschlossen) | | |
| [ɛ:] (offen) | | |
| [i:] | | |
| [o:] | | |
| [ø:] | | |
| [u:] | | |
| [y:] | | |

**2.** *Schreiben Sie zu den folgenden Wörtern verwandte Wörter oder flektierte Formen auf. Beachten Sie rechtschreibliche Besonderheiten einiger Ableitungen und Wortformen.*
die Gefahr, nah, die Saat, das Paar, die Waage, das Wasser, alt, laufen, die Währung, wehren, der Raum, blühen

## i – ie – ih – ieh

Das langgesprochene *i* wird meist als *ie* geschrieben, es kann aber auch unbezeichnet bleiben, *ih* oder *ieh* geschrieben werden.

- Die wenigen Wörter mit *ih* oder *ieh* prägen sich leicht ein.

  **Beispiele**

  ihm, ihr, ihn, ihnen; fliehen, ziehen, das Vieh, er sieht, er lieh

- Wortstämme mit unbezeichnetem langen *i* sind selten. Man kann sie sich merken.

  **Beispiele**

  die Fibel, der Igel, der Biber, der Tiger, das Liter, die Brise (Luftzug), die Prise (kleine Menge), das Augenlid, der Stil, wider (gegen), die Mine (im Bergwerk, des Bleistiftes, Sprengladung), mir, dir, wir

- Fremdwörter haben meist nur *i.*

  **Beispiele**

  das Klima, das Profil, der Tarif, das Kilo(gramm)

- Beachten Sie die Schreibung der fremden Morpheme[1].

  **Beispiele**

  *-in/-ine:* der Kamin, das Nikotin, die Blondine, die Praline, die Maschine, der Termin
  *-iv/-ive:* intensiv, das Substantiv, das Motiv, die Lokomotive, die Alternative

  **aber:**

  *ie, ier, ieren:* die Galerie, die Garantie, der Juwelier, finanzieren, garantieren, regieren

### Aufgabe

*i – ie – ih – ieh? Setzen Sie richtig ein.*

das unverhoffte W–dersehen, keine W–derrede dulden, seine W–derwahl zum Bürgermeister, eine Regel w–derholen, etwas w–derfinden, W–derstand leisten, w–derrechtlich handeln, etwas erw–dern, eine wörtliche W–dergabe, etwas w–derspiegeln;
den Besenst–l befestigen, der St–l der Rose, eine st–lis–rte Rose, der Baust–l der Gründerzeit; ausg–big essen, etwas ist von großer Erg–bigkeit, er g–bt es gern;
eine kupferhaltige M–ne, er verzog keine M–ne, die M–ne im Kugelschreiber erneuern, die Augenl–der zusammenkneifen;
das Handlungsmot–v suchen, die Garant–zeit verlängern, die Reg–anweisung lesen, die Umkleidekab–ne betreten, die Ur–nuntersuchung anordnen, eine Nikot–nvergiftung haben, das Fahrradvent–l wechseln, eine Gard–ne anbringen.

## k – ck – kk – c – ch

- In deutschen Wörtern erscheint für den K-Laut nach kurzem Vokal *ck* (erschrecken, Hacke, Ruck), nach langem Vokal *k* (erschrak, Haken, er buk).
- In Fremdwörtern schreibt man

  *k*: Paket, aktiv, Akustik
  *kk*: Akkusativ, Akkumulation, akklimatisieren
  *c*: Café, Cousin, Computer, Container
  *ch*: Chrom, chronisch, Chrysantheme

[1] *Morphem:* kleinste bedeutungstragende Einheit in der Sprache

## Aufgabe

*k – ck – kk – c – ch? Setzen Sie richtig ein.*

das Pä–chen fran–ieren, das Pa–et pa–en, A–ten in die–lemmappe geben, den Ta–t angeben, Fa–ten sammeln, den Film syn–ronisieren, das–orre–te Verhalten, –rasse Beispiele, das entde–te Verbrechen, Multipli–ation, einen Ma–el beseitigen, Produ–te, Arbeits–lima, He–motor, a–urat arbeiten, den Botschafter a–reditieren, –apital a–umulieren, ein–ape nähen, dem–aos begegnen, die Ware–al–ulieren, das Wasser–loren, die–roni– schreiben, eine Gallen–oli– erleiden.

## d – t

## Aufgaben

1. *Bilden Sie mit Hilfe des Dudens zu folgenden Wörtern Wortfamilien. Klären Sie die Bedeutung der Wörter.*
   entgraten, gelten, Geld, leiden, leiten, kleiden, gleiten, Tod, tot, der Gesandte, der Verwandte
2. *Ordnen Sie folgende Wörter der richtigen Spalte zu.*

wesen–lich, unen–lich, Dirigen–, vermein–lich, en–sprechen, Dividen–e, veren–en, Referen–, en–mutigen, gelegen–lich, Promoven–, en–gelten, been–en, En–täuschung, En–losigkeit, laufen–e Ausgaben, en–gleiste Waggons, Absolven–, En–setzen, versehen–lich, En–spurt, aben–lich, allen–halben, zusehen–s, jugen–lich, tugen–haft, hoffen–lich.

| 1<br>Präfix<br>*ent-* | 2<br>*-end* als Teil des Wortstammes | 3<br>gramm. Endung *-end* (Part. I) | 4<br>Fugenelement<br>*(-en) – t –* | 5<br>Suffix<br>*-ent* | 6<br>Suffix<br>*-end(e)* |
|---|---|---|---|---|---|
| | | | | | |

3. a) *Bilden Sie zu folgenden Verben das Partizip I.*
   zuvorkommen, erschüttern, strahlen, spannen, hervorragen, aufregen, beeindrucken
   
   b) *Steigern Sie die Partizipien, und wenden Sie sie in Wortgruppen an. Was müssen Sie beim Superlativ beachten?*

## g – ch – sch

## Aufgaben

1. *g – ch – sch? Setzen Sie richtig ein.*

staatli–e Beziehungen, geselli–er Abend, fünfwöchi–er Kursus, wöchentli–e Beratung, tägli–es Pensum, gleichschenkli–es Dreieck, nebli–es Wetter, übli–e Praxis, untadeli–es Verhalten, abergläubi– sein, wackli–er Tisch, höhni–e Bemerkungen, feinmechani–e Industrie, seeli–e Belastung.

2. *Bilden Sie von folgenden Substantiven adjektivische Ableitungen auf -ig, -lich oder -isch. Beachten Sie, daß bei einigen Substantiven mehrere Adjektive möglich sind. Beschreiben Sie den Bedeutungsunterschied.*
   Gefallen, Brief, Geschäft, Verstand, Vernunft, Heim, Gefahr, Güte, Bruder, Geist, Sinn, Mund, Kind, Mode, Herr, Tat, Zeit, Seele.

## s – ss – ß

R 183–188[1]

- Stimmhafter S-Laut (Schreibung ausschließlich *s*) und stimmloser S-Laut (Schreibung *s, ss, ß*) lassen sich vom Klang her nur schwer unterscheiden. Darum ist es empfehlenswert, im Zweifelsfall stets nach Wortverwandten zu suchen.
- Hat das Stammorphem einfaches *s*, so wird in allen Zusammensetzungen und Ableitungen *s* geschrieben.

  **Beispiele**

  Reise, Reisender, verreisen, er reist
- Das *ß* oder *ss* des Stammorphems kann nie mit *s* wechseln, aber *ß* und *ss* können innerhalb eines Stammorphems wechseln.

  **Beispiele**

  Riß, Reißzeug, zerreißen, zerrissen, rissig

### Aufgabe

*s – ss – ß? Setzen Sie richtig ein.*

den Intere-en des Betriebes in hohem Ma-e gerecht werden, Schlu-folgerungen aus den Ergebni-en des Kongre-es ziehen, kompromi-loses Herangehen, eine wichtige Erkenntni- gewinnen, etwas fa-t verge-en, die Ma-einheit genau angeben, die verkehrsmä-ige Erschlie-ung, am Flie-band arbeiten, die zerri-ene Kleidung, verha-t sein, wä-rige Kartoffeln, gewi-erma-en, schlie-lich, verlä-lich, Datenerfa-ungsgerät, die erfa-ten Daten, die Zuverlä-igkeit.

## „das“ oder „daß“?

- *Das* kann **Artikel** (das Haus), **Relativpronomen** (das Haus, das ich mir gekauft habe ...) oder **Demonstrativpronomen** sein (Das habe ich nicht gewußt.)
- Der Artikel *das* ist formal ersetzbar durch den unbestimmten Artikel *ein*.
- Das Relativpronomen *das* leitet einen Nebensatz ein und kann durch *welches* ersetzt werden.
- Das Demonstrativpronomen das weist auf Bekanntes hin, es kann durch *dies(es)* ersetzt werden.
- *Daß* ist eine Konjunktion. Sie verbindet zwei Sätze miteinander. Sie leitet einen Nebensatz ein und läßt sich nicht ersetzen.

### Aufgabe

*„Das“ oder „daß“? Setzen Sie richtig ein, und begründen Sie Ihre Entscheidung mit der grammatischen Funktion von das beziehungsweise daß. Setzen Sie die fehlenden Kommas.*

Leider müssen wir Ihnen mitteilen da- die gewünschten Artikel zur Zeit nicht lieferbar sind.
Wir hoffen da- Angebot entspricht Ihren Erwartungen.
Wir hoffen da- Sie mit diesen Änderungen einverstanden sind.
Sollten wir keinen gegenteiligen Bescheid von Ihnen erhalten werten wir da- als Bestätigung.

[1] Die in den Kästchen angegebenen Kennziffern verweisen jeweils auf die entsprechenden Richtlinien im Duden, Band 1: Rechtschreibung der deutschen Sprache, Mannheim/Leipzig/Wien/Zürich 1991, Seite 17-64.

## Zusammentreffen dreier gleicher Konsonanten

R 204

### Aufgabe

*Informieren Sie sich im Duden über die Schreibung, wenn drei gleiche Konsonanten zusammentreffen. Schreiben Sie dann die folgenden Wörter richtig ab.*

die Rohstoff(frage), die Brenn(nessel), der Schnell(läufer), das Stamm(morphem), die Still(legung), das Ballett(theater), denn(noch), der Mitt(tag), das Papp(plakat), programm(mäßig), die Sauerstoff(flasche), griff(fest), die Ballett(tänzerin), die Auspuff(flamme), der Woll(lappen), die Kenn(nummer), die Stall(laterne), der Schwimm(meister), das Postscheck(konto)

# 1.2 Groß- und Kleinschreibung

R 60, 65, 66, 67, 68

Groß schreibt man Substantive und substantivierte Wörter.

Substantivierte Wörter haben die gleichen grammatischen Merkmale wie Substantive: Sie können einen **Artikel** (der auch mit einer Präposition verschmolzen sein kann) und **Attribute** bei sich haben und sind wie Substantive **deklinierbar.**

### Aufgaben

**1.** *Schreiben Sie aus den folgenden Sätzen alle substantivierten Wörter mit ihren grammatischen Erkennungsmerkmalen heraus. Geben Sie jeweils die Wortart an, der das substantivierte Wort entstammt.*

a) Das Neue wird sich durchsetzen.
b) Alle Sportler leisteten bei diesem Wettkampf Hervorragendes.
c) Ihr langes Schweigen wurde falsch gedeutet.
d) Er antwortete laut und vernehmlich mit Ja.
e) Wir müssen uns des Gesagten nicht schämen.
f) Sie erhielt eine Eins in Maschinenschreiben.
g) Wir stehen vor einem Entweder-Oder.
h) Sie mußten Schweres durchmachen.
i) Junge und Alte waren gleichermaßen am Kommen interessiert.
j) Leider kommt sie nur selten zum Lesen.
k) Er wollte das Seine dafür tun.
l) Für sie gab es kein Wenn und Aber.
m) Sein Leben war ein ständiges Auf und Ab.

*Haben Sie bei der Lösung der Aufgabe Schwierigkeiten, dann frischen Sie Ihre Kenntnisse über die Wortarten auf (vergleiche Abschnitt 2.1).*

**2.** *Groß oder klein? Begründen Sie, warum Sie die Adjektive und Partizipien in den folgenden Sätzen groß oder klein schreiben. Beachten Sie, als welches Satzglied sie gebraucht werden.*

a) Es besteht nicht der (g)eringste Zweifel, daß das (g)esagte den (n)euesten Erkenntnissen entspricht.
b) Es ist nichts (u)ngewöhnliches, daß neben (e)rfahrenen Facharbeitern auch (j)unge und (f)ähige an dem Projekt beteiligt werden.
c) Man rechnet mit dem (s)chlimmsten.
d) Sie mußte in letzter Zeit viel (s)chweres durchmachen.
e) Obwohl er nicht zu den (j)üngsten zählt, treibt er regelmäßig Sport.
f) Im Deutschunterricht muß (n)eues Wortmaterial gesichert und in (b)ekanntes eingeordnet werden.
g) Das Fernsehen bringt täglich (n)eues, (i)nteressantes und (s)ehenswertes.
h) Alles (w)ichtige hatte er vergessen.
i) Die guten Schüler sollten den (s)chwächeren helfen.

**3.** *Groß oder klein? Begründen Sie die unterschiedliche Schreibung von Sprachbezeichnungen.*

a) Das Buch ist aus dem (e)nglischen ins (d)eutsche übertragen worden.
b) Im (d)eutschen ist die Satzgliedfolge auch vom Mitteilungswert abhängig.
c) Lehnwörter haben sich dem (d)eutschen in Aussprache, Flexion und Schreibung völlig angepaßt.
d) Wegen seiner ungenügenden Leistungen in (d)eutsch und (e)nglisch wird er die Prüfung nicht bestehen.
e) Für seinen Beruf muß er (e)nglisch beherrschen.
f) Das (g)ermanische unterscheidet sich vom (i)ndoeuropäischen besonders durch die Durchführung der ersten oder (g)ermanischen Lautverschiebung und die Festlegung des (i)ndoeuropäischen freien Wortakzents auf die Stammsilbe.
g) Er spricht besser (f)ranzösisch als (e)nglisch.

**4.** *Groß oder klein? Setzen Sie richtig ein. Schlagen Sie im Zweifelsfall im Wörterverzeichnis des Dudens nach.*

Am (ersten) des Monats ist die Lohnabrechnung fällig. Er nahm sich fest vor, als (erster) durchs Ziel zu gehen. Nicht jeder kann (erster) sein. Sie bestand die Abschlußprüfung mit (eins). Jeder durfte sich (eins) von den Büchern nehmen. Sparbeträge werden mit (dreieinviertel) vom (hundert) verzinst. Mehr als (hundert) waren es bestimmt nicht. Er züchtet viele (hunderte) dieser seltenen Pflanzen. Er kam bei seinen Darlegungen vom (hundertsten) ins (tausendste). Der Unterricht beginnt (viertel) nach (sieben). Wie heißt der Spieler mit der (fünf)? Das Kind krabbelt auf allen (vieren). Sie verlangte ein (viertel) Salami und ein (viertel) Pfund Gehacktes. Er arbeitet wie kein (zweiter). Er hat einen (zweier) im Lotto gewonnen.

> Prägen Sie sich besonders ein, wie Adjektive und Partizipien in substantivischer Bedeutung nach *alles, etwas, genug, nichts, viel, wenig, allerlei* und ähnlichen Wörtern geschrieben werden!

## Titel und Namen

R 73-77

### Aufgaben

**1.** *Informieren Sie sich in den „Richtlinien zur Rechtschreibung, Zeichenlehre und Formenlehre in alphabetischer Reihenfolge“ im Duden über die Schreibung von Titeln und Namen.*

**2.** *Groß oder klein? Entscheiden Sie, ob es sich bei den unterstrichenen Wörtern um einen Namen oder Titel handelt.*

a) Alle vier Jahre finden die (o)lympischen Spiele statt.
b) Zu ihrer Eröffnung wird das (o)lympische Feuer entzündet.
c) Die (s)ächsische Schweiz ist ein beliebtes Ausflugsgebiet.
d) Er spricht (s)ächsische Mundart.
e) Unsere Ferien verbrachten wir an der (s)chleswig-(h)olsteinischen Küste.
f) 1989 wurde der 200. Jahrestag der (g)roßen (f)ranzösischen Revolution begangen.
g) Er studiert seit einem Jahr an der (t)echnischen Universität Hannover.
h) Die (d)eutsche Bundesbahn bietet für verschiedene Gruppen von Reisenden Vorzugstarife.
i) In Leipzig besichtigten wir die (d)eutsche Bücherei, die (r)ussische Kirche, die (a)lte Börse, die (n)eue Oper und das (n)eue Gewandhaus.
j) Sie kaufte noch (i)ndischen Tee, (u)ngarische Salami und (h)olländischen Käse.

**3.** *Aus sprachökonomischen Gründen werden vor allem für die Namen von Parteien, Organisationen, Verbänden und andere in Presse- und Sachtexten häufig Abkürzungen verwendet.*
*Lösen Sie die folgenden Abkürzungen in ihre Vollform auf, und beachten Sie dabei rechtschreibliche Probleme. Ziehen Sie zur Erläuterung Ihnen unbekannter Abkürzungen den Duden oder ein Abkürzungswörterbuch heran.*

EDV, DIN, BGB, EG, SPD, IOK, DRK, MEZ, USA, CDU, ADAC, CVJM, F.D.P., ZDF, GmbH.

*Verfahren Sie entsprechend mit wichtigen Abkürzungen aus Ihrem Arbeitsbereich.*

R 61-64

**Klein schreibt man Wörter, die keine Substantive oder Eigennamen sind oder die nicht mehr substantivisch gebraucht werden.**

## Aufgaben

**1.** *Wenden Sie folgende Präpositionen in Sätzen an. Achten Sie auf den richtigen Fall. Vergewissern Sie sich im Duden.*
dank, kraft, trotz, inmitten, zufolge, zugunsten, mittels, statt, betreffs, angesichts, laut, auf seiten.

**2.** *Gebrauchen Sie die folgenden Wendungen im Satzzusammenhang.*
sich nichts zuschulden kommen lassen, zumute sein, zugrunde legen (gehen, richten), zuteil werden, zutage treten, zuwege bringen, imstande sein

**3.** *Groß oder klein? Entscheiden sie, ob es sich bei den unterstrichenen Wörtern noch um Substantive handelt.*

a) Es ist (s)chade, daß ihr das Konzert nicht miterleben könnt. Der ihm zugefügte (s)chaden ist nicht nur materieller Art. Er meint, es sei nicht (s)chade darum.

b) Oft ist es schwer, die eigene (s)chuld einzugestehen. Du bist (s)chuld, daß er vorzeitig das Fest verließ. Wir sind uns keiner (s)chuld bewußt.

c) Wir sind nicht (r)echt zufrieden mit dem Ergebnis der Untersuchung. Es ist dein (r)echt, eine Begründung für die Entscheidung zu verlangen. Der Angeklagte kann zwischen (r)echt und (u)nrecht nicht unterscheiden. Die Kritik bestand zu (r)echt. Er hat in dieser Sache (r)echt.

d) Die Auszubildenden hatten keine (a)ngst vor der Prüfung. Uns muß nicht (a)ngst um seine Zukunft sein.

e) Du darfst die genannten Gründe nicht außer (a)cht lassen. Es kann einem (l)eid tun. Er ist (w)illens, diese Aufgabe zu übernehmen.

f) Mit (b)ezug auf das gestern (f)rüh geführte Telefongespräch teilen wir Ihnen mit, daß der Lehrgang jeweils (d)ienstags stattfinden wird. Darauf wurde schon (e)ingangs hingewiesen.

g) Leider kann ich nicht mit dir zu (a)bend essen. Heute (a)bend beginnt die Vorstellung erst um 20 Uhr.

Die Kleinschreibung bereitet vor allem dort Schwierigkeiten, wo die Verbindung des Wortes mit einem Artikel, Pronomen oder einer Präposition auf eine Substantivierung schließen läßt.

**Beispiele**

im besonderen, jeder beliebige, am bedeutendsten, sein Schäfchen ins trockene bringen, auf das herzlichste

**Scheinsubstantivierungen sind daran zu erkennen, daß man meist anstelle der ganzen Fügung ein einfaches Wort (Adjektiv, Adverb oder Partizip) einsetzen kann.**

## Aufgabe

*Verwenden Sie die folgenden Fügungen im Satzzusammenhang und ersetzen Sie sie durch ein einfaches Wort.*

des öfteren, im allgemeinen, bis ins kleinste, aufs deutlichste, bis auf weiteres, alles mögliche, aufs äußerste, das beste, aufs herzlichste, das zweckmäßigste, aufs hervorragendste, um ein beträchtliches.

Prägen Sie sich die Schreibweise der folgenden Wendungen ein:

| | |
|---|---|
| im großen und ganzen | den kürzeren ziehen |
| von klein auf | auf dem laufenden bleiben |
| seit kurzem | ins reine bringen |
| nicht im geringsten | sein möglichstes tun |
| des weiteren | im unklaren sein |
| ohne weiteres | im guten sagen |
| im wesentlichen | beim alten lassen |

R 205-212

# 1.3 Zusammen- und Getrenntschreibung

Um über Zusammen- oder Getrenntschreibung richtig entscheiden zu können, muß man sich einige grundsätzliche Gesichtspunkte fest einprägen:

| Getrenntschreibung | Zusammenschreibung |
|---|---|
| • wenn beide Wörter noch ihre eigene Bedeutung haben (R 206):<br>**gut machen** (gut arbeiten) | • wenn ein neuer Begriff entstanden ist, den die bloße Nebeneinanderstellung nicht ausdrückt (R 205):<br>(ein Unrecht) **gutmachen** (in Ordnung bringen) |
| • wenn jedes Wort einzeln durch ein anderes ersetzt werden kann:<br>**gut** (zur Zufriedenheit)<br>**machen** (erledigen) | • wenn die gesamte Fügung durch ein Wort oder einen Begriff ersetzt wird:<br>**gutmachen** (ausgleichen; in Ordnung bringen; einsparen) |
| • wenn beide Wörter betont werden:<br>**gút máchen** | • wenn nur eines der zusammengefügten Wörter betont wird:<br>**gútmachen** |

In vielen Fällen ist sowohl Getrennt- als auch Zusammenschreibung möglich. In der Regel entscheidet dann der Schreiber danach, ob jedes der Wörter gleichwertig ist oder nicht.

In Zweifelsfällen schreibe man getrennt!

## Aufgaben

**1.** *Getrennt oder zusammen? Begründen Sie Ihre Entscheidung.*

Material für ein Referat (zusammen tragen), den Wäschekorb (zusammen tragen), als Redner (frei sprechen), den Angeklagten (frei sprechen), einen Betrag (gut schreiben), trotz Eile (gut schreiben), ein ([z]eit sparendes) Verfahren, eine ([e]poche machende) Erfindung, die ([e]isen verarbeitende) Industrie, die großes ([a]ufsehen erregende Entdeckung, (nicht metallische) Werkstoffe, der (neu ernannte) Botschafter.

**2.** *Bestimmen Sie, ob Getrennt- oder Zusammenschreibung zutrifft.*

für den Sonnabend (frei bekommen), der Abschied wird (schwer fallen), alle haben (still zu sitzen), das Ziel ist, (blind zu schreiben), einen Patienten (gesund schreiben), ganz (gerade stehen), einem anderen (gleich kommen), er wird (gleich kommen), eine Arbeit (schlecht machen), zur Tür (herein kommen), Gäste miteinander (bekannt machen), den Freund (schlecht machen), er hat es (gut geheißen), der Arbeitsplatz ist (sauber zu halten), er hat die Stellung lange (inne gehabt), er ist heil (davon gekommen), das ist (davon gekommen), daß ..., eine Entscheidung (bekannt machen), sich mit einem Problem (auseinander setzen), eine Aussage (richtig stellen).

## Die Schreibung der Namen von Straßen und Plätzen

R 189-193

### Aufgaben

**1.** *Informieren Sie sich im Duden über die Regeln zur Schreibung von Straßennamen. Begründen Sie die Schreibung auf den Straßenschildern.*

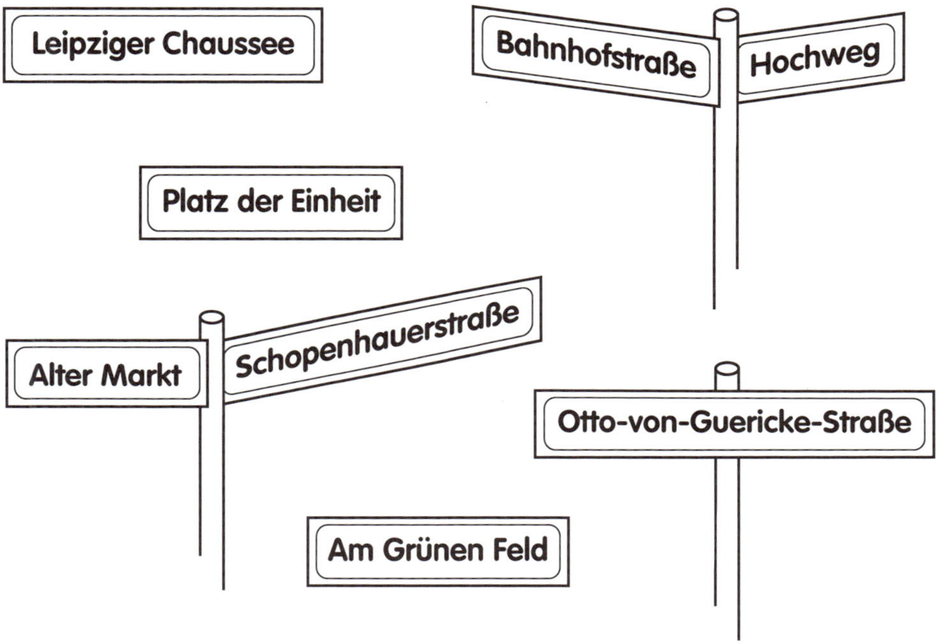


**2.** *Ordnen Sie die Namen der Straßen und Plätze aus dem Berliner Stadtplan nach dem folgenden Muster.*

**Namen mit *einem* Bestimmungswort**
- Name/Substantiv/ungebeugtes Adjektiv → *Zusammenschreibung*
- gebeugtes Adjektiv/Ableitung von Orts- und Ländernamen → *Getrenntschreibung*

**Namen mit *mehreren* Bestimmungswörtern**
- Titel, Vor- und Familienname → *Schreibung mit Bindestrich*
- nachgestelltes Attribut → *Getrenntschreibung ohne Bindestrich*

**3.** *Schreiben Sie die folgenden falsch geschriebenen Straßennamen in der richtigen Form auf.*

Gabelsberger Straße, Erich-Kästnerstraße, Garten-Straße, Dr. Hans-Litten-Straße, Potsdamerstraße, Schiller-Weg, Am neustädter Feld, Ernst-Moritz Arndt-Straße, Wilhelm- von Kügelgen-Straße, Hohestraße, Halloren-Ring, Merseburgerstraße.

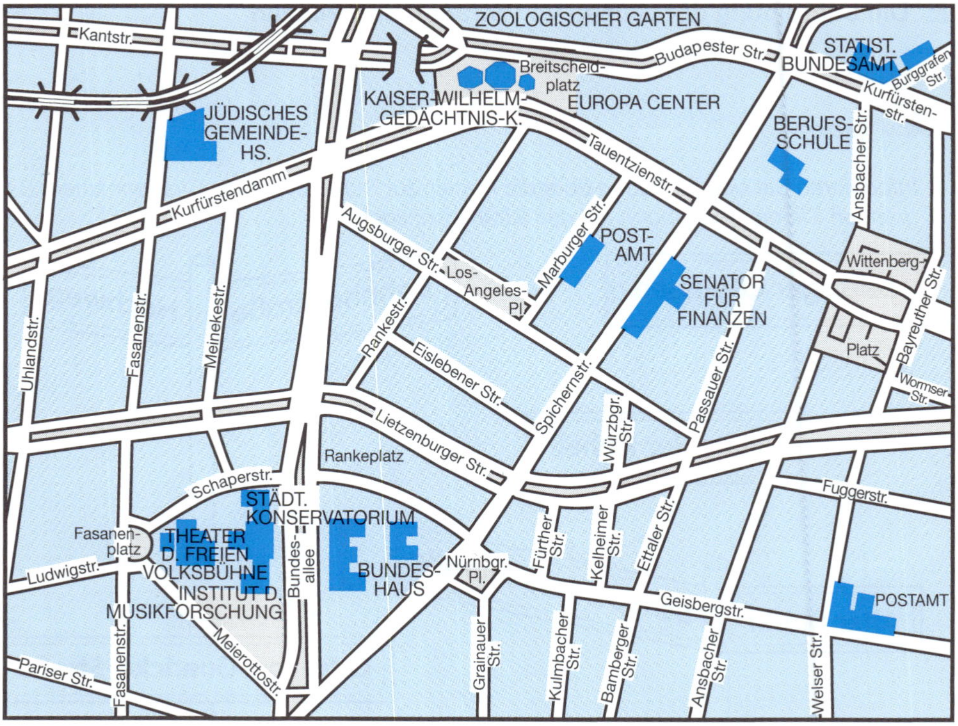


*Stadtplanausschnitt Berlin*

## ■ Schreibungen mit Bindestrich

R 32-43

### Aufgaben

**1.** *Informieren Sie sich im Duden über die Gebrauchsformen des Bindestrichs und über seine Anwendung. Fertigen Sie eine Übersicht über die Arten des Bindestrichs an, und ordnen Sie die folgenden Beispiele zu. Ergänzen Sie dabei die fehlenden Bindestriche.*

Personen und Güterverkehr, Druck Erzeugnis, Drucker Zeugnis, Frage und Antwort Spiel, UKW Sender, wissenschaftlich technische Mitarbeiter, September Oktober Heft, Gepäckannahme und ausgabe, A Dur Tonleiter, Tee Ernte, Fußball WM, Frage und Antwort Spiel, Arbeiter Unfallversicherungsgesetz, Ist Bestand, Dehnungs h

**2.** *Verkürzen Sie folgende Wortgruppen, indem Sie das sich wiederholende Wort einsparen. Wo ist ein Bindestrich zu setzen?*

keramische Industrie und Glasindustrie, einsteigen und aussteigen, 15jährige bis 20jährige Teilnehmer, Beladearbeiten und Entladearbeiten, Berufsverkehr, Schülerverkehr und Reiseverkehr, eiweißreich und vitaminreich, Privatmittel und öffentliche Mittel, Wareneingang und Warenausgang, dreifach oder vierfach.

**3.** *Lösen Sie in die Vollform auf:*

DIHT, IHK

**4.** *Bilden Sie aus den folgenden Wortgruppen Zusammensetzungen. Entscheiden Sie, ob die Wortbestandteile durch Bindestriche zu verbinden sind.*

Mitglied eines Klubs, Verbrauch pro Kopf (der Bevölkerung), Beatmung von Mund zu Mund, Zulassungsordnung für den Straßenverkehr, Krankheiten von Herz und Kreislauf, Bau von Werkzeugmaschinen, Sinfonieorchester des Rundfunks.

**5.** *Schreibt man die folgenden Zusammensetzungen/Ableitungen mit Abkürzungen/Zahlen mit oder ohne Bindestrich?*

4 fach, S Bahn, Dipl. Ing., 100 % ig, Tel. Adr., 14 tägig, 2 Zimmer Wohnung, 2 kg Paket, DIN A 4 Format, Rechnungs Nr., die 90 er Jahre, SPD Vorstand, EDV gestützt

**6.** *Erklären Sie die Unterschiede zwischen den folgenden Sätzen:*

a) Ich hätte gern 2-kg-Dosen Mischgemüse.
b) Ich hätte gern 2 kg-Dosen Mischgemüse.
c) Ich hätte gern 2 kg Dosen Mischgemüse.

*Welcher Satz ist der wahrscheinlichste?*

# 1.4 Schreibung der Fremdwörter

R 53

Allerhand

Sprachdummheiten

Kleine deutsche Grammatik
des Zweifelhaften, des Falschen und des Häßlichen

Ein Hilfsbuch für alle
die sich öffentlich der deutschen Sprache bedienen

von

Gustav Wustmann

Gewohnheit macht den Fehler schön
Den wir von Jugend auf gesehen
Gellert

Sechste Auflage

Straßburg
Verlag von Karl J. Trübner
1912

**Fremdwörter**

Ganz widerwärtig ist es, wie unsre Sprache neuerdings mit englischen Sprachbrocken überschüttet wird. Da wird das kleine Kind Baby genannt, und die Bedürfnisse für kleine Kinder kauft man im Babybasar, ja im zoologischen Garten ist sogar ein Elefantenbaby zu sehen! Ein Frauenkleid, das der Schneider gemacht hat, wird als tailor-made bezeichnet, eine Schauspielerin oder Sängerin, die Aufsehen erregt, wird als Star gefeiert, Buchhändler reden von Standard-Werken, unsre Schuhe werden aus Boxcalf gemacht (wenn nicht noch lieber aus Chevreau), an allen Mauern, Wänden und Schaufenstern schreit uns das Wort Sunlight-Seife entgegen, das die Fabrikanten den deutschen Dienstmädchen zuliebe neuerdings sogar in Sunlicht-Seife (!) geändert haben, ein andrer Fabrikant preist seine Safety-Füllfedern an, und an den Anschlagsäulen heißt es, daß in dem oder jenem Tingeltangel fise sisters oder fise brothers auftreten werden. Und dabei rühmt eine bekannte Fabrik von Teegebäck in Hannover, daß ihr Fabrikat der (!) beste Buttercakes sei! Eine deutsche Mutter sollte sich schämen, ihr Kind Baby zu nennen. Was würden unsre guten Freunde, die Engländer, sagen, wenn ein englischer Fabrikant wagen wollte, Sonnenlicht Soap anzupreisen!

Das schrieb vor etwa 80 Jahren Gustav Wustmann in seinem Buch „Allerhand Sprachdummheiten“[1]. Darin warnte er vor einer Reihe von „Gefahren für die deutsche Sprache“, unter anderem vor einer Überfremdung.

Heute wie schon seit langem sind Fremdwörter aus unserem Sprachalltag nicht mehr wegzudenken. Man sollte aber prüfen, ob das fremde Wort in der jeweiligen Situation und im jeweiligen Text angemessen ist oder ob nicht auch ein heimisches Wort dafür gebraucht werden kann.

Neben dem Verständnis der **Bedeutung fremder Wörter** bereiten uns vor allem ihre **Schreibung** und ihre **Aussprache** Schwierigkeiten. Dafür gibt es verschiedene Gründe:

- Aussprache und Schreibung weichen oft voneinander ab. Deshalb sollte man sich Aussprache und Schreibweise charakteristischer fremder Laute, Lautverbindungen und Buchstabenverbindungen einprägen.
- Viele Fremdwörter sind in ihrer Aussprache und Schreibung bereits den deutschen Wörtern angeglichen. Von diesem Prozeß werden aber die fremden Wörter in unterschiedlichem Grade erfaßt, so daß sich allgemeingültige Regeln hier schwer aufstellen lassen.
- Wenn die Bedeutung des Fremdwortes unklar ist, ist meist auch das Schriftbild nicht geläufig. Bei Unsicherheiten sollte man im Duden oder in einem Fremdwörterbuch nachschlagen. Der Duden gibt Auskunft über Schreibung, Silbentrennung, Aussprache, Flexion, Herkunft und Bedeutung eines fremden Wortes.

**Beispiel**

**Ma|nage|ment** ['mɛnɛdʒmənt], das; -s, -s (engl.-amerik.) (Leitung eines Unternehmens); **Ma|nage|ment-Buy|out** [...bai'aut], das; - -[s] (Übernahme einer Firma durch die eigene Geschäftsleitung); **ma|na|gen** ['mɛnɛdʒ(ə)n] (*ugs. für* leiten, unternehmen; zustande bringen); gemanagt; **Ma|na|ger,** der; -s, - (Leiter [eines großen Unternehmens]; Betreuer [eines Berufssportlers]); **Ma|na|ge|rin; Ma|na|ger|krank|heit**

## Fremdwörter aus dem Englischen

| Schreibung | Aussprache | Beispiele |
|---|---|---|
| ch | [tʃ] | chartern, Chip |
| j, g | [dʒ] | Manager, Jeans |
| ow, ou | [au] | Clown, Couch |
| ee, ea | [i:] | Teenager, Leasing |
| ai | [ɛ:] | fair, Trainer |
| a | [e:], [ɛ] | Make-up, Laser |

[1] Wustmann, G., Allerhand Sprachdummheiten, Straßburg 1912, Seite 438/439.

## Fremdwörter aus dem Französischen

| Schreibung | Aussprache | Beispiele |
|---|---|---|
| é | [eː] | Café (eingedeutscht: Kaffee, Klischee, Komitee) |
| ai | [ɛː] | Relais (eingedeutscht: Affäre, Porträt) |
| (e)au | [o], [oː] | Restaurant, Niveau (eingedeutscht: Büro, Schofför) |
| ou | [u], [uː] | Routine (eingedeutscht: Kusine, Kuvert) |
| (i)eu | [(j)øː] | Friseur, Ingenieur (eingedeutscht: Likör, Frisör, Schofför) |
| oi | [o̯a] | Memoiren |
| oy | [o̯aj] | Foyer |
| il(l) | [j] | Detail |
| | [lj] | Medaille |
| g, j | [ʒ] | Garage, Jeton |
| ch | [ʃ] | Charme |
| an | [ã] | Nuance |
| on | [õ] | Ballon |
| (a)in | [ɛ̃] | Bassin, Terrain |
| ier | [i̯eː] | Hotelier, Premier |
| iere | [i̯ɛː] | Premiere |
| u | [y] | Budget |

## Fremdwörter aus dem Italienischen

| Schreibung | Aussprache | Beispiele |
|---|---|---|
| sch | [sk] | Scherzo |
| c (vor e, i) | [tʃː] | Cello |
| cc (vor e, i) | [ttʃ] | Boccaccio |
| cc (sonst) | [kk] | Boccaccio |
| g (vor e, i) | [dʒ] | Gina |
| g (sonst) | [g] | Allegro |

## Aufgaben

1. *Suchen Sie aus einem Zeitungstext alle Wörter heraus, die Ihnen fremd erscheinen. Diskutieren Sie darüber, warum sie wohl verwendet wurden und ob man sie auch durch ein deutsches Wort ersetzen könnte.*

2. *Sprechen Sie die Fremdwörter in den obenstehenden drei Übersichten laut aus, und prägen Sie sich dabei die Aussprache und Schreibweise der wichtigsten Laute und Lautverbindungen aus dem Englischen, dem Französischen und dem Italienischen ein (die Lautschrift folgt der Darstellung im Duden, Band 1: Rechtschreibung der deutschen Sprache). Ergänzen Sie die Beispiele.*

**3.** *Ermitteln Sie anhand des Wörterverzeichnisses im Duden, bei welchen der folgenden Fremdwörter eine eingedeutschte Schreibung zugelassen ist. Schreiben Sie die eingedeutschten Formen auf, und unterstreichen Sie die gegenwärtig bevorzugte Schreibung.*

Friseur, Masseur, Monteur, Service, Annonce, Container, Sauce, Clip, Phonogerät, Orthographie, Biographie, Geographie, Graphik, Stenographie, Photo, Photozelle, Photosynthese, Polygraphie, clever, chic, cremig, Creme, Phantasie, Computer, Telephon, contra, Cousin, Cousine, charmant, Decoder, Microfiche.

**4.** *Setzen Sie richtig ein.*

*a) i – y – ie?*

Kop–, D–nast–, As–l, Ph–s–k, Jur–, Pseudon–m, h–sterisch, ident–f–z–ren, anv–s–ren, Scharn–r, D–skus, des–nf–z–ren, Kant–ne, Konz–l, Law–ne, Raff–ner–, effekt–v, anon–m, Ph–siolog–, Souven–r, Pol–kl–n–k, t–pisch, (Bleistift-)m–ne, Rout–ne, S–nthese, Anal–se, H–giene.

*b) k – ch – c – kk?*

–lique, Sa–o, Effe–t, Ta–ti–, A–umulation, –remefarben, –ronisch, syn–ron, perfe–t, –oupon, blo–ieren, reda–tionell, a–ustisch, a–limatisieren, –onserve, –ongreß, –lub, –aos, –arta, A–zent, –ocktail, –omitee, –ommission, –assette, Re–order, Re–ord.

*c) f – v – ph – ff?*

Al–abet, –änomen, –legma, –urniert, Moti–, –ase, Uni–orm, Re–erenz (Empfehlung), Re–erenz (Ehrerbietung), katastro–al, Di–erenz, Di–ergenz, Trium–, Sin–onie, –ysisch, sou–erän, Reser–e, –itaminreich, –eteran, Paragra–, Ca–é, Ka–ee, di–amieren, Sou–leuse, A–inität, Stro–e.

*d) tt – t – th – d?*

indifferen–, Summan–, Laboran–, Hy–ran–, Pale–e, Rhy–mus, Pa–os, Etike–, Qua–ran–, Diploman–, fri–ieren, konsequen–, Kabine–, A–est, Dirigen–, Ka–e–rale, me–o–isch, Minuen–, Lebensstan–ar–, kompe–en–, Hypo–ese, Sympa–ie, Balle–, Tangen–e, Abonnen–, Doktoran–, Referen–, rasan–, Präsi–en–, Biblio–ek, –ermometer, syn–e–isch, –erapie, A–mosphäre.

*e) c – z – tz – zz?*

pla–ieren, Matri–e, Interme–o, annon–ieren, Pi–a, Matra–e, Ski–e, de–ent, Ra–ia, –entrum, kompli–iert, Sili–ium, –irkus, –elluloid.

**5.** *Tragen Sie zu jedem der folgenden Verben ein stammverwandtes Substantiv sowie ein Adjektiv beziehungsweise Partizip II in eine Tabelle ein.*

abstrahieren, tolerieren, analysieren, automatisieren, aktivieren, intensivieren, rationalisieren, praktizieren, stagnieren, fluktuieren, kommentieren, numerieren, prognostizieren, rekonstruieren, kooperieren, produzieren.

**6.** *Schreiben Sie zu folgenden Substantiven die entsprechenden Verben auf. Achten Sie auf die Veränderungen gegenüber den Substantiven. Erläutern Sie die Bedeutung der Wörter.*

Emulsion, Konzept, Projektor, Instruktion, Inserat, Intervention, Offerte, Korrektur, Montage, Revision, Konferenz, Boykott, Investition, Substitution, Polemik, Divergenz, Referat, Extrakt, Existenz.

**7.** *Ordnen Sie die Fremdwörter dem entsprechenden Sachbereich zu. Geben Sie den bestimmten Artikel an, und klären Sie Aussprache und Bedeutung Ihnen unbekannter Wörter.*

| Wirtschaft/Bank- und Finanzwesen | Informationsverarbeitung/ Nachrichtentechnik | Rechtswesen |
|---|---|---|

Infrastruktur, Investition, Programm, Prolongation, Justitiar, digitalisieren, Kalkulation, Kode, Testament, Redundanz, Hardware, Software, Kommunikation, Notariat, Diskette, Terminal, Aktie, Konkurrenz, Datei, Investmentfonds, Legitimation, Eurocheque, Bruttosozialprodukt, Dispositionskredit, Rabatt, Amnestie, Konjunktur.

*Suchen Sie weitere Fremdwörter aus Ihrem Arbeitsbereich, und ordnen Sie sie nach Sachbereichen.*

# 2
# Grammatische Normen

## 2.1
## Funktion und Flexion der Wortarten

Der Wortschatz kann auf Grund seiner Formen und Funktionsmerkmale nach grammatischen Gesichtspunkten in Wortarten gegliedert werden. Das Deutsche gehört zu den flektierenden Sprachen, deshalb werden die Wortarten unter anderem nach morphologischen Gesichtspunkten eingeteilt (Morphologie = Formenlehre). Das heißt, es wird unterschieden, ob sie flektiert, also dekliniert, konjugiert oder kompariert (gesteigert) werden können oder nicht.

**Unterscheidungsmerkmale der Wortarten**

**Flektierbare (veränderliche) Wortarten**

**konjugierbar**
- Verb

**deklinierbar**
- Substantiv
- Artikel
- Adjektiv
- Pronomen

**Nicht flektierbare (unveränderliche) Wortarten**
- Präposition
- Konjunktion
- Adverb
- Interjektion

Die **Konjugation** ist die Formveränderung des Verbs nach Person, Numerus, Tempus, Genus und Modus.

**Beispiel**

| | |
|---|---|
| *die Person* | |
| 1. Person | ich berichte |
| 2. Person | du berichtest |
| 3. Person | er berichtet |
| *die Zahl* | |
| Singular (Einzahl) | er berichtet |
| Plural (Mehrzahl) | sie berichten |
| *die Aussageweise* | |
| Indikativ (Wirklichkeitsform) | sie haben berichtet |
| Konjunktiv (Möglichkeitsform) | sie hätten berichtet |
| Imperativ (Befehlsform) | berichte! |
| *die Zeit* | |
| Präsens (Gegenwart) | ich berichte |
| Präteritum (Vergangenheit) | ich berichtete |
| Perfekt (vollendete Gegenwart) | ich habe berichtet |
| Plusquamperfekt (vollendete Vergangenheit) | ich hatte berichtet |
| Futur I (Zukunft) | ich werde berichten |
| Futur II (vollendete Zukunft) | ich werde berichtet haben |
| *die Handlungsart* | |
| Aktiv (Tatform) | er berichtete |
| Passiv (Leideform) | es wurde berichtet |

(Aus: Der kleine Duden, Deutsche Grammatik, Mannheim, 1988, S. 87)

Durch die **Modi** (die Aussageweisen des Verbs) kann ein Sachverhalt vom Standpunkt des Berichtenden als wirklich, möglich oder nichtwirklich dargestellt werden.

**Der Konjunktiv I** ist das Hauptmerkmal der indirekten Rede. Er drückt in nichtwörtlicher (indirekter) Rede die Inhalte fremder oder eigener Rede aus. Der Berichtende (zum Beispiel ein Protokollant) verzichtet auf die eigene Stellungnahme.

**Beispiel**

Herr Müller sagt, daß er den Brief abgeschickt habe.

**Der Konjunktiv II** ist die Aussageweise zur Kennzeichnung der Nichtwirklichkeit im weitesten Sinne. Er wird verwendet, wenn der Berichtende sich vom Inhalt der Aussage distanzieren will.

**Beispiel**

Herr Müller sagt, er hätte den Brief abgeschickt.

Fallen Indikativ und Konjunktiv I ihrer grammatischen Form nach zusammen, wird in der indirekten Rede der Konjunktiv II verwendet, um Mißverständnisse zu vermeiden.

**Beispiel**

Sie sagte, daß sie kämen. (Indikativ und Konjunktiv I = kommen)

**Die Deklination** ist die grammatische Formveränderung bei Substantiven, Adjektiven und Pronomen in bezug auf Kasus und Numerus. Im folgenden Beispiel werden Artikel, Adjektiv und Substantiv dekliniert.

**Die Deklination**

| **Genus** | **Kasus** (grammatischer Fall) | **Singular** Einzahl | **Plural** (Mehrzahl) |
|---|---|---|---|
| Maskulinum (männlich) | Nominativ *(Wer oder was?)* | der große Auftrag | die großen Aufträge |
| | Genitiv *(Wessen?)* | des großen Auftrages | der großen Aufträge |
| | Dativ *(Wem?)* | dem großen Auftrag | den großen Aufträgen |
| | Akkusativ *(Wen oder was?)* | den großen Auftrag | die großen Aufträge |
| Femininum (weiblich) | Nominativ | die neue Schule | die neuen Schulen |
| | Genitiv | der neuen Schule | der neuen Schulen |
| | Dativ | der neuen Schule | der neuen Schulen |
| | Akkusativ | die neue Schule | die neuen Schulen |
| Neutrum (sächlich) | Nominativ | das kleine Bild | die kleinen Bilder |
| | Genitiv | des kleinen Bildes | der kleinen Bilder |
| | Dativ | dem kleinen Bilde | den kleinen Bildern |
| | Akkusativ | das kleine Bild | die kleinen Bilder |

**Die Komparation** (Steigerung, Vergleich) drückt die unterschiedlichen Grade oder Stufen einer Eigenschaft aus. R 65

**Beispiel**

| **Grundstufe (Positiv)** | **Vergleichsstufe (Komparativ)** | **Höchststufe (Superlativ)** |
|---|---|---|
| schön | schöner | am schönsten/das schönste… |
| gut | besser | am besten/das beste… |

## Aufgabe

Erweitern Sie Ihre Kenntnisse zur Flexion und Funktion der Wortarten: Der kleine Duden, Deutsche Grammatik, Mannheim 1988, R 76 ff.

**Die Wortarten**

| Wortart | Funktion | Beispiel |
|---|---|---|
| **Verb** (Tätigkeitswort/Zeitwort) | | |
| 1. Vollverb | bezeichnet einen Zustand | dulden, schlafen |
| | bezeichnet einen Vorgang | fallen, wachsen |
| | bezeichnet eine Tätigkeit | schreiben, arbeiten |
| 2. Hilfsverb | tritt mit dem Vollverb auf, bildet mit dem Vollverb zusammengesetzte Zeitformen | haben, sein, werden (Sie *ist* gefragt worden.) |
| 3. Modalverb | drückt eine innere Beziehung des Subjekts zu dem Geschehen aus, das das Verb im Infinitiv bezeichnet: Wunsch, Möglichkeit, Ungewißheit | wollen, müssen, mögen, dürfen, sollen, können (Wir *wollen* Freunde sein.) |
| **Substantiv** (Dingwort) | bezeichnet Gegenstände und Lebewesen sowie | Kleid, Maschine, Heidi |
| | Nichtgegenständliches wie Vorgänge, Zustände, Vorstellungen | Treue, Macht, Freiheit |
| **Adjektiv** (Eigenschaftswort) | nennt Merkmale, Eigenschaften und Zahlen | fest, schön, blau |
| | Zahladjektive (Numerale)[1] | zwei, die erste, viel, achtfach |

[1] *Numerale* werden im grammatischen Sinne nicht als Wortart bezeichnet und den Adjektiven als Zahladjektiv zugeordnet. Der überwiegende Teil der Numerale sind Adjektive: fünf Kinder, der dritte Spieler, eine zehnfache Vergrößerung. Sie können aber auch als Substantiv, Adverb oder Pronomen auftreten: *Tausende* von Bürgern, sie rief *zweimal,* sie kamen *alle.*

| | | |
|---|---|---|
| **Pronomen**<br>(Fürwort) | steht für „Nomina", das heißt für Substantive und Adjektive | |
| 1. Personalpronomen (persönliches Fürwort) | tritt für eine Person, Sache oder einen Tatbestand ein | ich, du, (er, sie, es,)<br>wir, ihr, sie |
| 2. Possessivpronomen (besitzanzeigendes Fürwort) | verweist auf Besitz- oder Zugehörigkeitsbeziehung | mein, dein, sein, unser, euer, ihr |
| 3. Reflexivpronomen (rückbezügliches Fürwort) | bezieht ein Geschehen auf ein vorher genanntes Subjekt | mich, dich, sich<br>(Ich erhole mich.) |
| 4. Relativpronomen (bezügliches Fürwort) | bezieht sich auf ein vorangegangenes Substantiv, leitet Nebensätze ein | der, die, das<br>welche, wer, was |
| 5. Demonstrativpronomen (hinweisendes Fürwort) | weist auf etwas oder jemanden hin | dieser, jener, derjenige<br>solche, der die, das |
| 6. Interrogativpronomen (Fragefürwort) | fragt nach Personen, Sachen oder einen ganzen Sachverhalt | wer, was |
| 7. Indefinitpronomen (unbestimmtes Fürwort) | bezeichnet Personen oder Dinge nach der Art oder Menge, steht dem unbestimmten Zahladjektiv nahe | keine, eine, jemand |
| **Artikel**<br>(Geschlechtswort) | ist Begleiter des Substantivs, bezeichnet Genus, Kasus und Numerus des Substantivs | |
| 1. bestimmter Artikel | | der, die, das |
| 2. unbestimmter Artikel | | eine, einer, eines |
| **Adverb**<br>(Umstandswort) | kennzeichnet die näheren Umstände eines Geschehens | |
| 1. Temporaladverb (Zeit) | | oft |
| 2. Lokaladverb (Ort) | | dort |
| 3. Modaladverb (Art und Weise) | | fast |
| 4. Kausaladverb (Grund) | | darum |
| **Präposition**<br>(Verhältniswort) | gibt in Verbindung mit Substantiven, Adjektiven und Verben die verschiedensten Verhältnisse und Beziehungen an, fordert einen bestimmten Kasus (Rektion) | |
| 1. Genitiv | | während, wegen, seit |
| 2. Dativ | | ab, außer, aus |
| 3. Akkusativ | | durch, für, ohne |
| **Konjunktion**<br>(Bindewort) | | |
| 1. nebenordnend | verbindet gleichartige Wörter, Wortgruppen und Sätze | und, oder, sowie, denn, sowohl- als auch |
| 2. unterordnend | leitet Nebensätze ein | daß, weil, bis, als |
| **Interjektion**<br>(Ausrufewörter) | drücken Empfindungen und Stimmungen aus | Hallo! igitt! aha! |

# Aufgaben

**1.** *Ermitteln Sie mit Hilfe der angegebenen Merkmale die Wortarten der Wörter in den folgenden Sätzen. Tragen Sie die Lösung in eine Tabelle nach dem folgenden Muster ein.*

a) Die von Ihnen bestellten vier braunen Wandregale werden noch diese Woche eintreffen.
b) Es handelt sich um zwei Kartons zu je 18 kg.
c) Die Transportkosten sowie die Montage und Aufstellung sind im Kaufpreis nicht enthalten.

| Flektierbar | | | | | Nicht flektierbar |
|---|---|---|---|---|---|
| Verb | Substantiv | Artikel | Adjektiv | Pronomen | |
| ... | ... | ... | ... | ... | |

**2.** *Bestimmen Sie die Wortart der unterstrichenen Wörter.*

zu Dank verpflichtet, wir danken, dank Ihrer Hilfe, laut Gesetz, laut sprechen, sein Name lautet, keinen Laut hören

**3.** *Setzen Sie die geforderten Konjunktivformen ein.*

Er reagierte auf die Worte, als ... er angegriffen werden (sollen: Konj. I). Ohne die Zugverspätungen ... er ihn sicher angetroffen (haben: Konj. II). Frau N. sagte, sie ... etwas von der Sache (verstehen: Konj. I). ... Sie die Freundlichkeit, mir die Aufgabe zu erklären (haben: Konj. II)? Der Geschäftsführer sagte mir, Frau X. ... heute krank (sein: Konj. I). Wenn ich Zeit ... , ... ich ihm sofort (haben: Konj. II, schreiben: Konj. II). Die Ware ... gemäß vertraglicher Vereinbarungen am 1. März geliefert werden müssen (haben: Konj. II).

**4.** *Formulieren Sie die folgenden Sätze in die indirekte Rede um.*

a) Frau Rösler versichert: „Ich habe die Rechnung geprüft."
b) Der Auszubildende sagt: „Entschuldigen Sie, daß ich so spät komme, der Zug aus Richtung Dresden hatte 30 Minuten Verspätung. Ich hole selbstverständlich den Unterrichtsstoff nach."
c) Frau Berger fragt Herrn Bauer: „Ich habe morgen einen Termin beim Sozialamt. Würden Sie mich in dieser Zeit vertreten?"
d) Herr Meißner beteuert: „Es ist doch nicht meine Schuld, daß der Kunde noch nicht geantwortet hat, ich jedenfalls habe den Musterkatalog pünktlich abgeschickt."

**5.** *Setzen Sie die eingeklammerten Wörter in den richtigen Fall.*

ohne (mein) Wissen, im (besonderer) Falle, unter (schwerer) Verdacht, bei (anhaltendes kaltes) Wetter, während (mehr.. gerichtliche) Verhandlungen, in (ein objektiver) Bericht, wegen (seine gute) Leistungen, trotz (ernste nachdrückliche) Mahnung, innerhalb (geschlossene verkehrsreiche) Ortschaften, ihm als (erfahrener, gewissenhafter und treuer) Mitarbeiter, infolge (sein entschlossenes, schnelles) Handeln.

**6.** *Berichtigen Sie folgende Sätze.*

Das ist meines Erachtens nach falsch. Wegen mir nahm er nicht teil. Die Tabletten helfen für die Kopfschmerzen. Er ist mit oder gegen mich. Sie hat sich an unserer Volleyballgruppe angeschlossen.

**7.** *Steigern Sie*

gut, bald, leer, viel, bedeutend, voll.

**8.** *Beantworten Sie die folgenden Fragen zur untenstehenden Wörterliste*

*a) Wie lauten die Pluralformen der folgenden Substantive?*
*b) Welche Substantive kommen nur im Plural, welche nur im Singular vor?*
*c) Welche Wörter haben 2 Pluralformen mit unterschiedlicher Bedeutung?*

Wort, Jurist, Museum, Aroma, Lexikon, Hitze, Frieden, Modus, Numerus, Kasus, Einkünfte, Bank, Steuer, Klima, Atlas, Morast, General, Komma, Porto, Rhythmus, Konto, Risiko, Visum, Kosten, Personalien, Ferien, Block, Kälte, Stahl

**9.** *a) Bestimmen Sie die Wortarten der Sätze 1-6.*
*b) Schreiben Sie aus dem Text die Wortgruppen heraus, die von einer Präposition „regiert" werden, und bestimmen Sie den Kasus. Beispiel:* ***Mit*** *jedem Schlag = Dativ.*
*c) Ermitteln Sie finite und infinite Verben. Welche Substantive gehören zum jeweiligen finiten Verb?*
*d) Bestimmen Sie die Art der Pronomen in den Sätzen 1-5.*
*e) Notieren Sie aus dem Text 5 Gegenstandswörter (Konkreta) und 10 Begriffswörter (Abstrakta).*

**Einladung zum Ausstellungsbesuch**

1. Mit jedem Schlag pumpt Ihr Herz 80 Milliliter Blut durch Ihren Körper. 2. Das sind in der Minute 6 Liter, in einer Stunde 360 Liter, und das ein Menschenleben lang. 3. Eine erstaunliche Leistung, derer wir uns dann voll bewußt sind, wenn dieser Motor unseres Lebens nicht mehr im gewünschten Takt läuft. 4. Deshalb sollten Sie mehr wissen über Ihr Herz-Kreislauf-System, über die Leistungsfähigkeit Ihres Herzens und was diese mindert. 5. Wir vermitteln Ihnen Erkenntnisse über Verhaltensweisen, mit denen Sie Erkrankungen vorbeugen können. 6. Über das Thema „Herz" informiert Sie ausführlich und anschaulich unsere Ausstellung. 7. Sie können Ihr Herzinfarktrisiko testen, Blutdruck und Ausdauerleistungsfähigkeit prüfen lassen. 8. Außerdem erhalten Sie in unserer Ausstellung Empfehlungen zur gesunden Ernährung und Psychohygiene. 9. In bezug auf sportliche Betätigung geben wir Ihnen Ratschläge und Hinweise über die Art, den Umfang und den zeitlichen Trainingsaufwand. 10. Besuchen Sie bitte unsere Ausstellung. 11. Sie ist täglich (außer freitags) von 9 bis 18 Uhr geöffnet. 12. Für Gruppen gestalten wir nach vorheriger telefonischer oder schriftlicher Anmeldung Führungen und Gespräche.

# 2.2 Struktur des einfachen Satzes und seine Interpunktion

Geschriebene Sprache muß so gestaltet sein, daß sie ein jeder unabhängig von den konkreten Situationsbedingungen versteht. Wer spricht oder schreibt, ordnet Wörter nach bestimmten Regeln und Mustern zu Sätzen.

**Merkmale eines Satzes**

- Ein Satz ist eine Äußerung, das heißt eine relativ abgeschlossene Einheit des Sinnes, der Struktur und der Intonation (Klangführung).
- Das Satzende erkennt man in der gesprochenen Sprache an der Klangführung, in der geschriebenen Sprache am Satzschlußzeichen wie Punkt, Fragezeichen, Ausrufezeichen.
- Im Hauptsatz steht das finite Verb an zweiter oder erster Stelle.

**Beispiele**

Wir danken für Ihre Aufmerksamkeit.
Haben Sie unsere Prospekte erhalten?
Kommen Sie zu uns!

## Die Satzarten

| Satzarten | Merkmale | Beispiele |
|---|---|---|
| *Aussagesatz* | Das finite Verb steht an zweiter Stelle. | Ich *danke* Ihnen für Ihre Bemühungen. |
| *Wunsch- und Aufforderungssatz* | Es wird unterschieden zwischen | |
| | – Wunsch | Wäre ich doch bloß mit der Straßenbahn gefahren! |
| | – Bitte | Sei bitte vorsichtig! |
| | – Befehl | Komm sofort zurück! |
| *Fragesatz* | Es werden unterschieden: | |
| | – Entscheidungsfrage<br>Sie wird mit „ja" oder „nein" beantwortet. | Wird die Ware noch heute geliefert? |
| | – Ergänzungsfrage<br>Am Anfang steht ein Fragewort. | *Wann* wird die Ware geliefert? |

## Die Satzglieder

Ein Satz besteht aus Wörtern, die bestimmten Wortarten angehören. Sie können als Satzglieder verschiedene Funktionen übernehmen, oder sie werden den Satzgliedern als Attribut beigefügt.
Zu einem vollständigen Satz gehören das **Subjekt** (Satzgegenstand) und das **Prädikat** (Satzaussage). Die Übereinstimmung von Subjekt mit dem Prädikat in Person und Numerus (Zahl) nennt man **Kongruenz.** Das Prädikat nimmt in der Regel die Zahl und die Personalform des Substantivs an:

**Beispiele**

Ich geh-<u>e</u> wir geh-<u>en</u>
Du geh-<u>st</u> sie geh-<u>en</u>

Mitunter werden im Subjekt unterschiedliche Personen genannt:

**Beispiele**

Entweder alle oder keiner *fährt* in die Stadt.
Regina und ihre Freundinnen *feiern* Geburtstag.

### Aufgabe

*Informieren Sie sich über die Besonderheiten der Kongruenz zwischen Subjekt und Prädikat im Duden: Grammatik, Mannheim 1984, Seite 646.*

Subjekt und Prädikat bilden den Kern eines Satzes. Durch **Objekte** (Satzergänzungen) und **adverbiale Bestimmungen** kann der einfache Satz erweitert werden.

Das **Attribut** ist Teil eines Satzgliedes, das es näher erläutert. Es kann nur gemeinsam mit dem Satzglied im Satz umgestellt werden. Das Attribut kann auch Teil eines übergeordneten Attributes sein.

**Beispiele**

der gewissenhafte, zuverlässige Mitarbeiter

nebengeordnete Attribute

der bedeutende englische Dramatiker

Das zweite Attribut ist dem ersten übergeordnet, daher wird kein Komma gesetzt.

## Bestimmung der Satzglieder

**Beispiel**

Die jüngsten Chormitglieder des Stadtsingechors üben

Adjektiv-attribut — Genitivattribut

Subjekt — Prädikat

regelmäßig in der neuen Konzerthalle

Adjektiv-attribut

adverbiale Bestimmung der Zeit — adverbiale Bestimmung des Ortes

für das Eröffnungskonzert der Händelfestspiele.

Genitivattribut

Präpositionalobjekt

### Die Satzglieder im Überblick

| Satzglied | Frage | Beispiel |
|---|---|---|
| **Subjekt** (Satzgegenstand) | *Wer oder was?* | *Bettina* schreibt Briefe. |
| **Prädikat** (Satzaussage) | *Was wird ausgesagt?* | Wir *wollen* den Fall *klären.* |
| **Objekt** (Satzergänzung)<br>1. Genitivobjekt<br>2. Dativobjekt<br>3. Akkusativobjekt<br>4. Präpositionalobjekt | <br><br>*Wessen?*<br>*Wem?*<br>*Wen oder was?*<br>*Worauf?*<br>*Von wem?* | <br><br>Wir gedachten *des Verunglückten.*<br>Sie überreichte *dem Jubilar* die Blumen.<br>Der Vorsitzende begrüßt *die Gäste.*<br>Sie verläßt sich *auf ihre Mitarbeiter.*<br>Das Material wurde *von Herrn Weber* geliefert. |
| **Prädikativ** (Gleichsetzungs-nominativ) | *Was?* | Die Verben *sein, bleiben, werden* können mit einem Gleichsetzungsnominativ (Substantiv im 1. Fall) verbunden werden.<br>Sie wird *Bürokauffrau.*<br>Er bleibt *mein Freund.* |

| | | |
|---|---|---|
| **Adverbiale Bestimmung**<br>1. lokale (Ort)<br>2. temporale (Zeit)<br>3. modale (der Art und Weise)<br>4. kausale (Grund) | <br>*Wo? Wohin? Woher?*<br>*Wann? Wie lange?*<br>*Wie? Auf welche Art und Weise?*<br>*Warum? Weshalb? Weswegen?* | <br>Sie spielen in *Hannover.*<br>Er kommt am *Freitag.*<br>Der Schüler rechnet *schnell.*<br>*Wegen Erkrankung des Hauptdarstellers* wurde die Vorstellung verschoben. |
| **Attribut**<br>(Beifügung)<br>1. Adjektivattribut<br>2. Substantivattribut | <br>*Was für ein?* | <br>das *breite* Fenster<br>Eigentum *der Familie*<br>Freude an *der Arbeit* |

## Aufgaben

**1.** *a) Bestimmen Sie die Satzglieder folgender Sätze.*
*b) Ermitteln Sie die finite Verbform des Prädikats (1. oder 2. Stelle?)*
*c) Durch welches Satzglied ist die erste Stelle im jeweiligen Satz besetzt?*

1. Ärzte, Lehrer und Schüler nahmen an der Veranstaltung in der Aula unserer Schule teil.
2. Wegen des hohen Verkehrsaufkommens am Wochenende rät die Polizei zu erhöhter Vorsicht auf den Straßen.
3. Übersenden Sie uns bitte bis Monatsende eine Aufstellung der von Ihnen angebotenen Artikel.
4. Mehrere Tausend besuchten am Sonntag den neueröffneten Vergnügungspark am Stadtrand.
5. Wunschgemäß erhalten Sie zu Ihrer Information noch diesen Monat durch unseren Vertreter unsere neue Preisliste.
6. Ich bin Auszubildender.
7. Erich ist Busfahrer.
8. Er wird Industriekaufmann.

**2.** *Bestimmen Sie die Satzglieder. Ermitteln Sie das finite Verb. Welche Satzglieder treten mehrfach auf?*

1. Die Post wird sortiert, geöffnet und registriert.
2. Die Anträge sind sorgfältig zu bearbeiten und fristgemäß zu beantworten.
3. Auszubildende, Ausbildende, Lehrer und Künstler führten ein angeregtes Gespräch.
4. Sie ist eine fleißige, zuverlässige und aufgeschlossene Mitarbeiterin.
5. Sie kennt ihre Rechte und Pflichten.
6. Gemäldegalerien popularisieren ihre Bestände durch Ausstellungen, Führungen, Vorträge und Publikationen.
7. Wir kommen Montag oder Freitag nachmittag.
8. Die Schulbücher werden entweder im Schülerbüro oder im Sekretariat ausgegeben.

**3.** *Setzen Sie das entsprechende Verb ein.*

1. Weder der Chirurg noch der Internist (konnte/konnten) ihm helfen.
2. Nicht seine Klugheit, sondern seine Ausdauer (haben/hat) ihm geholfen.
3. Du und deine Kollegin (werden/wird) an der Weiterbildung teilnehmen.
4. Sowohl meine Mitarbeiter als auch ich (haben/hat) das Problem erkannt.
5. 300 Gramm Fleisch (war/waren) für das Rezept vorgesehen.
6. Ein Pfund Äpfel (werden/wird) geraspelt.
7. Eine Gruppe von Kindern (überquerte/überquerten) die Straße.
8. Der erste und der zweite Abschnitt (waren/war) schwer zu verstehen.
9. Eine große Anzahl Konserven (ist/sind) durch falsche Lagerung ungenießbar geworden.
10. Durch das Feuer (wurde/wurden) ein Textilgeschäft zerstört und mehrere Wohnungen.

## Das Komma im erweiterten Hauptsatz

1. Ein Komma steht
   - zwischen Aufzählungen, wenn sie nicht durch „und" oder „oder" verbunden sind, R 90

   **Beispiel**
   Ich schätze sie als aufmerksame, freundliche Mitarbeiterin.

   - vor entgegengesetzten Konjunktionen wie *aber, dennoch, sondern, allein, jedoch, vielmehr* R 103

   **Beispiel**
   Es ist eine schöne, aber teure Reise.

   - zwischen anreihenden Konjunktionen wie *teils – teils, bald … bald, nicht nur – sondern auch.* R 101

   **Beispiel**
   Sie kamen teils aus Hamburg, teils aus Köln.

2. Ein Komma trennt die Apposition, nachgestellte Fügungen, Anreden und Ausrufewörter vom Hauptsatz. R 95-98

   **Beispiele**
   Frau Herrmann, unsere Geschäftsführerin, begrüßt die Gäste.
   Ich verreise gern, z. B. nach Österreich oder Bulgarien.
   Bürger, schützt eure Umwelt!
   Ach, du meine Güte!

3. Ein Komma verdeutlicht nebeneinanderstehende Wohnungsangaben und Familiennamen. R 91

   **Beispiele**
   Irene Schmidt, Leipzig, Ankerstraße 2, I. Stock, rechts.
   Die Firma Reuter, Dresden, Am Elbufer 8, erkundigt sich, …
   *aber*: Frau Irene Schmidt geborene Wagner wird gebeten, …

4. Das Komma bei Wochentagen und Datumsangaben R 44
   - als Apposition R 100

   **Beispiel**
   Wir treffen uns Freitag, **den 4. Mai 19..,** im Händelhaus.
   Wir treffen uns **am** Freitag, **dem 4. Mai 19..,** im Händelhaus.

   - als Aufzählung

   **Beispiel**
   Wir treffen uns Freitag, **den** 4. Mai 19.. im Händelhaus.
   Wir treffen uns am Freitag, **den** 4. Mai 19.. im Händelhaus.

5. Ein Komma steht bei Angaben von Buchtiteln und bei Aufzählungen von Stellenangaben aus Büchern und Zeitschriften. R 92

   **Beispiele**
   Informationen zur Satzgliedstellung findet man im Duden, Die Grammatik, Band 4, Seite 566, Regel 1020.

   Zur „Neuordnung der Büroberufe" äußert sich M. Strenge in „Wirtschaft und Erziehung", Heft 10, 1992, Seite 340.

   *Reihenfolge der Quellenangaben bei Büchern:*
   Autor (Familienname, Vorname): Titel. Auflage, Bandangabe, Erscheinungsort, Verlag, Erscheinungsjahr, Seite.
   Baudusch, Renate: Punkt, Punkt, Komma, Strich. 2. Auflage, Leipzig, Bibliographisches Institut, 1986, Seite 49.

*Reihenfolge der Angaben bei Auszügen aus Zeitschriften:*
Autor (Familienname, Vorname): Titel. In: Titel der Zeitschrift, Erscheinungsjahr, Heftnummer, Seite.
Caroselli, M.: Der Tanz auf dem Vulkan. ADAC motorwelt, 1991, Nr. 12, Seite 91-92.

Für die Zeichensetzung bei Quellenangaben gibt es unterschiedliche Standards (zum Beispiel Richtlinien für den Schriftsatz).

6. Kein Komma steht

- zwischen Adjektiven, deren letztes mit dem folgenden Substantiv einen Gesamtbegriff bildet, R 90

**Beispiele**
neue wissenschaftliche Erkenntnisse, ein wertvoller goldener Ring

- wenn ein Attribut durch ein zweites Attribut näher ergänzt wird, R 98

**Beispiel**
Ausländische, besonders schwedische Touristen besuchten die Gemäldegalerie.

- vor Konjunktionen, wenn sie nur Satzteile verbinden, dazu gehören: *oder, entweder ... oder, weder ... noch, als, wie, und, sowie, sowohl ... als auch,* (vergleiche aber Duden, Rechtschreibung, R 109) R 101, 102, 104

- bei Hinweisen auf Gesetze und Verordnungen R 92

**Beispiel**
§ 5 Abs. 3 Satz 2 der Verordnung ....

## Aufgaben

**1.** *Verschaffen Sie sich im Duden, Rechtschreibung, 20. Auflage einen Überblick über die Richtlinien zur Kommasetzung (R 90-127).*

**2.** *Entscheiden Sie, an welchen Stellen der folgenden Sätze Kommas gesetzt werden müssen. Begründen Sie Ihre Entscheidungen.*

1. Aufträge wie in den Monaten zuvor wird es nicht geben.
2. Die Verluste im Zweigbetrieb waren geringer als im Stammbetrieb.
3. Die Kosten haben sich sowohl für die Wartung der Anlage als auch für die Reparaturen erhöht aber nicht für den Transport.
4. Entweder liefern wir heute oder erst am Mittwoch.
5. Die Gewerkschaften sowie Vertreter der Industrie- und Handelskammer aber auch Arbeitgeberverbände diskutierten ausführlich über die neuen Tarifverträge.
6. Die schnelle Auflösung der Großbetriebe hatte teils positive teils negative Auswirkungen.
7. Bald hält er sich in Leipzig bald in München aber niemals in Erfurt auf.
8. Die neuen Mitarbeiter nämlich Herr Bär und Frau Mertens werden vorgestellt und zwar im Personalbüro.
9. Wir müssen uns entscheiden und das sofort.
10. Das Kabarett will einerseits unterhalten Freude bereiten und den Zuschauer zum Lachen bringen andererseits aber auch zum Nachdenken anregen.

**3.** *Entscheiden Sie, an welchen Stellen im folgenden Text Kommas gesetzt werden müssen. Begründen Sie Ihre Entscheidungen.*

Eine kostenlose medizinische Behandlung; der schöne deutsche Rhein; fleißige zuverlässige Mitarbeiter; systematische geologische Erkundungen; ein großer berühmter Schriftsteller; ein nasses kaltes Wetter; dunkles böhmisches Bier; die älteste menschliche Siedlung; wichtige natürliche Wasserstraßen Deutschlands; ein unbekanntes riesiges Waldgebiet; eine unhöfliche langsame Bedienung, eine fehlerhafte oberflächliche Verpackung; eine formschöne preiswerte Ware

**4.** *Unterstreichen Sie in den folgenden Sätzen die Apposition, und setzen Sie die Kommas.*

1. Friedrich List ein berühmter Ökonom setzte sich für die Schaffung eines ausgedehnten deutschen Eisenbahnnetzes ein.
2. Wir erwarten Ihren Vertreter Herrn Hoffmann erst Ende des Monats.
3. Wir verkaufen wöchentlich zweimal und zwar montags und mittwochs.
4. Wir führen auch Textilien das heißt speziell Damenoberbekleidung.
5. Erfurt die bekannte Blumenstadt erwartet viele Gäste.
6. Frau Neumann die Geschäftsführerin und die Sekretärin prüften die eingegangenen Waren. (2 Personen)
7. Hannelore meine Schwester und ich wollen gemeinsam verreisen. (3 Personen)
8. Europäische insbesondere französische und schwedische Firmen investieren in der Stahlindustrie.

**5.** *Setzen Sie die fehlenden Kommas, und begründen Sie mit Hilfe des Dudens, R 91, R 92, R 93, R 97, R 98, Ihre Entscheidungen.*

1. Unsere Geschäftsstelle ist von Leipzig Berliner Str. 5 nach Gera Sonnenallee 7 umgezogen.
2. Frau Berger Dresden Rosentaler Platz 10 hat angerufen.
3. Sie finden die genauen Angaben im Gesetzblatt vom 10.10.19.. Seite 7 Abs. 2 § 8.
4. Die Beratung findet Donnerstag den 10.10.19.. 14 Uhr im Raum 8 statt.
5. Wir haben eine Zweigstelle eingerichtet und zwar in Dessau Mühlweg 140.
6. Duden Die deutsche Rechtschreibung 20. Auflage Band 1 Mannheim Dudenverlag 1991 Seite 40.
7. Herr Rötling unser Werbeleiter wird sich am Mittwoch dem 14.10.19.. 14 Uhr bei Ihnen vorstellen.
8. Frau Hornig Stendal Rosengarten 10 ist bei uns als Sekretärin tätig.
9. Frau Weigel aus Magdeburg möchte sich vorstellen.
10. Ina zeigte gute Ergebnisse in der Prüfung besonders in Buchführung und will sich um ein Studium bewerben.

**6.** *Entscheiden Sie, an welchen Stellen im folgenden Text ein Komma zu setzen ist. Informieren Sie sich im Duden, R 97, R 98, R 102, R 104.*

1. Das ist eine Inspektion wie üblich.
2. Einige Schüler wie Müller und Schmidt haben ihre Leistungen steigern können.
3. Andere namentlich Bergmann und Schulz bleiben noch weit unter ihren Möglichkeiten.
4. Metalle wie Blei und Eisen sind Schwermetalle.
5. Ihre Auslagen wie Fahrkosten und Telefongebühren ersetzen wir Ihnen.
6. Wir führen sowohl Eisenwaren als auch Porzellan.
7. Das ist kein Fehler sondern ein Vorteil.
8. Die Textverarbeitung ein Teilbereich der beruflichen Ausbildung gewinnt zunehmend an Bedeutung.
9. Sie wünschen sich ein umweltfreundliches preiswertes Auto.
10. Du mußt dich entweder für die Schiffsreise oder einen Urlaub im Gebirge entscheiden.

## ■ Das Komma beim Infinitiv mit „zu“

Die erweiterten Infinitive entstehen aus Nebensätzen und stellen Reduzierungen dieser Nebensätze dar.

**Beispiel**

Ich erlaube Dir, daß Du dieses Buch liest. ➛ Ich erlaube Dir, dieses Buch zu lesen.

Deshalb werden die erweiterten Infinitive auch mitunter bei Nebensätzen behandelt. Von den zahlreichen Zeichensetzungsregeln, die dabei zu beachten sind, werden im folgenden nur die wichtigsten genannt.

1. **Ein Komma steht**

- wenn der Infinitiv mit „um zu“, „ohne zu“, „als zu“ oder „anstatt zu“ erweitert wird, R 107

**Beispiel**

Er kam, um zu helfen.

- wenn der Infinitiv durch ein Satzglied (Objekt oder adverbiale Bestimmung) erweitert wird, R 107

**Beispiel**

Wir bitten Sie, die Ware zu prüfen.

- wenn mehrere reine Infinitive dem Hauptsatz folgen oder in ihm eingeschoben sind oder wenn dem reinen Infinitiv noch ein erweiterter Infinitiv folgt. R 108

**Beispiele**

Die Forderung, zu bedienen und zu kassieren, wird sie noch nicht erfüllen können.
Es ist sein Wunsch, zu lernen und ein Studium aufzunehmen.

- **wenn der Infinitiv mit „zu“ als Subjekt dem Prädikat folgt.** R 108

**Beispiel**

Es ist besser, zuzustimmen.

2. **Das Komma ist freigestellt** bei *anfangen, aufhören, beginnen, bitten, danken, fürchten, gedenken, glauben, helfen, hoffen, meinen, verdienen, wünschen und ähnliche.* R 107

**Beispiel**

Die Mannschaft hoffte (,) das Spiel zu gewinnen.
*aber:* Die Mannschaft hoffte zuversichtlich, das Spiel zu gewinnen.

3. **Kein Komma steht**

- vor dem nicht erweiterten Infinitiv, R 108

**Beispiel**

Er hatte den Mut zu handeln.

- wenn der erweiterte oder nichterweiterte Infinitiv als Subjekt vorangeht, R 107

**Beispiel**

Einmal wöchentlich zu üben war zuwenig.

- wenn der Infinitiv mit dem Hauptsatz verschränkt ist. R 107

**Beispiel**

Das wollen wir euch zu erklären versuchen.

## Aufgaben

**1.** *Setzen Sie die fehlenden Kommas, und begründen Sie Ihre Entscheidung. Bestimmen Sie den Hauptsatz und den erweiterten beziehungsweise nichterweiterten Infinitiv. Informieren Sie sich in Zweifelsfällen im Duden, R 107, R 108.*

1. Sie hatten sich vorgenommen für eine Urlaubsreise zu sparen.
2. Seine Bereitschaft anderen zu helfen ist lobenswert.
3. Es ist wichtig die Arbeitsschutzbestimmungen einzuhalten.
4. Um den Zusammenhang zwischen beiden Vorfällen zu erkennen ist es wichtig noch tiefer in das Problem einzudringen.
5. Wir wenden uns heute an Sie mit der Bitte uns zu helfen und auf dem beiliegenden Fragebogen einige Fragen zu beantworten.
6. Wir versichern Ihre Angaben streng vertraulich zu behandeln und nur für die angegebenen Zwecke zu verwenden und danken Ihnen für Ihre Mitarbeit.
7. Ein Protokoll zu führen erfordert viele Fähigkeiten.
8. Hohe Anforderungen an sich selbst zu stellen ist Voraussetzung für schöpferisches Tun.
9. Um unsere Mitarbeiter über den Produktionsverlauf zu informieren bitte ich die Lieferung der Prospekte von 20 auf 30 Stück zu erhöhen und unverzüglich an uns zu schicken.
10. Die Sparkasse ist berechtigt über Kreditnehmer Auskünfte einzuholen sowie Gehaltsbescheinigungen zu verlangen.

**2.** *Begründen Sie, warum in den folgenden Sätzen Kommas gesetzt oder nicht gesetzt werden. In welchen Beispielen ist es freigestellt, ein Komma zu setzen (R 107, R 108)?*

1. Diesen Auftrag zu erfüllen das bedeutet angestrengte Arbeit.
2. Es ist verboten zu rauchen.
3. Nur mit dem Vorsatz zu lernen und zu arbeiten werden Sie es zu etwas bringen.
4. Er pflegte sich lebhaft an der Diskussion zu beteiligen.
5. Der Vertreter schien die Anwesenden überzeugt zu haben.
6. Wir bitten unser Angebot zu prüfen und hoffen Ihren Auftrag in Kürze zu erhalten.
7. Diesen Sachverhalt vermag ich nicht zu beurteilen.
8. Die Qualität dieses Materials bitten wir besonders zu beachten.
9. Seine Mitarbeiter zu motivieren fiel ihm nicht schwer.
10. Ihre Annahme das Problem sei sofort zu lösen halten wir für unrealistisch.

## Das Komma beim Partizip

Erweiterte Partizipien (Partizip I und II) können als Satzglieder und als Attribut auftreten.

### Kein Komma steht

– wenn das Partizip allein steht oder nur mit einem Wort ergänzt wird. R 105

**Beispiel**

Laut singend zogen wir durch die Straßen. (vergleiche aber R 99)

### Ein Komma steht

– wenn das Partizip erweitert wird (Partizipialgruppe), R 106

**Beispiel**

Von seinen Fähigkeiten überzeugt, bewarb er sich um die Stelle als Versicherungskaufmann.

– wenn die Fügung formal mit „habend“, „seiend“ oder „werdend“ ergänzt werden kann. R 106

**Beispiel**

Das Buch in der Hand, betrat sie den Raum.

– bei nachgestellten Adjektiven und Partizipien. R 99

**Beispiel**

Sie erreichten ihr Ziel, müde und erschöpft.

– Bei Partizipialgruppen mit „entsprechend“ und „betreffend“ ist das Komma freigestellt. R 106

**Beispiel**

Entsprechend der gesetzlichen Bestimmungen (,) sind Sie verpflichtet, sofort zu zahlen.

**Aufgabe**

*Bearbeiten Sie die folgenden Sätze.*

*a) Entscheiden Sie, ob ein Komma zu setzen ist.*

*b) Formulieren Sie die Partizipialgruppen in vollständige Nebensätze um. Welche Variante halten Sie für angemessener? Begründen Sie Ihre Meinung.*

1. Er bewarb sich von seinen Kenntnissen überzeugt um diese Stelle.
2. Ungeachtet vieler Rückschläge verlor sie nicht den Mut.
3. Er antwortete jedes Wort genau abwägend auf die Fragen des Prüfenden.
4. Sie lenkte die Hand fest am Steuer den Wagen um wieder auf die Fahrbahn zu gelangen.
5. Der Auszubildende fast drei Jahre im Betrieb besaß alle Voraussetzungen eine gute Fachkraft zu werden.
6. Schilder zwischen Bäumen aufgestellt sollen die Fahrer warnen und helfen Unfälle zu vermeiden.
7. Überrascht von den guten Ergebnissen beschlossen wir auf diesem Gebiet weiterzuarbeiten.
8. Frau Engels seit vielen Jahren im Betrieb geht in den Ruhestand.

## 2.3 Struktur zusammengesetzter Sätze und ihre Interpunktion

Um sich sachlich richtig und angemessen zu äußern, reicht es nicht aus, wenn man sich über den Inhalt einer Aussage im klaren ist. Genau so wichtig ist es, zu wissen, mit welchen sprachlichen Mitteln man seine Gedanken ausdrücken kann und wie die Wörter zu Sätzen und zusammengesetzten Sätzen bis hin zum Text zusammengefügt werden.

Zusammengesetzte Sätze entstehen durch Zusammenfügen mehrerer Teilsätze (Hauptsätze, Nebensätze) zu einer relativ komplexen inhaltlichen und sprachlichen Einheit.

Man unterscheidet zwei Grundstrukturen:

- die Satzreihe (Satzverbindung) und
- das Satzgefüge.

## Die Satzreihe

Eine Satzreihe entsteht aus zwei oder mehreren nebengeordneten Hauptsätzen.

**Beispiele**

a) Wir gratulieren zu Ihrem Erfolg, Sie haben Hervorragendes geleistet.
Die Beratung zog sich über mehrere Stunden hin, ein Ergebnis wurde jedoch nicht erreicht.
Wir haben Sie mehrmals gemahnt, eine Antwort erfolgte leider nicht.

*Satzbild:* |———| , |———|
1. Hauptsatz — 2. Hauptsatz

b) Sie können die Waren sofort bezahlen, oder Sie überweisen den Betrag auf unser Konto.
Wollen Sie sofort bezahlen, oder überweisen Sie den Betrag? Einerseits ist eine dringende Modernisierung des Geschäftes notwendig, andererseits fehlen die finanziellen Mittel.

*Satzbild:* |———| *, oder* |———|
1. Hauptsatz — 2. Hauptsatz

Hauptsätze können durch koordinierende (nebengeordnete) Konjunktionen oder Adverbien verbunden werden. Dazu gehören:

aber, und, oder, auch, sowie, trotzdem, denn, beziehungsweise, das heißt, doch, entweder … oder, nicht nur sondern auch, sondern, sowohl … als auch, weder … noch.

Satzteile, die aneinandergereihten Sätzen gemeinsam sind, brauchen nur einmal ausgedrückt zu werden:

**Beispiele**

Wir bestätigen den Empfang Ihrer Bestellung und danken für Ihr Interesse.
(Dieser Satz hat das gleiche Subjekt „wir“. In diesem Falle entfällt das Komma.)

## Das Satzgefüge

Das Satzgefüge besteht aus einem Hauptsatz (übergeordneten Satz) und einem oder mehreren Nebensätzen.

**Merkmale des Nebensatzes**

1. Die finite (gebeugte) Verbform steht meist am Ende des Nebensatzes.
2. Der Nebensatz beginnt in der Regel mit einem Einleitewort.
3. Der Nebensatz kann ein Satzglied (Satzgliedteil) des Hauptsatzes oder eines weiteren übergeordneten Nebensatzes vertreten.

**Beispiele**

a) Wegen ihrer Uneinigkeit konnten sie nichts erreichen.
Kausalbestimmung (*Warum* ?)

b) Weil sie sich nicht einig waren, konnten sie nichts erreichen.
Einleitewort: Konjunktion — finite Verbform
Kausalbestimmung (*Warum* ?)

### Die Einteilung der Nebensätze

1. Einteilung nach der **Stellung** zum übergeordneten Satz.
Es werden unterschieden: Vordersatz, Zwischensatz, Nachsatz.

**Beispiele**

a) Nachdem ich die Prüfung bestanden habe, nehme ich ein Studium auf.

*Satzbild:* ├- - - - - - - - - - - - - -┤ , ├──────────┤ .
Nebensatz **(Vordersatz)** – Hauptsatz

b) Ich nehme, sobald ich die Prüfung bestanden habe, ein Studium auf.

*Satzbild:* ├──────────── , ├- - - - - - - - - - - - - -┤ , ────────────┤
Hauptsatz – Nebensatz **(Zwischensatz)** – Weiterführung des Hauptsatzes

c) Ich nehme ein Studium auf, nachdem ich die Prüfung bestanden habe.

*Satzbild:* ├────────────┤ , ├- - - - - - - - - - - - - -┤ .
Hauptsatz – Nebensatz **(Nachsatz)**

Wer sich für diese Thematik interessiert, ist herzlich eingeladen.
Falls Sie weitere Auskünfte wünschen, wenden Sie sich bitte an unseren Kundenberater.
Bewerber, die in die engere Wahl kommen, werden zum Vorstellungsgespräch eingeladen.
Wir hoffen, daß Sie unsere Vorschläge akzeptieren, und rechnen mit Ihrer Zusage.
Wir bieten Ihnen Arbeitsbedingungen, die Ihren Wünschen entgegenkommen.
Unter diesen Bedingungen besteht die Gefahr, daß wir in Lieferschwierigkeiten geraten.

2. Einteilung nach der **äußeren Form**

Man unterscheidet

- **Konjunktionalsätze** (Bindewortsätze): Sie werden eingeleitet durch eine subordinierende (untergeordnete) Konjunktion: *als, bis, bevor, damit, da, daß, ehe, falls, indem, indessen, nachdem, obgleich, obwohl, seit, seitdem, sobald, so daß, weil, solange, sooft, sowie, während, trotzdem, wenn auch, zumal*
- **Relativsätze:** Sie werden mit einem Relativpronomen eingeleitet, das sich auf ein Substantiv oder Pronomen des übergeordneten Satzes bezieht: *der, die, das, welche, wer, was,* und andere
- **indirekte Fragesätze:** Sie werden mit einem Fragewort oder „ob" eingeleitet.
- **nichteingeleitete Nebensätze:** Sie sind inhaltlich vom Hauptsatz abhängig. Man kann sie in einen eingeleiteten Nebensatz umwandeln.

  a) nichteingeleiteter Nebensatz

  **Beispiel**

  Sind die Voraussetzungen erfüllt, können wir mit der Arbeit beginnen.

  b) eingeleiteter Nebensatz

  **Beispiel**

  Wenn die Voraussetzungen erfüllt sind, können wir mit der Arbeit beginnen.

- **satzwertige Infinitivgruppen** (verkürzte Nebensätze)
- **satzwertige Partizipialgruppen** (verkürzte Nebensätze)

3. Einteilung nach dem **Inhalt** (Satzgliedwert)

- **Nebensätze** (Gliedsätze): Sie stellen jeweils ein Subjekt, Gleichsetzungsnominativ (Prädikativ), Objekt, Attribut oder eine adverbiale Bestimmung des übergeordneten Satzes dar. Sie sind daher Subjekt-, Prädikativ-, Objekt-, Attribut- oder Adverbialsätze.
- **Weiterführende Nebensätze** beziehen sich auf den gesamten Inhalt des übergeordneten Satzes. Sie haben keinen Satzgliedwert:

  **Beispiel**

  Franziska schenkte mir Blumen, worüber ich mich sehr freute.

4. Einteilung nach dem **Grad der Abhängigkeit** vom Hauptsatz
Jeder vom Hauptsatz abhängige Nebensatz ist ein Nebensatz 1. Grades.

**Satzbild**

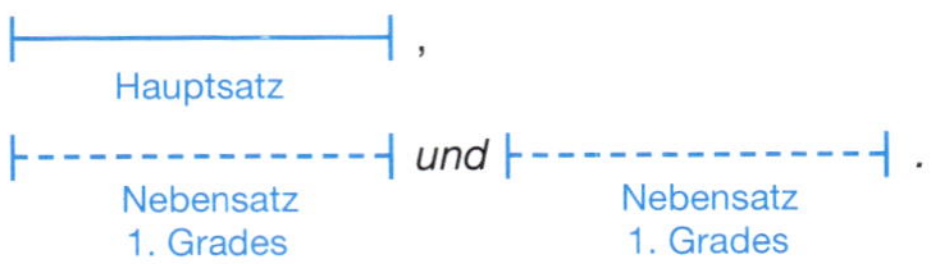


**Beispiel**
Ich wußte,
daß du kommst und
daß du die Bücher mitbringst.

Beide Nebensätze beziehen sich auf den Hauptsatz. Sie sind Nebensätze 1. Grades, also **gleichen Grades.**

Ein von einem weiteren Nebensatz abhängiger Nebensatz ist ein Nebensatz 2. Grades.

**Satzbild**

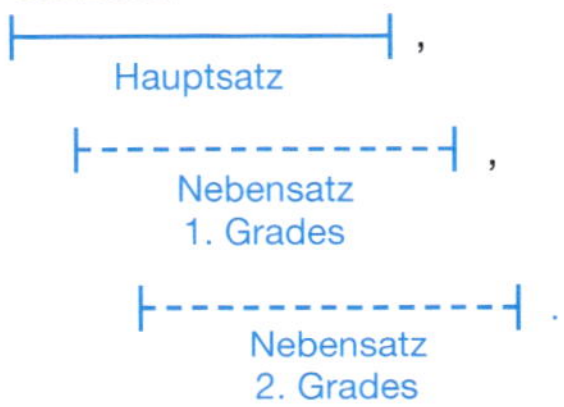


**Beispiel**
Bitte achten Sie darauf,
daß die Vereinbarungen eingehalten werden,
die im Vertrag festgelegt wurden.

Der Nebensatz 2. Grades bezieht sich auf den Nebensatz 1. Grades.
Es handelt sich um 2 Nebensätze **verschiedenen Grades.**

## Die Zeichensetzung im zusammengesetzten Satz

### Das Komma

| **Regeln** | | **Beispiele** |
|---|---|---|
| 1. Das Komma trennt Hauptsätze, auch wenn sie durch *und, oder, weder … noch, entweder … oder* verbunden sind. | R 109 | Mitteilungen sollen sachlich informieren, und sie sollen beim Empfänger eine bestimmte Wirkung erzielen.<br>*Aber:* Petra studiert in Leipzig und Anett in München. (Vergleiche R 122) |
| 2. Das Komma trennt Hauptsätze und Nebensätze. | R 111 | Ich weiß, daß ich dir vertrauen kann. Ich hoffe, daß Du meine Einladung annimmst, und erwarte Deine Antwort. (Vergleiche R 117) |
| 3. Das Komma trennt Nebensätze gleichen Grades, wenn sie nicht durch *und* oder *oder* verbunden sind. | R 112 | Wir freuen uns, daß Sie wieder gesund sind und daß Sie die Reise antreten können. |
| 4. Das Komma trennt Nebensätze verschiedenen Grades. | R 113 | Wir hoffen, daß Sie mit den Zahlungsbedingungen einverstanden sind, die wir Ihnen vorgeschlagen haben, und daß wir mit einem Auftrag rechnen können. |
| 5. Das Komma steht bei eingeschobenen Sätzen (Schaltsätzen). | R 110 | Sie kam, ich will es nicht verschweigen, viel zu spät. |

Das **Semikolon** (Strichpunkt) ersetzt das Komma, wenn dies zu schwach, ein Punkt aber zu stark trennen würde. Es kennzeichnet also eine längere Sprechpause im Satz.

Das Einfügen von Semikola bleibt weitgehend dem individuellen Sprachgefühl überlassen.

## Aufgaben

**1.** *Ermitteln Sie in den folgenden Satzgruppen und Texten die Stellung der finiten Verben im Satz, und bezeichnen Sie die Haupt- und Nebensätze.*

**2.** *Bestimmen Sie die Nebensätze nach ihrer Stellung zum Hauptsatz, nach ihrer Einleitung und nach dem Grad der Abhängigkeit.*

**3.** *Entscheiden Sie, an welchen Stellen Kommas zu setzen sind, und begründen Sie Ihre Entscheidung.*

a)
1. Ich kann eine abgeschlossene Berufsausbildung nachweisen und ich verfüge über eine 4jährige Berufspraxis.
2. Die Mitarbeiter die die neuen Geräte bedienen wurden eingehend geschult.
3. Wer sich für die neue Technik interessiert ist herzlichst eingeladen.
4. Obwohl wir schon mehrmals gemahnt haben wurde die Rechnung nicht beglichen.
5. Weil die Sekretärin erkrankt war blieb das Büro unbesetzt.
6. Da zwischen unseren Firmen seit langem gute Geschäftsbeziehungen bestehen kommen wir Ihnen in dieser Angelegenheit entgegen.
7. Die Behauptung daß wir zu spät geliefert haben ist unzutreffend.
8. Die Frage ob er sich seines ungesetzlichen Handelns bewußt sei wurde nicht beantwortet.
9. Seitdem das Geschäft neu eröffnet wurde hat sich viel verändert.
10. Fragt man nach den Ursachen will sich keiner dazu äußern.

b)
1. Der Beruf Bürokaufmann/-kauffrau ist ein anerkannter Ausbildungsberuf sowohl nach dem Berufsbildungsgesetz als auch nach der Handwerksordnung.
2. Bürokaufleute sorgen dafür daß der Schriftverkehr bewältigt wird und daß das dazu benötigte Material vorhanden ist.
3. Sie sind von ihrer Ausbildung her gesehen die „Spezialisten“ die für die Organisation der Arbeit im Büro eines Unternehmens oder einer Behörde zuständig sind.
4. Typische Aufgabengebiete sind die Arbeitsbereiche Bürokommunikation und -koordination die sichere Kenntnisse im Formulieren und Gestalten von Texten erfordern und das Personal- und Rechnungswesen sowie die Sachbearbeitung in den jeweiligen Einsatzbereichen.
5. Wenn der Einsatz bestimmter Arbeitsmittel zu beurteilen ist oder wenn betriebsspezifische Aufgaben zu lösen sind sind Bürokaufleute gefragt.
6. Schriftstücke selbständig sprachlich angemessen und normgerecht abzufassen gehört mit in das Ausbildungsprogramm.
7. Für Unternehmer die im Wettbewerb bestehen wollen und die einen Betrieb erfolgreich leiten sind Bürokaufleute unentbehrlich.
8. Die Ausbildung zum Bürokaufmann/zur Bürokauffrau dauert drei Jahre sie endet mit einer Abschlußprüfung vor der Industrie- und Handelskammer und sie bietet die Voraussetzung für den weiteren beruflichen Aufstieg.

*Text 1*

### Den Frauen mehr Chancen

1. Der Bundestagsabgeordnete M. L. (CDU) hat eindringlich an die Frauen in den neuen Bundesländern appelliert bei gleicher Leistung wie die der Männer auch auf gleichen Lohn zu dringen.
2. Er sagte die Frauen müssen es lernen ihre Rechte zu behaupten.
3. Wenn sie nur still in der Ecke sitzen dann werden sie an die Wand gedrückt.
4. Sie müssen ihren Mund aufmachen sich einsetzen.
5. Er betonte daß es in den Betrieben durchaus Mechanismen gebe gesetzliche Regelungen durchzusetzen und erinnerte an die entsprechenden Arbeitnehmervertretungen.
6. Er verwies darauf daß bei den Frauen die Arbeitslosenquote fast doppelt so hoch ist wie bei den Männern.
7. Auch Banken und Sparkassen würden und das in verstärktem Maße mehr Männer einstellen als Frauen und er verband diese Feststellung mit einem Appell an diese Einrichtungen den Frauen die arbeiten wollen die gleichen Chancen zu geben.

(Nach: „Wir müssen unsere Rechte behaupten“. Mitteldeutsche Zeitung v. 13.12.1991, Seite 4)

*Text 2*

## Wasser – Elixier des Lebens

1. Überall in der Welt werden Anstrengungen unternommen Wasser rationeller zu nutzen und Vorschläge erarbeitet wie eine weltweite Wasserkrise verhindert werden kann.
2. Es gibt kaum ein Land das nicht irgendwie Probleme mit der Wasserversorgung hat.
3. Bekannt sind die Bilder aus den Trockengebieten der Erde aus Entwicklungsländern in denen Wassermangel das Leben der Menschen bedroht aber auch zahlreiche ernstzunehmende Hinweise aus hochentwickelten Industriestaaten die sich sowohl auf den zunehmend steigenden Wasserverbrauch als auch auf die Qualität des Trinkwassers beziehen.
4. Vier Schwerpunkte die international Bedeutung haben und die Gegenstand vieler Untersuchungen und Beratungen sind stehen dabei im Mittelpunkt und zwar die Rekonstruktion wichtiger nationaler Trinkwassersysteme die rationelle Nutzung des Wassers die Erhöhung der Wasserqualität und der Schutz der natürlichen Wasservorkommen.
5. Auch in den Haushalten kann rationeller mit Trinkwasser umgegangen werden zum Beispiel ist eine Dusche oft erfrischender als ein Vollbad bei dreiminütigem Duschen werden 50 Liter Wasser verbraucht und bei einem Vollbad 200 Liter.
6. Im Garten kühlen Flaschen in feuchte Tücher eingeschlagen und in einem Netz an zugiger Stelle aufgehängt durch die Verdunstung und es ist sparsamer als sie unter fließendem Wasser zu kühlen.
7. Man kann ohne zu übertreiben allein an diesen beiden Beispielen erkennen daß die Möglichkeiten mit Wasser sparsam umzugehen noch lange nicht erschöpft sind.
8. Wasser rationell zu verwenden ist nur eine Seite die andere nicht weniger wichtige ist der Schutz des Wassers.
9. Wenn man bedenkt daß ein Liter Mineralöl eine Million Liter Trinkwasser ungenießbar macht und wenn man überlegt daß ein Liter Gülle genügt um 200 000 Liter Wasser zu verunreinigen wird deutlich daß der Schutz der Gewässer und des Grundwassers eine vordringliche lebensnotwendige Aufgabe darstellt.

*Text 3*

## Die Umwelt schützen und erhalten

1. Um zu leben und zum ungestörten Ablauf der biologischen Funktionen braucht der Mensch Licht und Luft Wasser und Nahrung und zwar in der erforderlichen Menge und in entsprechender Qualität frei von schadenverursachenden gesundheitsschädlichen Stoffen sowie vielfältige Möglichkeiten sich zu erholen.
2. Umweltschutz ist sowohl ein gesellschaftliches als auch ein persönliches Anliegen und kein vernunftbegabter Mensch kann sich den dazu erforderlichen Aufgaben entgegenstellen.
3. Jeder einzelne ob jung oder alt ist verpflichtet in seinem Tätigkeitsbereich sowie in seiner privaten Sphäre seinen Beitrag zu leisten und darf sich dieser Forderung nicht entziehen.
4. Die Naturressourcen sinnvoll und rationell zu nutzen steht dabei im Mittelpunkt der Anstrengungen.
5. Im wesentlichen geht es darum keine zusätzliche Belastung der Umwelt zuzulassen auf wichtigen Gebieten wie Staubbelastung und Abwasseranfall absolute Senkungen zu erreichen und spürbare Verbesserungen durchzusetzen.
6. Daß der Bürger über Daten die die Verschmutzung der Luft betreffen regelmäßig informiert wird ist eine Selbstverständlichkeit.
7. Die Industrie einerseits die ständig wachsenden Ansprüche der Menschen und die Erhaltung einer gesunden Umwelt andererseits erfordern daß der Schutz der Umwelt ein Anliegen aller sein muß.
8. Das beginnt sowohl mit persönlichen Lebensgewohnheiten zum Beispiel sparsamer Umgang mit Wasser und Brennstoffen als auch durch ordnungsgemäße Entsorgung von Schrott Papier Plastikerzeugnissen und Müll.

*Text 4*

## Über die Kunst

1. Jeder von uns hat Bücher gelesen Schauspiele oder Filme gesehen sich an Malerei oder Plastiken erfreut oder er hat Musik gehört die ihm unvergeßlich geblieben ist.
2. Ohne Künste und ohne ästhetische Ansprüche ist das Leben ärmer denn der Mensch braucht die Ausbildung seiner Sinne seiner ethischen und ästhetischen Anlagen seiner Genußfähigkeit und zwar seiner geistigen Genußfähigkeit.
3. Humanistische Bildung und Erziehung sind immer davon ausgegangen daß die Künstler in ihrer Gesamtheit betrachtet im geistigen Leben des Menschen unentbehrlich ja unersetzbar sind.
4. Darum können wir weder auf die Entdeckungen der Wissenschaften noch auf die Pflege des Kulturerbes verzichten.
5. Es gibt Werke in der Literatur deren Wirkung auf unser Empfinden so tief ist daß sie uns veranlassen über manche Fragen des Lebens nachzudenken und daß sie uns zwingen Meinungen und Auffassungen zu komplizierten Problemen des Lebens zu revidieren.
6. Die großen beeindruckenden Gestalten in Goethes „Faust“ und „Egmont“ oder in Schillers „Kabale und Liebe“ leben im Bewußtsein der Menschen die eine gewisse literarische Bildung besitzen fort und haben dazu beigetragen ihr ethisches und ästhetischen Empfinden zu formen.

## Weitere Satzzeichen

| Regeln | | Beispiele |
|---|---|---|
| **Der Doppelpunkt**<br>steht<br>– vor der wörtlichen Rede,<br>– vor angekündigten Satzteilen oder Sätzen. | R 46ff. | Sie ruft: „Komm bitte zurück!"<br>Deutsch: sehr gut |
| **Die Anführungszeichen**<br>stehen vor oder hinter<br>– der direkten Rede,<br>– Zitaten und Hervorhebungen. | R 10ff. | „Die Sprache", betonte der Redner, „ist das wichtigste Verständigungsmittel."<br>Er fragt: „Kennst die die Melodien aus der ‚Zauberflöte' von Mozart?" |
| **Die (runde) Klammer**<br>umfaßt Zusätze und eingeschobene Sätze. | R 84ff. | Pronomen (Fürwort).<br>Senden Sie den Antrag (bitte in Druckschrift!) an das Arbeitsamt. |
| **Die eckige Klammer**<br>schließt Zusätze innerhalb der runden Klammer ein. | R 87 | Container: ([genormter] Großbehälter) |
| **Der Gedankenstrich**<br>kennzeichnet<br>– den Einschub eines neuen Gedankens (Parenthese),<br>– innerhalb eines Satzes eine längere Pause. | R 55ff. | Du solltest dich – Aber wem gelingt das immer? – kompromißbereiter zeigen. Verlassen sie diesen Raum, oder –! |

## Aufgabe

*Schreiben Sie folgende Sätze ab, und setzen Sie die entsprechenden Satzzeichen. Bedenken Sie, daß es in einigen Fällen mehrere Möglichkeiten gibt.*

1. Frau Fink sagt (d)ie finanzielle Situation unserer Firma erlaubt keine Experimente
2. Kann man denn fragt Herr Beck diesen Termin überhaupt einhalten
3. Unsere Erwartungen äußert Herr Stoll wurden bei weitem übertroffen
4. Gibt es diese Behälter in verschiedenen Größen (e)rkundigte sich Frau Rösch und für welches Höchstgewicht ich frage weil das wichtig ist sind diese Container zugelassen
5. Ergebnis (a)lle Mitarbeiter begrüßen die gleitende Arbeitszeit
6. Sie hat folgende Pflichten (d)ie Post zu sortieren und zu registrieren Auskünfte zu geben und das Telefon zu bedienen
7. DM (z)wanzig
8. Achtung Umleitung
9. Der Kontrolleur forderte (i)hren Ausweis bitte
10. Die Parenthese wörtlich Redeteil der außerhalb des eigentlichen Satzverbandes steht wird durch Gedankenstriche hervorgehoben

# 3
# Lexikalisch-semantische[1] Normen

Der Sprachphilosoph H. Paul Grice hat Gesprächsprinzipien aufgestellt, die über Gespräche hinaus als allgemeine Prinzipien oder Normen in der Kommunikation gelten können.

Man sollte sie in seinen eigenen Äußerungen befolgen, und man kann erwarten, daß sich auch der andere Kommunikationspartner an sie hält, wenn beide wirklich um Verständigung bemüht sind. Diese Prinzipien beziehen sich besonders auf lexikalisch-semantische und auf stilistisch-kommunikative Normen:

**Grundprinzipien der Kommunikation**

1. Mache deinen Gesprächsbeitrag so informativ, wie es für den jeweiligen Zweck erforderlich ist!
2. Mache deinen Beitrag nicht informativer als erforderlich!
3. Versuche deinen Beitrag wahrheitsgemäß zu machen!
4. Sage nichts, wovon du glaubst, es sei unwahr!
5. Sage nichts, wofür du keinen angemessenen Nachweis hast!
6. Bleib beim Wesentlichen!
7. Rede klar und deutlich!
8. Vermeide verhüllende Ausdrucksweisen!
9. Vermeide Mehrdeutigkeit!
10. Fasse dich kurz! Vermeide unnötige Weitschweifigkeit!
11. Rede wohlgeordnet, planvoll, konsequent!

(Nach der Übersetzung von P. von Polenz: Deutsche Satzsemantik. Grundbegriffe des Zwischen-den-Zeilen-Lesens, Berlin/New York, 1988, S. 311.)

## 3.1
## Sachliche Richtigkeit und Wahrheit

Wichtige Voraussetzung für eine effektive Kommunikation ist die sachlich richtige und wahrheitsgemäße sprachliche Darstellung eines Sachverhalts.

Dazu gehören:

- die Formulierung wahrer Aussagen über das Wesen von Erscheinungen, über Ursachen und Zusammenhänge auf der Grundlage von Sachkenntnissen;
- die Auswahl solcher Begriffe und Benennungen, die diese Erscheinungen richtig wiedergeben;
- Zweckmäßigkeit in der Auswahl der Informationen und in der Wahl der sprachlichen Mittel.

[1] *semantisch:* den Inhalt eines sprachlichen Zeichens betreffend

## Aufgabe

*Überprüfen Sie die folgenden Aussagen auf sachliche Richtigkeit beziehungsweise ihren Wahrheitsgehalt. Begründen Sie Ihre Meinung, und formulieren Sie die Aussagen um, die sachlich nicht richtig sind.*

1. Jeder Auszubildende besitzt einen Arbeitsvertrag.
2. Die Umweltbedingungen am Arbeitsplatz beeinflussen wesentlich das Leistungsvermögen und die Leistungsbereitschaft.
3. Das Einlegen der Disketten in die Bildschirmanlagen kann auch bei angeschaltetem Gerät erfolgen.
4. Das Telefon wurde zu Beginn des 20. Jahrhunderts erfunden.
5. Der griechische Astronom Ptolemäus war der Ansicht, daß sich die Erde im Mittelpunkt des Planetensystems befindet.
6. Charles Darwin vertrat die These, daß der Mensch vom Affen abstammt.
7. Zu den germanischen Sprachen gehören das Deutsche, das Englische, das Französische und das Polnische.
8. Sprache und Denken sind voneinander unabhängig.

# 3.2 Begriffliche Klarheit

Eine klare und wirkungsvolle Textgestaltung verlangt, daß der Sprecher/Schreiber aus den zur Verfügung stehenden sprachlichen Mitteln diejenigen auswählt, die dem Kommunikationsgegenstand, der Kommunikationsabsicht, dem Kommunikationspartner und der Kommunikationssituation am besten gerecht werden. Dazu gehört, daß er anwendungsbereite Kenntnisse über Wortbedeutungen, über Benennungsmöglichkeiten sowie über begriffliche Beziehungen zwischen Wörtern besitzt.

**Begriffe** sind gedankliche Widerspielungen (Vorstellungen) von den Gegenständen, Vorgängen, Eigenschaften und Beziehungen der Wirklichkeit. Sie bilden die Bestandteile von Aussagen und habe ihre sprachliche Fassung im Wort oder in einer Wortgruppe, zum Beispiel *Computer, Mikroelektronik, elektronische Datenverarbeitung, soziale Marktwirtschaft.*

Zum richtigen Umgang mit Begriffen gehört, daß man sich über den Inhalt und Umfang im klaren ist und Beziehungen zwischen Begriffen herstellen kann. Als Hilfsmittel zur Klärung von Begriffen können zum Beispiel Bedeutungswörterbücher, Fachwörterbücher, Lexika, Enzyklopädien oder Lehrbücher herangezogen werden.

Der **Inhalt eines Begriffs** wird durch die wesentlichen Merkmale (Eigenschaften, Beziehungen) der benannten Erscheinung bestimmt. Wesentliche Merkmale verallgemeinern von den konkreten Erscheinungen.

**Beispiel**

Wesentliche Merkmale des Begriffs *Jugendlicher* sind „junger Mensch im Alter zwischen 14 und 18 Jahren", unwesentliche Merkmale sind „männlich/weiblich, Schüler/Auszubildender/Student, blond/dunkelhaarig und so weiter".

Der **Umfang von Begriffen** wird durch den Begriffsinhalt bestimmt. Er erfaßt die Klasse von Objekten, auf die der Begriff zutrifft.

**Beispiel**

Der Begriff *Bürotechnik* umfaßt folgende Erscheinungen: Schreibmaschinen, Rechenmaschinen, Kopiergeräte, Datenübermittlungsgeräte, Datenverarbeitungsgeräte.

> Je spezieller die Begriffsinhalte sind, um so geringer ist der Begriffsumfang.

## Definieren von Begriffen

Das Definieren ist ein logisches Verfahren zur Bestimmung des Wesens von Erscheinungen oder der Bedeutung von Begriffen und dient deren eindeutiger Abgrenzung.

Eine **Definition** setzt sich aus folgenden Bestandteilen zusammen:

| | | | | |
|---|---|---|---|---|
| **Artbegriff** (zu definierender Begriff) | = | **Gattungsbegriff** (übergeordneter Begriff) | + | **artbildende(s) Merkmal(e)** |

**Beispiel**

| | | | |
|---|---|---|---|
| Der Wal | ist | ein Säugetier | mit der Fähigkeit, lebenden Nachwuchs zur Welt zu bringen. |

**Beim Definieren von Begriffen ist folgendes zu beachten:**

- Die Definition muß auf dem neuesten Stand der Erkenntnis sein.
- Der zu bestimmende Begriff ist dem nächsthöheren Gattungsbegriff unterzuordnen (darf also nicht zu weit gefaßt sein) und darf nicht als Bestandteil der Definition erscheinen.
- Eine Definition sollte keine verneinenden Bestimmungen enthalten. Sie muß klar, eindeutig und übersichtlich sein und sollte nur wesentliche Merkmale enthalten.
- Sprachlich werden Definitionen häufig wie folgt formuliert: *unter x versteht man, x ist, unter x ist … zu verstehen, als x werden bezeichnet …*

Man unterscheidet:

| **Realdefinition** | **Nominaldefinition** |
|---|---|
| bezieht sich auf Erscheinungen, Gegenstände, Eigenschaften beziehungsweise Klassen von Erscheinungen, Gegenständen oder Eigenschaften und erfaßt deren Wesen oder Ursachen.<br>**Beispiel**<br>Eine Aktiengesellschaft ist eine Kapitalgesellschaft, deren Gesellschafter (Aktionäre) mit ihren Einlagen an dem Grundkapital beteiligt sind. | bezieht sich auf die Benennung von Erscheinungen, Gegenständen oder Eigenschaften und sagt etwas über deren Bedeutung aus.<br>**Beispiel**<br>Terminal heißt/bedeutet Datenendgerät. |

In der Praxis bedient man sich häufig eines definitionsähnlichen Verfahrens, bei dem Begriffe erläuternd und erörternd umschrieben werden. Bei der **Umschreibung** ist die sprachliche Fassung variabler, weniger verdichtet, und es können auch weniger wesentliche Merkmale des Begriffs enthalten sein.

**Beispiel**

**Was erkennt das Finanzamt bei Kindern zwischen 16 (ab 1992: 18) und 27 Jahren als Ausbildung an?**

Als Berufsausbildung, die einen Freibetrag für Kinder zwischen 16 (ab 1992: 18) und 27 Jahren auf der Lohnsteuerkarte begründet, gilt eine kaufmännische oder handwerkliche Ausbildung, der Besuch jeder Schule, die Allgemeinwissen vermittelt, die Ausbildung an einer Haushalts- oder Berufsfachschule und der Besuch einer Hoch- oder Fachhochschule. Ebenfalls unter Ausbildung fällt ein von der Ausbildungs- oder Prüfungsordnung vorgesehenes Praktikum.

Weiter wird als Ausbildung anerkannt, wenn ein Kind den gesetzlichen Grundwehrdienst oder Zivildienst ableistet. Dem Grundwehrdienst steht der Grenzschutzdienst gleich.

Ebenso wie eine Ausbildung wird ein freiwilliger, nicht länger als drei Jahre dauernder Wehr- oder Polizeivollzugsdienst behandelt, wenn er ersatzweise für den gesetzlichen Grundwehrdienst oder Zivildienst abgeleistet wird.

(Aus: Stiftung Warentest: Sonderheft „Alles über Steuern“. Berlin 1991, S. 23)

# 3.3 Beziehungen zwischen Begriffen und Wörtern

Wie zwischen den Erscheinungen der Wirklichkeit bestehen auch Beziehungen zwischen deren Benennungen, den Begriffen und Wörtern.

**Übereinstimmung von Begriffen** liegt vor, wenn sich zwei oder mehrere Begriffe in ihrem Umfang völlig decken.

**Beispiel**

*Geldschein – Banknote*

Wörter mit gleicher oder ähnlicher Bedeutung werden auch „Synonyme" genannt. Völlige Bedeutungsgleichheit ist selten (*Beifall – Applaus*). Meist unterscheiden sich die Wörter geringfügig in der Bedeutung (*heil – unversehrt*), in den grammatischen Beziehungen (jemandem *helfen* – jemanden *unterstützen*) oder in der Stilschicht (*bekommen – kriegen*) und sind dann nicht in jedem Textzusammenhang beliebig austauschbar. Synonyme dienen im Text der Ausdrucksvariation, der Hervorhebung bestimmter Merkmale oder zum Ausdruck der Einstellung des Sprechers.

In Fachtexten wird bei der Darstellung von Fakten und fachlichen Gegenständen im allgemeinen nicht synonymisch variiert, weil es zu Mißverständnissen führen könnte, wenn für gleiche Sachverhalte verschiedene Benennungen verwendet werden.

Ein **begrifflicher Gegensatz** wird sprachlich durch sogenannte „Antonyme" ausgedrückt. Diese unterscheiden sich oft nur in einem wesentlichen Merkmal und weisen ansonsten Bedeutungsgemeinsamkeiten auf:

**Beispiel**

*Einnahmen – Ausgaben*

Beide Begriffe bezeichnen eine Transaktion von Geldmengen, unterscheiden sich aber in der Richtung der Transaktion.

**Überordnung und Unterordnung von Begriffen** liegt vor, wenn einem Oberbegriff (Gattungsbegriff) mehrere Unterbegriffe (Artbegriffe) zugeordnet werden. Der Oberbegriff hat dabei aufgrund seiner allgemeineren Merkmale einen größeren Bedeutungsumfang als der Unterbegriff und schließt die Unterbegriffe ein. Jeder Unterbegriff weist alle Merkmale des Oberbegriffs sowie mindestens ein einschränkendes Merkmal auf.

**Beispiel**

Oberbegriff: *Postsendungen*
Unterbegriffe: *Briefsendungen, Paketsendungen, Päckchen*

**Nebenordnung von Begriffen** besteht zwischen mehreren Unterbegriffen, die einen gemeinsamen Oberbegriff haben. Die Unterbegriffe schließen dabei einander aus: Briefsendungen, Paketsendungen und Päckchen sind nebengeordnete Unterbegriffe, denen der Oberbegriff Postsendungen gemeinsam ist.

### Verknüpfen von Wörtern

Die Bedeutung eines Wortes bestimmt auch seine Verknüpfung mit anderen Wörtern im Satz, das heißt die Vereinbarkeit oder Verträglichkeit der Wörter untereinander.

**Beispiel**

Das Verb *rieseln* verlangt ein Subjekt, das als Bedeutungselement ein Merkmal „kleinkörnig" oder „flüssig" enthält: *Sand, Wasser.*
Das Adjektiv *blond* läßt sich im allgemeinen nur mit Benennungen für menschliches Haar oder mit Personenbezeichnungen verbinden: *blondes Haar, blonde Zöpfe, blondes Kind.*

Besonders bei der Verbindung von Verben und Substantiven ist darauf zu achten, daß sich deren Bedeutungen vertragen.

eine Prüfung *ablegen* – einen Abschluß *erwerben*

# Aufgaben

**1.** *Nennen Sie wesentliche Merkmale der folgenden Begriffe.*
Betriebsverfassungsgesetz, soziale Marktwirtschaft, Geschäftsfähigkeit, Kreditwürdigkeit, Auszubildender, Kündigungsschutz, Kündigungsfrist.

**2.** *Bestimmen Sie den Umfang der folgenden Begriffe:*
Geldanlage, Sozialversicherung, Einkommen, Bildungssystem, Wertpapier, Kreditinstitut, Zahlungsmittel, Bürokommunikation.

**3.** *Formulieren Sie mit Hilfe von Wörterbüchern Definitionen oder definitionsähnliche Umschreibungen zu den folgenden Begriffen.*
Textverarbeitung, Diskette, Protokoll, Bonität, Darlehen, Bilanz, Festgeld, Kreditkarte, Software, Hardware.

**4.** *Formulieren Sie aus Text 1 eine Definition des Begriffs „Arbeitnehmer".*

**5.** *Ermitteln Sie die wesentlichen Merkmale des Begriffs „Verfassung" aus Text 2.*

**6.** *Erläutern Sie die begrifflichen Beziehungen in der Übersicht über die verschiedenen Steuerarten (Text 3). Informieren Sie sich in Wörterbüchern über den Inhalt der jeweiligen Begriffe.*

**7.** *Welche begrifflichen Beziehungen liegen vor?*
Nachschlagewerk – Duden, Stenografie – Kurzschrift, Briefsendung – Briefdrucksache, Diskette – Datenträger, elektronische Textkommunikation – Bildschirmtext, Videotext – Fernsehtext, Argument – Beweismittel, Import – Export, Software – Hardware.

**8.** *Ordnen Sie die Oberbegriffe „Medien", „Informationsträger", „Schriftstückarten", „Nachrichtenaustausch", „Gesellschaftsformen" den folgenden Unterbegriffen richtig zu.*
- Kommanditgesellschaft (KG), Aktiengesellschaft (AG), Gesellschaft mit beschränkter Haftung (GmbH)
- Brief, Protokoll, Aktennotiz, Mitteilung, Bericht
- EDV-Ausdrucke, Karteien, Tafeln, Mikrofilme, Disketten, Zeichnungen, Lochbänder, Magnetbänder
- Presse, Hörfunk, Fernsehen, Satellitenfernsehen, Kabelfernsehen, Textdienste
- Postverkehr, Fernsprechverkehr, Fernschreibverkehr, Telefax

**9.** *Ergänzen Sie jeweils einen oder mehrere nebengeordnete Begriffe.*
Krankenversicherung, ...
mechanische Schreibmaschine, ...
Konjugation (Grammatik), ...
Zusammensetzung (Wortbildung), ...

**10.** *Worin unterscheiden sich die Bedeutungen der folgenden Wörter?*
Gehalt – Lohn – Gage – Honorar – Bezahlung – Vergütung;
Nachricht – Mitteilung – Neuigkeit – Botschaft – Meldung – Hinweis;
Leiter – Chef – Vorgesetzter – Direktor – Boß;
Beschäftigung – Arbeit – Tätigkeit – Job – Beruf – Amt – Stellung – Funktion;
unterrichten – ausbilden – lehren – anlernen – beibringen – bilden – schulen – unterweisen.

**11.** *Die folgenden Sätze enthalten Wörter, die in diesem Zusammenhang nicht passend sind. Bearbeiten Sie die Sätze.*
a) Wir bitten um Kenntnis, daß ...
b) Kinder kosten den halben Preis.
c) Der Katalog gibt Ihnen einen Einblick über unsere Produktion.
d) Die Einnahmen werden vierteljährig abgerechnet.
e) Maschinen können geistige Fähigkeiten verrichten.
f) Nach einer halbstündlichen Pause wurde die Beratung fortgesetzt.
g) Er hat 1990 seinen Facharbeiterbrief abgelegt.

**12.** *Ergänzen Sie Verben, die mit dem betreffenden Substantiv verbunden werden können.*
einen Antrag stellen, ...; eine Forderung erheben, ...; Bedenken äußern, ...; einen Beschluß fassen, ...; eine Entscheidung treffen, ...; eine Zustimmung erteilen, ...; ein Angebot machen, ...; eine Aufgabe lösen, ...; einen Entwurf ausarbeiten, ...; ein Amt bekleiden, ...

## Text 1

### Wer ist eigentlich Arbeitnehmer?

Das Lohnsteuerrecht gilt nur für Arbeitnehmer. Nur sie bekommen eine Lohnsteuerkarte und nur bei ihnen hat der Arbeitgeber die Lohnsteuer vom Bruttoarbeitslohn einzubehalten und an das Finanzamt abzuführen. Deshalb die Frage: Wer ist eigentlich Arbeitnehmer und was zeichnet ihn aus? Der Begriff „Arbeitnehmer" wird im Arbeits-, Sozialversicherungs- und Steuerrecht jeweils unterschiedlich definiert. Nach dem Einkommensteuerrecht können nur „natürliche Personen" Arbeitnehmer sein. Das sind Personen aus „Fleisch und Blut" – im Gegensatz zur „juristischen Person": also zum Beispiel eine Aktiengesellschaft, eine „Gesellschaft mit beschränkter Haftung" (GmbH), eine Genossenschaft, ein Verein oder ähnliches. Was den Arbeitnehmer weiter kennzeichnet: Er ist bei einem privaten Unternehmen beschäftigt oder im öffentlichen Dienst angestellt und bezieht aus dieser Tätigkeit Arbeitslohn.
Dabei gibt es eine Besonderheit. Der Arbeitslohn muß nicht aus einem gegenwärtig bestehenden Arbeitsverhältnis erzielt werden, er kann auch aus einer früheren Arbeitnehmertätigkeit herrühren. Aus steuerrechtlicher Sicht sind also beispielsweise auch Beamte, die im Ruhestand eine Pension beziehen, Arbeitnehmer. Selbst ein Erbe, der aus einem früheren Dienstverhältnis des Erblassers finanzielle Zuwendungen erhält, ist im steuerrechtlichen Sinne Arbeitnehmer.
Wesentliches Merkmal der Arbeitnehmer-Eigenschaft ist also das Vorliegen eines früheren oder gegenwärtigen Dienstverhältnisses. Und das Dienstverhältnis wiederum zeichnet sich dadurch aus, daß der Arbeitnehmer dem Arbeitgeber seine Arbeitskraft schuldet.
Das „Schulden der Arbeitskraft" drückt sich seinerseits in der Weisungsgebundenheit des Arbeitnehmers aus: Der Arbeitgeber bestimmt über Ort, Zeit, Art und Umfang der Leistung, die der Arbeitnehmer erbringen muß. In der Praxis hat diese Weisungsgebundenheit sehr unterschiedliche Ausprägungen. Bei einem Arbeiter oder einer Sekretärin ist sie sehr umfassend, bei einem angestellten Arzt, der fachlich weitgehend eigenverantwortlich handeln kann, weniger streng.

(Aus: Stiftung Warentest: Sonderheft „Alles über Steuern". Berlin 1991, S. 10/11)

## Text 2

Die rechtliche Grundordnung des modernen Staates wird durch die *Verfassung* bestimmt, die in unterschiedlicher Form niederlegt sein kann, als Verfassungsurkunde, Gesetzessammlung oder wie in England als Gewohnheitsrecht. Die Verfassung gibt Antwort auf die Fragen, wie und nach welchen Prinzipien das politische Zusammenleben der Menschen in einem Staat gestaltet wird. Sie bestimmt die Form des Staates und seinen organisatorischen Aufbau; sie beinhaltet aber in der Regel auch Grund- und Menschenrechte. Die Verfassung enthält damit auch Wertvorstellungen. Die in der Verfassung niedergelegte rechtliche Grundordnung bindet und kontrolliert die politische Macht. Im modernen Verfassungsstaat soll das elementare Verlangen jedes Menschen nach Freiheit, Recht und Frieden verwirklicht werden. Es geht also um das Problem, wie Herrschaft, die zum friedlichen Zusammenleben der Menschen in einer organisierten Gemeinschaft notwendig ist, so eingerichtet und ausgeübt werden kann, daß gleichwohl die Freiheit und die Rechte des einzelnen garantiert sind. Hierzu bedarf es gleicher politischer Rechte für alle Bürger und der Verankerung der politischen Ordnung in ganzen Volke *(Volkssouveränität).*

(Aus: Im Überblick: Bundesrepublik Deutschland. Politik, Wirtschaft, Sozialordnung. Cornelsen Verlag Hirschgraben, Frankfurt am Main 1990, S. 7)

## Text 3

| | | | | | | |
|---|---|---|---|---|---|---|
| **direkte Steuern** | **Besitzsteuern** | | | | | |
| | Realsteuern | | Personensteuer | | | |
| | Grundsteuer | Gewerbesteuer | Erbschafts- und Schenkungssteuer | Vermögensteuer | Einkommen- und Körperschaftsteuer | Kapitalertragsteuer **Lohnsteuer** |
| **Indirekte Steuern** | **Verkehrssteuern** | | | | | |
| | Umsatzsteuer | Wechselsteuer | Börsenumsatzsteuer | Grunderwerbsteuer | | |
| | **Verbrauchsteuern und Zölle** | | | | | |
| | Biersteuer | Kaffeesteuer | Mineralölsteuer | Tabaksteuer | Branntweinsteuer | |

(Aus: Stiftung Warentest, am angeführten Ort, S. 10)

# 4
# Stilistisch-kommunikative Normen

Texte werden nicht nur danach beurteilt, ob sie rechtschreiblich, grammatisch und semantisch „richtig“ sind, sondern auch danach, ob sie dem Gegenstand, der Situation, dem Partner und so weiter „angemessen“ sind. So gibt es zum Beispiel für bestimmte Sachverhalte und für bestimmte Situationen typische **Textsorten** mit entsprechenden inhaltlichen und sprachlichen Normen; je nach Partner und Situation kann man sich der normalen, einer gehobeneren oder einer niedrigeren **Stilebene** (umgangssprachlich oder salopp) bedienen; für die schriftliche und die mündliche Kommunikationsform gelten jeweils andere Normen der Textgestaltung.

Zu den kommunikativen Normen gehören auch solche, die allgemeine Rahmenbedingungen betreffen, zum Beispiel wer ein Gespräch eröffnen, unterbrechen oder beenden darf, wie man sich sprachlich in bestimmten Umgebungen verhält (daß man zum Beispiel auf Friedhöfen und in Kirchen im allgemeinen leise spricht).

Textsortennormen sowie Normen nichtsprachlicher Art sind bereits ausführlicher in den Kapiteln II bis IV dargestellt worden, so daß wir uns hier besonders auf zwei wichtige Erscheinungen beschränken können: die Vermeidung unnötiger Weitschweifigkeit und das Verhältnis von verdichteter und aufgelockerter Ausdrucksweise.

## 4.1
## Verminderung der Redundanz

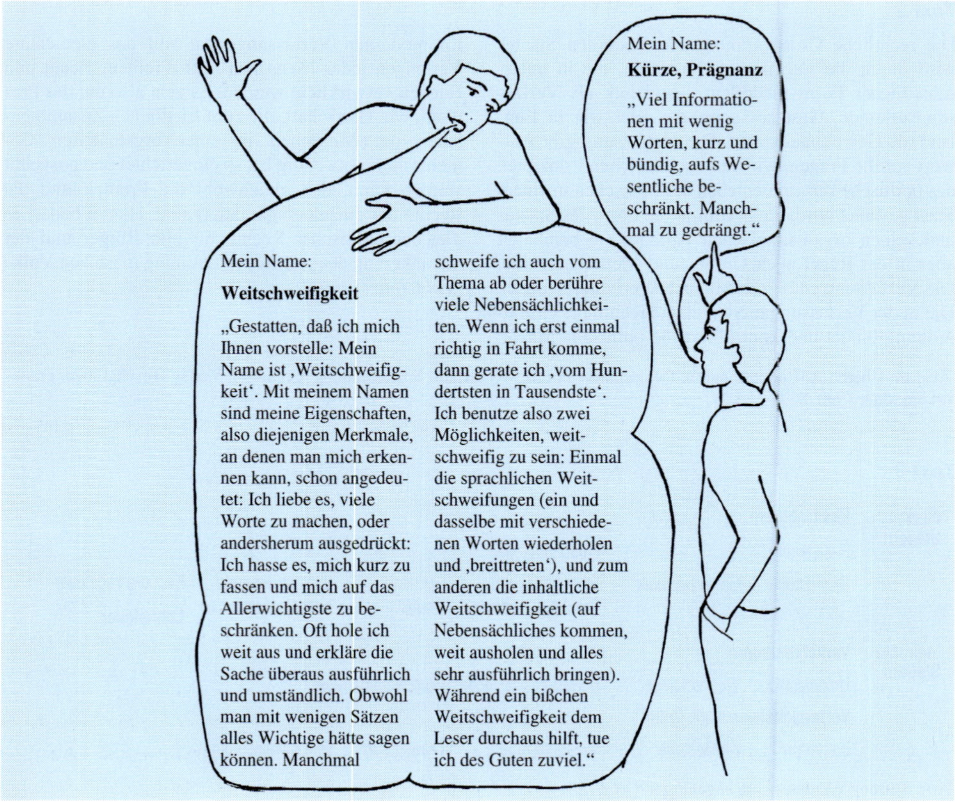

So stellen sich „Kürze, Prägnanz" und als Gegenspieler „Weitschweifigkeit" in dem Buch „Miteinander reden: Störungen und Klärungen. Psychologie der zwischenmenschlichen Kommunikation" (Hamburg 1981, S. 145) von Friedemann Schulz von Thun vor.

In der Informationstheorie wird das Maß für den Teil von Informationen (Zeichen), der für die Übermittlung des eigentlichen Nachrichteninhalts überflüssig ist, als **Redundanz** bezeichnet.

Sprachlich äußert sich dieser Informationsüberschuß in der mehrfachen, nicht notwendigen Wiedergabe der gleichen Information innerhalb einer Aussage. Redundante Bestandteile einer Äußerung können ohne Informationsverlust weggelassen werden. Das betrifft

- weitschweifige Äußerungen über den gleichen Inhalt

**Beispiel**

Ihre bisher gemachten Erfahrungen mit unserem Unternehmen haben Ihnen gezeigt und bewiesen, daß wir uns immer und stets bemühen, die bei uns bestellenden Kunden zu ihrer Zufriedenheit zu bedienen.

- tautologische (einen Sachverhalt doppelt wiedergebende) Verbindungen von Adjektiv und Substantiv, Adjektiv und Verb oder Verb und Substantiv.

**Beispiel**

**rustikale Bauernmöbel, neu renovieren, vorläufig suspendieren, ein Angebot offerieren.**

Redundanz kann notwendig, förderlich sein, wenn dadurch die Eindeutigkeit und Verständlichkeit sprachlicher Informationen unterstützt wird (zum Beispiel bei mündlichen Äußerungen, bei populärwissenschaftlichen Darstellungen). In sachlichen Texten sollte aber jede **unnötige Weitschweifigkeit** vermieden werden.

## Aufgabe

*Kürzen Sie die folgenden Sätze:*

1. Unachtsamkeit begünstigt die Begehung von Diebstählen.
2. Er versteht es gekonnt, seine Zuhörer zu begeistern.
3. Auf diese Weise erhöht sich die Überlebenschance für das einzelne Individuum.
4. Wie wir aus dem Mund des Direktors erfuhren, endet der Abschluß der Ausbildung mit einer theoretischen und einer praktischen Prüfung.
5. Zu unserem Bedauern können wir Ihre Bestellung leider nicht mehr berücksichtigen.
6. Wir sind bemüht, diesen Nachfrageüberhang weitestgehend abzufangen, so daß wir in Zukunft auch Ihren Bedarf ausreichend abdecken können.
7. Ihre Bestellung haben wir bereits schon in der vorigen Woche abgeschickt.
8. Wir sind in der Lage, Ihnen ein günstiges Angebot offerieren zu können.
9. Teure Rohstoffe wurden nutzlos vergeudet.
10. Die Preise wurden um 10 % herabgemindert.

Beim **Kürzen eines Textes** sind weit mehr Überlegungen nötig als beim Kürzen eines Satzes. Während beim Kürzen eines Satzes vorwiegend die Beziehungen zwischen den einzelnen Wörtern zu berücksichtigen sind, geht es beim Kürzen eines Textes um inhaltlich-sachliche Aspekte der gesamten Äußerung. Das setzt hohes Sachwissen voraus. Es ist genau zu prüfen, welche Informationen für das Anliegen des Textes und für das Verständnis unbedingt notwendig sind und welche als überflüssige oder leere Redundanz betrachtet werden müssen. Häufig ist eine Umformung des gesamten Textes erforderlich.

**Beispiel**

*Der redundante Brief*

Bei Ihrem letzten Besuch in unserer Firma versprachen Sie uns fest, die Abwicklung unseres Auftrages baldigst zu klären. Sie versicherten auch, uns umgehend Bescheid zukommen zu lassen.
Leider haben wir in dieser Angelegenheit nichts von Ihnen gehört. Sollte Ihre Stellungnahme bis zum … nicht vorliegen, wird das gesamte Aggregat an Ihre Anschrift zum Versand gebracht. Um baldige Klärung der Angelegenheit wird dringend gebeten.

*Die notwendige Information*

Bei Ihrem letzten Besuch in unserer Firma versprachen Sie, die Abwicklung unseres Auftrages zu klären und uns umgehend Bescheid zu geben. Leider haben wir bis jetzt nichts von Ihnen gehört.
Sollte Ihre Antwort bis zum … nicht vorliegen, senden wir das Aggregat an Sie ab.

## Aufgabe

*Kürzen Sie den folgenden Text. Beachten Sie dabei folgende Arbeitsschritte:*

1. *Machen Sie sich mit dem Inhalt des Briefes vertraut, und prüfen Sie den Text auf Klarheit und Eindeutigkeit der Aussage.*
2. *Überlegen Sie, was der Schreiber mit diesem Brief erreichen wollte und welche Sätze unter diesem Gesichtspunkt nicht notwendig sind.*
3. *Überlegen Sie, wie das Anliegen des Briefschreibers durch die Reihenfolge der Sätze wirksam hervorgehoben werden kann.*
4. *Prüfen Sie hinsichtlich des Satz- und Textaufbaus, welche Sätze zur weiteren Kürzung miteinander verbunden werden können. Formen Sie die Sätze stilistisch um.*

Absender: Klaus Gärtner, Halle
Empfänger: Städtische Gaswerke
Es ist erfreulich, daß die Städtischen Gaswerke ständig bestrebt sind, die Rohrleitungen in Ordnung zu halten und, wenn nötig, zu erneuern, damit die Haushalte immer ausreichend versorgt werden können. Es ist daher zu begrüßen, daß die alten und störanfälligen Rohrleitungen erneuert werden, wie das seit einigen Tagen in unserer Straße zu beobachten war. Es dürfte aber die Befugnisse Ihrer Mitarbeiter überschreiten, wenn sie sich durch Herausziehen der Krampe gewaltsam Zugang zu meinem verschlossenen Keller verschaffen. Einfacher und richtiger wäre es gewesen, um Öffnung des Kellers zu bitten, zumal bei uns tagsüber jemand zu erreichen ist. Außerdem hätte man auch einen Tag vorher Bescheid sagen können. Als ich das widerrechtliche Öffnen bemerkte, hatte ich zuerst den Eindruck eines Einbruchs und wollte wegen der Bestimmungen meiner Hausratversicherung das zuständige Polizeirevier benachrichtigen. Ich erfuhr jedoch durch Mitbewohner von der Anwesenheit Ihrer Mitarbeiter. Daraufhin überzeugte ich mich davon, daß durch meinen Keller ein neues Gasrohr gelegt worden war. Ich hielt es in diesem Fall für besser, nur Sie über den Vorfall zu informieren. Ich bitte Sie, Ihre Mitarbeiter darüber zu belehren, wie sie sich zu verhalten haben, wenn sie in verschlossenen Räumen arbeiten müssen.

## 4.2 Verdichten und Auflockern

Sprachliche Inhalte können je nach Zweck der Darstellung, Kommunikationspartner, Textsorte und schriftlicher oder mündlicher Wiedergabe in verdichteter (komprimierter) oder aufgelockerter Ausdrucksweise gestaltet werden. Der Informationsgehalt kann dabei im wesentlichen der gleiche sein:

**Mysteriöses Korallensterben in Florida**

LONDON (dpa). An den Küsten Floridas sterben die Korallen. Dabei verlieren die farbenprächtigen Unterwasserriffe sowohl an Fläche als auch an Artenzahl. „Die Ursachen dafür sind ungewiß", heißt es in der neuesten Ausgabe des britischen Wissenschaftsmagazins „New Scientist".

**Verdichtete Ausdrucksweise** gibt Informationen in möglichst knapper sprachlicher Form wieder; gedankliche Beziehungen werden häufig nicht genau gekennzeichnet.

Zur Verdichtung tragen verschiedene grammatische und lexikalische Mittel bei: Substantive und Substantivierungen, Zusammensetzungen, Abkürzungen und Kurzwörter, nominale Rahmen, mehrfache Attribuierung, einfache Sätze mit relativ wenig finiten (gebeugten) Verbformen bis hin zu völlig verblosen Konstruktionen.

Da Substantive und substantivische Wortgruppen hierbei eine besondere Rolle spielen, wird auch von nominaler (substantivischer) Ausdrucksweise oder **Nominalstil** gesprochen. Diese Ausdrucksweise ist typisch für viele Sachtexte in unserer Gegenwartssprache.

**In folgenden Situationen müssen sprachliche Inhalte verdichtet werden:**

- beim Formulieren eines Stichpunktzettels;
- in Überschriften und Gliederungspunkten;
- beim Formulieren des Betreffs;
- bei der schriftlichen Fixierung von Informationen aus geschriebenen oder gesprochenen Texten in Form von Stichpunkten;
- in Textsorten wie Meldung, Telegramm, Ergebnisprotokoll, kurzen Handlungsanweisungen, Zusammenfassungen.

Ein verdichteter Text stellt aufgrund der Dichte der Informationen, der Unübersichtlichkeit des Satzes durch lange Attributketten und der fehlenden oder nicht eindeutigen Kennzeichnung gedanklicher Beziehungen im allgemeinen höhere Anforderungen an die Aufmerksamkeit des Lesers und besonders des Hörers.

Mit verschiedenen Mitteln des Satzbaus kann zunehmende **Verdichtung** erreicht werden.

**Beispiele**

*Einfache Sätze einer Satzfolge:*
Das Gerät weist technische Mängel auf. Es wird an den Hersteller zurückgesandt.

*Herstellen eines zusammengezogenen Satzes:*
Das Gerät weist technische Mängel auf und wird an den Hersteller zurückgesandt.

*Herstellen eines Satzgefüges durch Umwandlung eines Teilsatzes in einen Nebensatz:*
Da das Gerät technische Mängel aufweist, wird es an den Hersteller zurückgesandt.

*Umwandlung eines zusammengesetzten Satzes in einen einfachen Satz:*
Aufgrund technischer Mängel wird das Gerät an den Hersteller zurückgesandt.

*Umwandlung eines einfachen Satzes in ein Satzglied mit attributivem Nebensatz:*
Das Gerät, das aufgrund technischer Mängel zurückgesandt wird, …

*Umwandlung des Satzes in ein Satzglied mit attributivem Partizip (Bildung eines nominalen Rahmens):*
Das aufgrund technischer Mängel zurückgesandte Gerät …

*Umwandlung in eine nominale Wortgruppe:*
Rücksendung des Gerätes aufgrund technischer Mängel

**Aufgelockerte Ausdrucksweise** erleichtert durch die größere Ausführlichkeit vor allem in mündlichen Texten die Informationsaufnahme. Sie ist auch dort angebracht, wo gedankliche Beziehungen deutlich gemacht werden sollen. Dabei werden viele Verben verwendet (daher auch: verbale Ausdrucksweise/Verbalstil); mehrere einfache Sätze anstelle einer komplizierten Satzkonstruktion werden bevorzugt. Sind zum Beispiel mündliche oder schriftliche Äußerungen nach Stichpunkten zu gestalten, so müssen die vorwiegend substantivischen Formulierungen in aufgelockerte sprachliche Formen umgewandelt werden.

## Aufgaben

**1.** *Formulieren Sie folgende Sachverhalte als Betreff.*

a) Sie wollen sich um eine Stelle als Bürokauffrau/-kaufmann bewerben.
b) Sie wollen zum nächstmöglichen Termin ein Zeitschriftenabonnement kündigen.
c) Sie beantragen, daß Ihnen ein zuviel abgezogener Betrag zurückerstattet wird.
d) Sie beantragen bei Ihrem Vermieter eine Minderung der Miete, weil die Wohnung schwerwiegende Mängel aufweist.
e) Sie bitten ein Unternehmen darum, daß man Ihnen Informationsmaterial über seine Erzeugnisse zusendet.

**2.** *Geben Sie folgende Sachverhalte in verdichteter Ausdrucksweise für ein Ergebnisprotokoll wieder. (Zur sprachlichen Gestaltung des Ergebnisprotokolls vergleiche auch Kapitel II, Abschnitt 1.1.1.)*

a) Die Prüfungskommission gibt die Ergebnisse der letzten Facharbeiterprüfung bekannt und informiert über Inhalt, Umfang und organisatorischen Ablauf der diesjährigen Prüfung.
b) Der Gutachterausschuß stimmt über die Entwürfe ab, die von den Anbietern eingereicht worden sind, und entscheidet sich für den Entwurf der Firma X.
c) Frau O. gibt bekannt, zu welchen Terminen die Abrechnung der Reisekosten erfolgen soll.
d) Herr P. stellt die Konzeption für die Gestaltung der Ausstellung vor und erläutert, welche Umbauarbeiten dadurch erforderlich werden.

**3.** *Lockern Sie die Sätze auf, indem Sie die nominal formulierten Aussagen in verbal gestaltete umformen.*

a) Die Einnahme des Mittagessens erfolgt von 12 bis 13 Uhr.
b) Für die durch Baumaßnahmen auftretenden Erschwernisse bitten wir um Verständnis.
c) Kann die Lösung der Fahrausweise in Ausnahmefällen nicht innerhalb der Öffnungszeiten erfolgen, so haben sich die Reisenden unaufgefordert vor dem Betreten des Zuges beim Zugpersonal zu melden. Wird die geforderte Meldung nicht vorgenommen, erfolgt Behandlung als „Reisender ohne gültigen Fahrausweis“.
d) Angesichts der Dringlichkeit eines solchen Erfahrungsaustauschs bitte ich um Ermöglichung der Teilnahme.
e) Die Überreichung der Urkunden wurde vom Geschäftsführer vorgenommen.
f) Wegen Nichtbeachtung der Sicherheitmaßnahmen und Nichtbefolgen der Betriebsvorschriften wurde bei Ausschachtungsarbeiten ein Arbeiter verletzt.
g) Wir machen Ihnen die Mitteilung, daß wir die Ausführung Ihres Auftrags vornehmen werden.
h) Der Abschnitt der Sammelfahrkarte ist bis zum Markierungsstrich in den Entwerter einzuführen, um eine volle Lochung zu gewährleisten.
i) Wir bitten um Entschuldigung für die Verzögerung bei der Verbuchung Ihrer Überweisung.
j) Wir geben der Hoffnung Ausdruck, daß Sie sich zur Rückgängigmachung Ihrer Beschwerde entschließen werden.

# 5
# Umgang mit Nachschlagewerken – der Duden

Im Jahre 1888 legte Konrad Duden mit seinem „Vollständigen orthographischen Wörterbuch der deutschen Sprache“ die Grundlage für das 1901 behördlich eingeführte „Orthographische Wörterbuch“.

*Konrad Duden*

Das 1915 nach dem Verfasser bezeichnete Wörterbuch, der „Duden“, gilt seit langem – nicht nur in der Schule – als verbindliches Nachschlagewerk der deutschen Rechtschreibung. Auch während der Teilung Deutschlands von 1949-1990 blieben die auf der II. Orthographischen Konferenz von 1901 festgelegten Regeln des Dudens Grundlage für den Unterricht an allen deutschen Schulen.

Die 20. Auflage des Dudens ist das Ergebnis der Zusammenarbeit der Mannheimer Dudenredaktion und des Bibliographischen Instituts in Leipzig. Diese Zusammenarbeit wurde genutzt, den Regelteil und das Wörterverzeichnis des Dudens gründlich zu überarbeiten und zu erweitern. Zur Bearbeitung des folgenden Abschnittes ist die 20. Auflage des Dudens, Band 1, maßgeblich.

### Zum Inhalt des Dudens

Aus dem Inhaltsverzeichnis ist bereits ersichtlich, daß es sich nicht nur um eine Anordnung von alphabetisch geordneten Wörtern handelt. Noch vor dem Wörterverzeichnis findet der Ratsuchende unter anderem „Hinweise für die Wörterbenutzung“, "Richtlinien zur Rechtschreibung, Zeichensetzung und Formlehre“, „Hinweise für Maschinenschreiben“.

Der Duden beantwortet Fragen

- zur Wortbildung und Wortschreibung,
- zur Grammatik,
- zur Betonung und Aussprache,
- zur Silbentrennung,
- zur Wortbedeutung,
- zur Wortherkunft.

**Beispiele**

*Angaben zum* ***Substantiv*** *anhand des Wortbeispiels „Computer“*

**Com|pu|ter** […‘pju:…], der; -s, - <engl.> (programmgesteuerte, elektron. Rechenanlage; Rechner); **Com|pu|ter‿bild, …diagno|stik, …ge|ne|ra|ti|on; compu|ter‿ge|steu|ert, …ge|stützt; com|pu|te|ri|sie|ren** (dem Computer eingeben); **Com|pu|ter|krimi|na|li|tät; com|pu|tern** (mit dem Computer arbeiten, umgehen); **Com|pu|ter‿spiel, …sprache, …to|mo|gra|phie** (die; -, -n; *Med.: Abk.* CT), **…vi|rus**

*Erläuterungen:*

| | | |
|---|---|---|
| Com\|pu\|ter | → | Silbentrennung |
| [...'pju'...] | → | Aussprachebezeichnung |
| der | → | Geschlecht (Genus) |
| -s | → | Genitivendung |
| - | → | (keine) Pluralendung |
| <engl.> | → | Wortherkunft |
| (programmgesteuerte ...) | → | Worterklärung |

Stichwörter mit gleichlautender Schreibung werden durch hochgestellte Zahlen unterschieden, zum Beispiel [1]Band (Buch), [2]Band (Bindung, Fessel), [3]Band (Gewebestreifen), [4]Band (Gruppe von Musikern).

*Angaben zum **Verb** anhand des Wortbeispiels „geben"*

Bei Verben informiert der Duden über wichtige Flexionsformen, vor allem bei starken und unregelmäßigen Verben, und beantwortet Fragen zur Rechtschreibung.

> **ge|ben;** du gibst, er gibt; du gabst; du gäbest; gegeben (*vgl. d.*); gib!; (↑R 68:) Geben (auch geben) ist seliger denn Nehmen (auch nehmen)

*Erläuterungen*

| | | |
|---|---|---|
| geben | → | Infinitiv (ungebeugtes Verb) |
| du gibst | → | 2. Person Singular Präsens |
| er gibt | → | 3. Person Singular Präsens |
| du gabst | → | 2. Person Singular Präteritum |
| du gäbest | → | 2. Person Singular Konjunktiv |
| gegeben | → | Partizip II |
| gib! | → | Imperativ |
| (↑R 68:) | | Der nach oben gerichtete Pfeil verweist auf die Regel 68 der „Richtlinien zur Rechtschreibung, Zeichensetzung und Formenlehre". Sie sind im Duden nach den „Hinweisen für die Wörterbenutzung" zu finden. |

> **R 68** Substantivisch gebrauchte **Infinitive (Grundformen)** werden groß geschrieben.

*das Ringen, das Lesen, das Schreiben, [das] Verlegen von Rohren, im Sitzen und Liegen, lautes Schnarchen, das Zustandekommen, zum Verwechseln ähnlich, das Geradesitzen, das Sichausweinen, beim* (landsch.: *am*) *Kuchenbacken sein, für Hobeln und Einsetzen [der Türen], das In-den-Tag-hinein-Leben, das Für-sich-haben-Wollen*

Infinitive ohne Artikel, Präposition oder nähere Bestimmung können als Substantiv oder Verb aufgefaßt werden, also sowohl groß als auch klein geschrieben werden.

*..., weil Geben seliger denn Nehmen ist.*
Oder: *..., weil geben seliger denn nehmen ist.*
*Er übte mit den Kindern Kopfrechnen.*
Oder: *Er übte mit den Kindern kopfrechnen.*

Bei **Adjektiven** verweist der Duden vor allem auf die Rechtschreibung und auf die Besonderheiten bei der Bildung von Steigerungsformen.

Wichtige Aussagen über den Aufbau der Sprache, über Funktionen der Wortarten, über Satzbau und Stil enthält Der kleine Duden, Deutsche Grammatik.

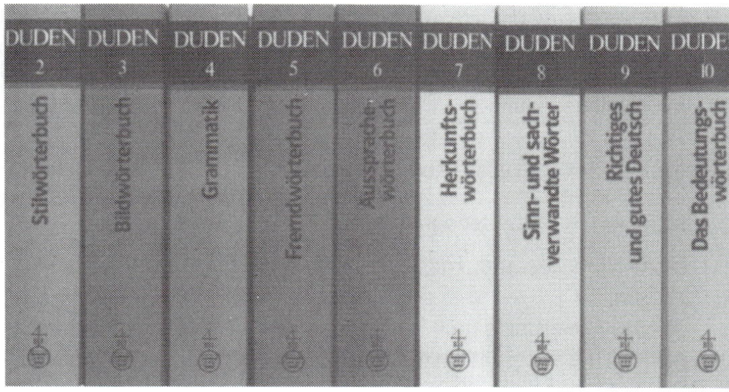


## Aufgaben

**1.** *Lesen Sie das Vorwort zur 20. Auflage des Dudens, Band 1.*
*Worin unterscheidet sich die 20. Auflage von den vorangegangenen Auflagen?*

**2.** *Informieren Sie sich in den Benutzungshinweisen über die Bedeutung der Zeichen und Abkürzungen.*

*Welche Angaben finden Sie im Wörterverzeichnis zu folgenden Substantiven:*
Bilanz, Blazer, Subjekt, Bank, Tabu, Takt, Kontext, Flexion?

**3.** *Welche Silben der folgenden Wörter werden kurz und welche lang betont:*
Referent, brutto, Billion, Büro, Burma, Fassade?

**4.** *Ermitteln Sie die Bedeutung und die Herkunft der folgenden Wörter:*
Kompositum, These, brutto, Anion, Anode, Software, konkret, Aktiv, Import, Präfix, Sympathie

**5.** *Ordnen Sie die folgenden Wörter in alphabetischer Reihenfolge:*
a) Blende, Bonus, Beförderung, Bagatelle, Bibliothek, bagatellisieren, Biege, Bauart, Bankett, Badeanstalt
b) Schriftverkehr, Sachkatalog, Cursor, Mikroprozessor, Bildschirm, Block, Interpreter, Drucker, Modul, Software, Computer, Schlußfolgerung, Journal, Informationsträger, Diskette

**6.** *Wie lautet der Nominativ Plural folgender Wörter:*
Phon, Forum, Rhythmus, Publikum, GmbH, LKW?

**7.** *Welche grammatischen Angaben bietet der Duden zu folgenden Verben:*
helfen, kommen, schreiben, bitten, empfehlen, hängen, haben, werden, sein, können, rufen?

*Erarbeiten Sie eine Übersicht nach folgenden Gesichtspunkten:*

| Infinitiv | 2. Pers. Sing. Präsens | 2. Pers. Sing. Präteritum | 2. Pers. Sing. Konjunktiv | Partizip | Imperativ |
|---|---|---|---|---|---|
| helfen | du hilfst | ... | ... | ... | ... |
| ... | ... | ... | ... | ... | ... |

**8.** *Studieren Sie die Richtlinien 178-182 zur Silbentrennung, und trennen Sie folgende Wörter:*
Quadrat, Publikum, Magistrat, Prognose, darüber, worin, Hektar, Interesse, Fenster, wässerig, wäßrig, Dienstag, Manuskript, Transport, Chirurg, Pädagoge, Zyklus, Magnet

**9.** *Erläutern Sie die Besonderheiten der Formenbildung des* ***Substantivs*** *im* ***Genitiv*** *(R 194-R 199). Ordnen Sie die Wörter nach folgenden Gesichtspunkten:*

| Maskulina (männlich) mit Flexionsendung | Maskulina ohne Felxionsendung | Neutra (sächlich) | Feminina (weiblich) |
|---|---|---|---|
| | | | |

Prozeß, Suffix, Saison, Konus, Religion, Optimismus, Kosmetik, Abitur, Kongreß, Abonnement, Teint, Aktivität, Kosmos, Typus, Numerus, Kooperation, Zyklus, Rhythmus, Demonstrant, Insasse, Note, Bonität, Stenogramm

**10.** *Studieren Sie die Richtlinie 65, und begründen Sie die Schreibweise folgender Wörter:*

auf das (h)erzlichste grüßen, den Kindern das (b)este geben, sich auf das (h)ervorragendste bewähren, (a)lte und (j)unge kamen, (g)roß und (k)lein, alles beim (a)lten lassen, alles (m)ögliche einkaufen, alles (m)ögliche in Erwägung ziehen

**11.** *Suchen Sie im Duden die Aussagen zur Kommasetzung beim erweiterten Infinitiv. In welchen der Beispiele setzen Sie ein Komma? Begründen Sie Ihre Entscheidung.*

Sie hat versprochen die Post mitzubringen.
Sich selbst zu besiegen ist der schönste Sieg.
Die Mannschaft hofft das Spiel zu gewinnen.

**12.** *Informieren Sie die Schüler Ihrer Klasse in einem Kurzvortrag über die Gesamtanlage des Rechtschreib-Dudens, und schätzen Sie seinen möglichen Verwendungszweck ein:*

*a) Erläutern Sie im Überblick den Inhalt der einzelnen Kapitel.*
*b) Erklären Sie die Begriffe „Stichwort", „Wortblock", „Seitenleitwort".*
*c) Beantworten Sie folgende Fragen:*
*Wie sind die Stichwörter angeordnet?*
*Welche grammatischen Angaben macht der Duden zum Substantiv, Verb und Adjektiv?*
*d) Erläutern Sie an Beispielen die im Duden verwendeten Zeichen und Abkürzungen.*
*e) Demonstrieren Sie an einem selbstgewählten Beispiel das Auffinden von Rechtschreibregeln.*
*f) Erarbeiten Sie 4 Aufgaben, und fordern Sie Ihre Mitschüler auf, diese mit Hilfe des Dudens zu lösen.*
*g) Leiten Sie die Diskussion zur Auswertung und Lösung der von Ihnen gestellten Aufgaben.*

**13.** *Informieren Sie Ihre Klasse über weitere Bände der Dudenreihe und deren Anliegen (Überblick);*
*Siehe Duden, Rechtschreibung, Anhang.*

**14.** *Stellen Sie ein selbstgewähltes Nachschlagewerk (Lexikon oder ähnliches) vor.*

# Stichwortverzeichnis

## Bildquellenverzeichnis

Audimax-Verlag, Nürnberg
Bibliographisches Institut & F. A. Brockhaus AG, Mannheim
Bundesarbeitsgemeinschaft Kinder- und Jugendtelefon, Wuppertal
Deutsche Bundespost Telekom, Oberpostdirektion Köln
Econ Verlag, Düsseldorf
Zweckform Büro-Produkte GmbH, Holzkirchen

Leider ist es uns nicht gelungen, zu allen Abbildungen die Inhaber der Rechte zu ermitteln. Sollte jemand davon betroffen sein, so bitten wir ihn, sich zu melden.